内 容 简 介

本书坚持"健康安全高效养殖"和"通俗实用"的特点，重点收录了近几年我国肉兔养殖中取得的新技术、新成果，特别是国家兔产业技术体系工作开展以来的简化技术。全书仍然保持第一版的基本格局，即共分六个部分：肉兔健康养殖的概念与意义、肉兔健康养殖品种的选择及其利用、肉兔健康养殖的环境要求和兔场建设、肉兔健康养殖饲料资源开发与营养需要、肉兔健康养殖饲养和繁殖技术、兔场防疫及主要疾病防治。

本书内容结合实际，注重普及性和实用性，适合肉兔养殖场、专业户和基层兽医技术人员使用。

肉兔
健康养殖 400 问

第二版

谷子林　主编

中国农业出版社

图书在版编目（CIP）数据

肉兔健康养殖 400 问/谷子林主编. —2 版．—北京：中国农业出版社，2013.9
（最受养殖户欢迎的精品图书）
ISBN 978-7-109-18283-7

Ⅰ.①肉⋯　Ⅱ.①谷⋯　Ⅲ.①肉用兔－饲养管理－问题解答　Ⅳ.①S829.1-44

中国版本图书馆 CIP 数据核字（2013）第 204358 号

中国农业出版社出版
（北京市朝阳区农展馆北路 2 号）
（邮政编码 100125）
责任编辑　颜景辰　王森鹤

北京中兴印刷有限公司印刷　新华书店北京发行所发行
2014 年 1 月第 2 版　2014 年 1 月第 2 版北京第 1 次印刷

开本：850mm×1168mm 1/32　印张：10.125
字数：220 千字
定价：28.00 元
（凡本版图书出现印刷、装订错误，请向出版社发行部调换）

本书有关用药的声明

第二版编写人员

主　编　谷子林

副主编　陈赛娟　刘亚娟　陈宝江
　　　　黄玉亭　景　翠　董　兵
　　　　赵　超

参　编　（按姓名笔画排序）
　　　　王志恒　王圆圆　孙利娜
　　　　齐大胜　张潇月　李海利
　　　　杨翠军　陈丹丹　葛　剑
　　　　霍妍明　魏　尊

第一版编写人员

主　编　谷子林

副主编　黄玉亭　　刘汉中　　吕福军

　　　　景　翠　　孙长梅　　吴秀楼

　　　　刘亚娟

编　者　马学会　　王　磊　　王志恒

　　　　刘汉中　　刘亚娟　　吕福军

　　　　孙长梅　　吴秀楼　　李占雷

　　　　张玉华　　张国磊　　谷子林

　　　　范京惠　　赵　杰　　赵　超

　　　　赵驻军　　郭洪生　　郭万华

　　　　黄玉亭　　景　翠　　葛　剑

　　　　董　兵　　阚庆华　　霍妍明

　　　　魏　尊

第二版前言

　　《肉兔健康养殖 400 问》出版以来，得到了广大读者的厚爱，也得到全国养兔同行的关注与认可。其朴素的语言，通俗易懂的表达方式，为广大肉兔养殖爱好者提供了诸多帮助，解决了生产中的很多技术难题。

　　本书出版的几年中，也正是我国肉兔养殖业的转型期。以往的家庭小规模兔场为主的养殖模式发生了较深刻的变化。我国的肉兔养殖业正在向规模化、工厂化方向快速发展。无论是品种结构、饲料形态和营养标准，还是养殖方式、繁殖模式和防病策略，无论是投资主体，还是设备选型，尤其是经营理念，已经发生并且正在发生着巨大的变化。市场的拉动，生产的需求，给从事肉兔养殖研究的科技工作者提出了新的问题与要求。我们肩负着更加艰巨的任务：顺应时代发展，推动我国肉兔规模化、工厂化养殖健康快速发展。

　　非常荣幸，本书被收入中国农业出版社《最受养殖户欢迎的精品图书》丛书之中。借此时机，我们对本书进行了修订。修订工作中，坚持本书"健康安全高效养殖"和"通俗实用"的特点，重点对近几年我国肉兔养殖中取得的新技术、新成果进行收录，特别是国家兔产业技术体系工作开展以来的简化技术，比如：近年来国家审定的肉兔新品种（配套系）、地方遗传资源、规模化和工厂化养殖新模式等，同时删除一些相对过时的资料。由于出版时间紧迫，本书没有大幅度修订，仍然保持原有的基本格局，即共分六个部分：肉兔健康养殖的概念与意义，肉兔健康养殖品种的选择及其利用，肉兔健康养殖的环境要求和兔场建设，肉兔健康养殖饲料资源开发与营养需要，肉兔健康养殖饲养和繁殖技术，兔场防疫及主要疾病防治。希望本书的修订出版对我国肉兔健康养殖起到更大的促进作用。

由于时间仓促，水平所限，不足之处难免，恳请广大读者提出宝贵意见和建议。

谷子林

2013 年初夏于保定

　　肉兔养殖是我国传统的养殖项目。尤其是在经济欠发达的山区、老区和边穷地区，农民依靠当地丰富的饲草资源、廉价的劳动力和无污染的自然环境进行肉兔生产，为社会提供了优质兔肉及其他肉兔产品。同时，养兔也成为这些地区农民脱贫致富的重要手段。因此，在不少农村流传着这样的歌谣："家养三只兔，解决油盐醋；家养十只兔，解决粮和布；家养百只兔，土房变瓦屋"。由此可知，农民对养兔寄予无限期望。

　　随着经济的发展和科技的进步，以及市场对肉兔产品需求量的不断增加，近20年来，我国肉兔养殖发生了深刻的变化。由副业型变成专业型，由零星散养过渡到规模型，由老、少、边、穷地区扩大到经济发达地区，由单一养殖发展成产、加、销一条龙。目前，肉兔养殖遍及我国长城内外、大江南北。兔肉产量由20年前的5万吨发展到目前的50多万吨。

　　尽管我国肉兔的养殖数量、养殖规模和养殖结构发生了巨大变化，取得骄人的成绩。但是，我们不得不清醒地认识到，在肉兔的养殖过程中还存在诸多问题。最突出的就是"健康"问题。比如：养殖规模扩大，饲养密度增加，小环境急剧恶化，疾病逐年增多，烈性传染病不断暴发；

为了预防疾病和提高生产性能，滥用药物现象比较普遍，不仅影响动物健康，而且给消费者本身也造成威胁；高密度饲养，动物经常处于亚健康状态，为了追求生产性能而大量的饲料投入造成饲料报酬降低，营养物质通过粪便排泄及其分解物对环境造成一定的污染；其产品质量差，市场竞争力降低。比如，我国兔肉产量是20年的10倍，而兔肉的出口量仅为20年前三分之一。其主要原因是药物残留，产品质量难以逾越发达国家的"绿色壁垒"。

面对严峻的形势，反思我们的行为，抱着对自己、对他人，对中国人、对外国人，对现代人、对子孙后代负责的态度正视这一问题。通过科技进步提升我国肉兔产业总体水平，通过健康养殖向人类提供"绿色兔肉"，这是我们养兔人的责任和义务。

健康养殖包括生态平衡、资源优化、动物健康、产品绿色四个层面。发展肉兔的健康养殖需要选择合适的场址，提供舒适的环境；保证营养的平衡和安全的饲料；规范的饲养，控制污染；重视福利，善待动物；预防疾病，保障健康，提供绿色产品。做到以上几点，首要的是树立健康养殖理念，普及健康养殖技术，将健康养殖作为肉兔饲养者的自觉行动。

目前，我们正在承担国家公益性行业（农业）科研专项"肉兔高效饲养技术研究与示范"，正在开展肉兔健康养殖工作。受中国农业出版社的委托，我们承担了本书的编写任务。全书共分六个部分：肉兔健康养殖的概念与意义、肉兔健康养殖品种的选择及其利用、肉兔健康养殖的环境要求和兔场建设、肉兔健康养殖饲料资源开发与营养需要、肉兔健康养殖饲养和繁殖技术、兔场防疫及主要疾病防治。

为了圆满地完成本书的写作任务，我们查阅了国内外相关的技术资料和科技成果，总结了自己多年从事肉兔科研、教学和生产的经验，广泛征求养兔爱好者的意见和建议，反复修改和完善，力求为广大肉兔养殖场（户）和基层畜牧兽医技术人员提供一部实用性、指导性、先进性和科学性协调统一的著作。但由于编著者的水平有限，不足甚至错误之处在所难免，恳请同行不吝赐教。

谷子林

2007 年初冬于保定

目　录

一、肉兔健康养殖的概念和意义

（一）健康养殖提出的背景

1. 什么叫健康养殖？

健康养殖的概念最早是在 20 世纪 90 年代中后期我国海水养殖界提出的，以后陆续向淡水养殖、生猪养殖和家禽养殖渗透并完善。自我国对虾养殖业遭受白斑综合征（WSS）病毒病的严重袭击后，20 世纪 90 年代中后期国内的海水养殖界出现了健康养殖这一新概念。徐启家（2000）对健康养殖的定义是：对于可进行养殖的生物种，在较长的养殖时间内，不患病害的产业化。他认为，健康养殖的种类不应仅仅只限于某一种，而应包括可进行产业化养殖的各种水产动物；生产过程的病害也不能仅仅局限于某一种病害如某种病毒病，而应该包括影响产业化生产的多种病害；对于是否发生病害的养殖生产时间，不应只看一两年或三五年，而应该有一段较长的时间范畴。按上述内容要求，健康养殖的概念应该具有整体性（指整个海、淡水养殖行业）、宏观性和生态性的内涵。石文雷（2000）认为，健康养殖是指根据养殖对象的生物学特性，运用生态学、营养学原理来指导养殖生产，也就是说，要为养殖对象营造一个良好的、有利于快速生长的生态环境，提供充足的全营养饲料，使其在生长发育期间最大限度地减少疾病的发生，使生产的食用产品无污染、个体健康、肉质鲜嫩、营养丰富与天然鲜品相当。

张国红是最早将健康养殖引入畜牧养殖业并完善和拓展这

一概念的学者。他认为，健康养殖就是指以保护动物健康、保护人类健康、生产安全营养的畜产品为目的，最终以无公害畜牧业的生产为结果。无公害畜产品是指产地环境、生产过程和产品质量符合国家有关标准和规范的要求，经认证合格获得认证证书并允许使用无公害农产品标志的、未经加工或者初加工的畜产品。无公害畜牧业是根据养殖对象的生物学特性，运用生理学、生态学、免疫学、营养学原理来指导养殖生产的一系列系统的原理、技术和方法。

在我国，动物的健康养殖具有重大的现实意义的深远的历史意义。首先，国人希望获得健康食品。因为它是安全的、可靠的、高质的产品，有助于消费者健康。其次，符合畜牧生产者的愿望。与动物疫病作斗争，使畜牧生产者耗费了大量的人力、物力和财力，他们希望有一种安全生产的模式、稳定的市场需求和较高的经济回报。而健康养殖是具有较高经济效益的生产模式。第三，顺应社会发展的需要，符合可持续发展的理念。健康养殖对于资源的开发利用应该是良性的，其生产模式应该是可持续的，其对于环境的影响是有限的，体现了现代畜牧业的经济、生态和社会效益的高度统一，即三大效益并重。

2. 为什么提出健康养殖？

我国是一个拥有 13 亿多人口的大国，资源和人口形成尖锐的矛盾。我们不仅要生存，而且要活得幸福、活得健康、活出质量。在物质享受方面，吃是第一位的，首先离不开健康的食品，尤其是健康的动物性食品，其基础是保证动物的健康。没有动物的健康和健康的动物性食品，人类健康无从谈起；我们不仅要现在吃饱吃好，而且要让子孙后代更好。这就要求生产方式不可以牺牲资源为代价，以牺牲后人利益为代价。食品生产必须符合可持续发展的要求。

当人们对动物性食品在数量方面得到满足之后，对动物产品的质量提出越来越高的要求，这是很正常的、合情合理的、无可挑剔的。现在，我们强调健康养殖和健康食品，是因为现实生活中存在诸多不健康养殖现象和无健康保证的动物性食品的存在。比如，人畜共患传染病的频发，抗生素、化学药物和激素的滥用、违禁物质的添加等，不仅严重影响了动物的健康，而且对人类健康造成极大威胁！高密度养殖和恶劣的饲养环境的应激，大大降低了动物的自身免疫力。为了控制疾病的发生而大量药物的使用，使动物生产陷入了环境恶劣—疾病频发—药物滥用—药物残留—环境污染的恶性循环的怪圈！动物排泄物和分解物在大自然中的释放，对大气、土壤和水源的污染，破坏了人类赖以生存的生态环境，给子孙后代留下不可估量的后患！

因此，善待我们赖以生存的生态系统，关心我们所养殖的各种动物的健康，已引起养殖界乃至全社会的极大关注。随着我国农业产业化结构的调整，养殖业已成为农村经济的支柱产业。如何保证畜禽健康，如何面对现代化对传统养殖方式的挑战，使畜产品逐步达到无公害食品、绿色食品和有机食品的要求，是当今畜牧业面临的重大课题。在此背景下，从动物营养学、家畜环境卫生学、动物免疫学、饲养学和畜产品加工学的角度出发，提出了一种新的养殖概念——健康养殖。即：加大养殖科技投入，以提供全价安全营养饲料和舒适环境为手段，通过提高动物内在体质和免疫功能，保障动物健康，最大限度地从食品源头上保障人民身体健康，使养殖业进入可持续发展的轨道，从根本上提高养殖生产者经济效益，以健康的理念贯穿饲料加工生产、动物饲养、环保排放、畜产品加工的全过程。

（二）健康养殖的紧迫性和必要性

3. 我国畜牧养殖在环境保护方面开展得如何？

近年来，畜牧养殖业作为全球畜产品供给量的主要生产方式以其巨大的发展潜力迎合了人们对畜产品不断增长的需求。但随着养殖业规模化、产业化的发展，以及人们对畜产品质量不断提高的需求,当前我国养殖产业的生产形势面临着挑战。由于畜牧养殖自身的生态结构和传统养殖方式的缺陷,使得大部分养殖存在着许多问题。国家环保总局曾公布了对全国23个省、自治区、直辖市进行的规模化畜禽养殖业污染情况调查结果。调查结果显示,畜禽养殖产生的污染已经成为我国农村污染的主要来源。我国农牧业严重脱节,环境管理薄弱,规模化畜禽养殖污染防治迫在眉睫。

调查显示,我国规模化畜禽场的宏观环境管理水平普遍偏低,全国90%的规模化养殖场未经过环境影响评价,60%的养殖场缺乏干湿分离这一最为必要的污染防治措施。而且,环境污染投资力度明显不足,80%左右的规模化养殖场缺少必要的污染治理投资。据调查者分析,过去一些地方将规模化畜禽养殖作为产业结构调整、增加农民收入的重要途径加以鼓励,环境意识相对薄弱,污染治理严重滞后。我国长期以来又把环境工作重点放在工业污染防治上,对包括畜禽养殖在内的农业污染治理缺乏相应的管理经验。

肉兔以草为主,粪便中氮和硫的含量较低。与猪、鸡等动物养殖比较,肉兔对环境污染的程度要小,但也不可小视。据笔者了解,我国肉兔养殖以千家万户小规模为主体,设备简陋,规划不规范,给环境带来一定的影响。据笔者研究,一个基础母兔1 000只的肉兔场,每年排出兔粪240吨,兔尿和污水700多吨,两项之和约1 000吨。如果忽视了排污、治污,也会对环境造成较大的污染。

总之,我国非常重视养殖业的环保问题。但是,目前基础相当薄弱,养殖业的环保工作任重而道远。

4. 突破"技术壁垒",动物养殖应如何开展?

入世后,我国畜产品尽管具有较为广阔的市场竞争空间和价格比较优势,但同时也面临更加激烈的国际市场竞争形势。因此,如何适应市场需求,引导人们规范养殖行为,开展健康养殖已势在必行。

我国加入世贸组织后，畜牧业也伴随入世融入到了全球经济一体化，参与国际大循环。随着经济全球化的不断发展，国际贸易中的关税壁垒已大大降低，而技术壁垒手段便成为各国保护本国对外贸易和国内产业的最直接、最重要的措施。跨越国际市场"技术壁垒"的首要措施就是实行健康养殖。

我国是动物源食品出口较多的国家。但是多年来，由于药物残留而使我国水产品、畜产品、食品等出口屡遭禁入、退货或索赔。欧盟1996年开始禁止我国冻鸡肉进入欧盟市场。同样，由于防疫体系不健全，我国牛肉也难以进入欧盟市场。猪肉和牛肉几乎不能进入美国市场。入世以来，在国际标准和国际要求面前，我国饱尝了技术壁垒给畜产品出口带来的巨大障碍。如2002年初，从中国出口到欧盟的兔肉、鸭肉和鱼虾等，由于检测出氯霉素而被就地销毁在荷兰鹿特丹港口，损失1.2亿元。据有关资料统计，先后有俄罗斯、英国、挪威、匈牙利、瑞士、荷兰、日本、韩国等国家陆续宣布暂停进口我国动物产品，涉及猪、牛、羊、鸡、鸭、兔肉、蜂蜜和水产品。对中国畜产品实施"技术壁垒"的世贸组织成员从发达成员（欧盟、美国、日本等）延伸到部分发展中成员（韩国、新加坡）。

因此，为了跨越国际市场的技术壁垒，进一步扩大畜产品出口量，必须首先从健康养殖入手，切实解决畜产品卫生安全问题，特别要重点解决疫病防制、饲料中添加有毒有害物质和兽药残留超标问题。

5. 消费者为什么渴望健康养殖?

"民以食为天"。畜产品是人类赖以生存的重要的食品源之一，其消费的数量和质量是衡量一个国家人民生活水平的重要标志。畜产品质量安全事关百姓生活，也与社会稳定密切相关。以往的食物生产方式已引起了人们广泛而深刻的反思，只关注食物生产的效率和效益已远远不够，而必须考虑生产方式对资源、环境、消费者的影响。近年来，我国每年发生上百起因农畜产品不安全引发的中毒事件，引起了消费者的倍加关注；尤其是"非典"之后的畜产品消费市场更加呼唤"绿色"。凡是经过注册"无公害"、"绿色"或"有机"的食品，成了市场上的"抢手货"。尽管价格较普通食品高出许多，仍然需求旺盛。这是我国经济发展的必然，是人民生活水平提高和保健意识增强的体现。

由此可见，牢固树立畜产品安全意识，以健康养殖为手段，以保障消费者健康为目标，严格按照标准化生产要求，实现从土地到餐桌全过程监控，生产出更多市场需求的畜产品。这是我们的义务，也是我们的责任。

6. 为什么说参与市场竞争必须坚持健康养殖？

我国畜牧业进入了由自给畜牧业向商品畜牧业、由传统畜牧业向现代畜牧业转变的新阶段，畜产品供给由长期短缺变成总量基本平衡、丰年有余。畜牧业生产主要由市场来决定产量、品种结构和畜产品质量。在市场经济体制条件下，我国畜牧业经济发展首先是在激烈的国际、国内竞争中求发展，其竞争的实质是畜产品质量的竞争，即今后畜产品市场的竞争将由数量、价格竞争，转变为以品质为中心的非价格竞争。因此，要根据国际、国内畜牧业竞争的特点和产业特性，明确竞争对手，用质量竞争取胜的新观念去认识市场，用建立完善畜产品信息网络和预测未来市场的消费趋势的新方法去研究市场，以开展健康养殖、提高畜产品质量安全去开拓市场。

全面建设小康社会是党的十七大提出的奋斗目标，而小康社会建设的重点在农村，难点又是农民增收。畜牧业在农村经济中占有重要地位，肉兔养殖是农民增收的重要手段。引导农民开展肉兔的健康养殖，以优质的肉兔产品参与国际、国内市场竞争，以新的理念、新的技术和新的模式武装肉兔养殖者，使他们在激烈的市场竞争中以质取胜，获得更大的回报。

（三）国内、外健康养殖开展状况

7. 国外健康养殖技术发展趋势如何？

健康养殖关键技术研究已成为与产业发展具有强劲互动作用的重要技术领域，是当前养殖业科技活动中最为核心和活跃的研究领域。为了满足安全、优质和高效动物产品生产的技术需求，20世纪90年代以来，动物营养代谢及其调控、动物产品安全生产及其检测技术、动物应激及其福利、动物环境控制及其饲养技术、动物排泄物无害化增值处理方法研究、技术开发和标准制订一直是国际动物科学研究的最核心的内容之一。并在国际绿色和平组织、动物福利组织等社团组织和各国行业协会、政府部门的推动下通过立法、制订标准等手段直接约束养殖业生产和养殖业产品的国际贸易。

健康养殖关键技术的研究和标准制订已成为当前世界各国实施养殖业绿色技术壁垒的最直接和有效的手段。例如，欧盟饲用抗生素使用禁令的颁布、京都议定书中对各发达国家反刍动物饲养量的限制、荷兰等一些发达国家对养殖场排污颁布恶劣的法令限制等。

20世纪90年代初期，亚太水产养殖网（NACA）组织实施了亚洲现行主要养殖方式的环境评估项目，对亚洲的水产养殖可持续发展研究做出了建议。澳大利亚著名微生物学家莫利亚蒂博士提出了利用微生物生态技术控制养殖病害的可行性及其对养殖可持续发展的重要意义。美国奥本大学在养殖系统内部的水质调控技术方面进行了大量的研究，并且形成了较为成熟的技术。日本自20世纪80年代以来，受到养殖环境的困扰，他们加强了这方面的研究，特别是网箱养殖的残饵粪便形成堆积物的处理方法。也对湾内养殖的容纳量、养殖污染的影响作了深入研究。欧美在健康养殖技术及健康养殖管理方面比较有代表性的是美国的淡水鱼养殖与挪威的大西洋鲑养殖。他们的大多数技术措施均体现了健康养殖的思想。

自 20 世纪 90 年代后期以来，国际上将动物育种、营养和饲料、畜禽应激、环境调控技术有机地结合起来进行综合研究已成为该学科领域发展的主要特点。如美国农业部农业研究司 1999 年起资助"动物福利和应激控制系统"项目对动物福利进行研究，设置了 11 个方面的研究课题，包括动物福利的衡量指标、动物的适应性（研究遗传和环境对生产性能的影响）、群体行为、环境应激及环境管理决策支持系统等研究内容，正确和科学地认识环境应激及其程度，并研究出适当的处理措施，减少环境应激带来的巨大经济损失。

日本从 20 世纪 80 年代初期就建立了自动化程度高的人工气候舱对家禽的有效温度模型进行研究，旨在为家禽提供舒适的饲养环境，取得了一些成果。美国肉用动物研究中心环境实验室 1982 年开始对奶牛在高温环境下的生理指标和行为参数（如体温、呼吸频率和采食量）的变化进行监测，并以此为基础研究开发出决策系统和完善管理措施。美国和荷兰已相继开发出畜禽环境应激预警模型，如美国的 S 小时 OAT 模型和荷兰的畜禽舒适环境模型。

近年来，一些国家将动物福利作为动物产品进口的新标准，以此作为它们市场准入的重要条件。因此，近年来因动物福利问题而遭遇贸易壁垒的案例时有发生，"动物福利"正逐渐成为贸易壁垒的新动向，成为畜产品、水产品等国际贸易中的一道新的壁垒。世界上有 100 多个国家有关于动物福利方面的立法，不但在动物饲养、运输和屠宰过程中要求执行动物福利标准，而且对于进口的动物产品也要求符合动物福利法规方面的技术指标，构建了各自的"进口门槛"——动物福利壁垒。

8. 国内动物健康养殖主要在哪些方面开展了研究工作？

我国现代养殖起步于 20 世纪 70 年代末，30 多年来，养殖业产品的产量和产值以两位数的速度快速增长，迅速解决了我国动物性食品短缺的矛盾。近 20 年来，我国养殖业科技活动也主要以解决支撑养殖业数量增长的技术需求而展开，在动物高产品种培育、动物营养需要量和饲料配方技术等方面取得了一批成果。与此同时，在能量、蛋白质、维生素、矿物元素等养分的生物学效价，动物体内对养分的消化、吸收、代谢规律及其监测方法；营养与消化道微生态、营养与免疫、营养与环境、营养与动物产品品质的关系等方面都积累了一系列前期研究基础。20 世纪 90 年代中后期以来，一个重要的发展是现代分子生物学技术和信息技术与动物营养、动物卫生、代谢调控、动物食品安全等研究领域的有机结合，开辟了数字养殖业、精准养殖业、动物食品安全生产、动物福利及应激监测等新的方向。

近年来，我国的众多大专院校和科研单位在营养与基因表达、肉质关键基因组定位、动物生长轴的个体发育和营养调控、动物应激监测、动物产品中有毒有害成分的快速监测方法、动物营养诊断与配方远程技术、我国动物微量元素盈缺规律、地理信息系统框架的构建、动物病原菌耐药性检测控制技术等方面开展了较深入的研究，并取得了重要进展，为推进动物健康养殖积累了重要的技术基础。

9. 国内在家兔健康养殖方面开展了哪些工作？

我国政府非常重视动物生产的健康养殖，制定了一系列标准，出版了一系列著作，对于促进国内动物的健康养殖发挥了积极作用。

在肉兔的健康养殖方面，多年来我国的兔业科技工作者做了大量的工作，取得了显著成绩。

（1）肉兔营养需要和营养标准的研究　营养平衡的日粮是提高饲料利用率、降低营养物质通过粪便排出量和提高肉兔生产性能的基础。在肉兔能量、蛋白、氨基酸和纤维等需要方面，国内学者进行了大量的研究。同时，兰州畜牧兽医研究所等早年还制定了肉兔的营养标准。此后，河北农业大学谷子林博士和山西省畜牧兽医研究所任克良研究员分别于 1998 年和 2006 年制定了獭兔不同生理阶段的营养标准，为肉兔的健康养殖奠定了基础。

（2）酶制剂的研究与应用　酶是一类特殊的蛋白质。针对幼兔自身酶系统发育不完善的特点，我国众多学者先后进行了单一酶（如蛋白酶、纤维酶、果胶酶等）和复合酶对肉兔生长发育、饲料利用率和血液生理生化指标的影响研究。有人还进行了添加植酸酶对磷排放量及营养物质利用率的影响研究等。试验表明，在生长兔日粮中添加酶制剂，可提高饲料利用率、降低腹泻率和促进生长等作用。断乳兔添加日龄越早越好；不同的酶制剂效果不同，生长兔以添加蛋白酶和纤维酶比较理想；添加植酸酶可帮助分解植酸，释放被植酸束缚的蛋白质、磷和其他营养物质，减少磷通过粪便的排放，具有重大的环保意义。

（3）抗生素替代品的研究与应用　肉兔健康养殖，首先应减少或不用抗生素。而为了预防和治疗肉兔疾病，必须选择抗生素的替代品。在这方面，我国的科技工作者做了大量的、卓有成效的工作。主要体现在以下几个方面：

第一，中草药添加剂在肉兔生产中的应用研究。一方面预防和治疗肉兔疾病，包括对病毒性疾病、细菌性疾病、真菌性疾病和寄生虫病；一方面提高日增重和饲料利用率；还可促进泌乳，提高成活率。我国是中草药的发源地，资源丰富，研究基础雄厚，积累了丰富的实践经验，是抗生素的理想替代品。尤其是在出口兔肉生产方面，中草药大有可为，应用前景广阔。

第二，大蒜素在肉兔生产中的应用。国内业内人士进行了大量的研究。研究表明，大蒜素可提高肉兔的采食量、日增重和饲料利用率，降低腹泻率。添加量以 0.15％最佳。

第三，微生态制剂的研发与利用。我国在微生态制剂的研发和应用方面进行了大量的工作，取得了丰硕成果。目前，国内开发出众多的该类产品，有的是单一菌种，如乳酸菌、双歧菌等；有的是复合菌种。笔者近十年来在兔用微生态制剂的研发和应用方面做了一定的工作。研发的生态素对于预防和治疗肉兔腹泻，效果优于一般的抗生素和化学药物，而且具有除臭、驱蝇作用。在防治肉兔腹泻方面，微生态制剂是抗生素的最理想替代品之一。

第四，寡聚糖在肉兔生产中的应用研究。目前，国内主要研究了寡果糖、寡乳糖、异麦芽寡糖、半乳甘乳寡糖等在肉兔生产中的应用。笔者研究表明，寡果糖对于预防肉兔腹泻、提高免疫力和增加日增重有一定效果。其添加量应适当控制，过多、过少都不好。

此外，抗生素的替代品还有有机酸（如腐殖酸、生化黄腐酸）、糖帖素、抗菌肽、壳聚糖等。

（4）疫苗的研发与应用　疫苗是预防肉兔传染性疾病的最理想途径。我国兽医科技工作者在家兔的疫苗方面走到世界的前列，先后研发出兔瘟灭活苗、A型魏氏梭菌苗、巴氏杆菌和波氏杆菌苗、大肠杆菌苗等，对于肉兔的健康养殖发挥了积极作用。

（5）健康养殖技术研究　健康养殖综合配套技术，任何单一技术均不可能实现健康养殖。我国众多的大专院校和科研单位在肉兔的健康养殖方面做了大量的工作，包括优种的选育、兔场的设计与建设、营养和饲料配方、环境控制及疾病防治等。我国最大的肉兔养殖和出口企业之一——青岛康大集团，引进法国的优良兔种，参考国外最先进的软件和硬件设施，吸收国内外最先进的技术，加之严格的监督和监测手段，开展肉兔的健康养殖。生产的肉兔已出口到欧盟，是一个成功实施健康养殖的范例。

近年来，笔者开展了肉兔的生态放养研究。利用山场资源，实行肉兔放养和家兔野化养殖。让其在野外自然觅食饲料和自然繁殖，基本纯天然生产。野外充足的阳光、优质的空气、丰盛的牧草和自由的活动空间，保证了肉兔的健康。其产品可达到有机食品标准。

（四）健康养殖存在的问题与工作重点

10. 我国在健康养殖方面存在哪些问题？

当前，我国畜禽健康养殖存在着很多的问题，如违禁饲料添加剂和抗生素的滥用、养殖造成的严重的环境污染、疫情的净化和控制不利等重大问题。其中，有毒有害物质的污染及残留就是一大类亟待解决的问题，包括抗生素残留、激素残留、致癌物质残留等。这些物质进入人体后，具有一定的毒性反应，如致癌、激素样作用、病菌耐药性增加以及产生过敏反应等。

我国肉类产量位居世界第一位。2006 年达到 8 051 万吨，但出口量仅占国内生产总量的 3%～4%。并非国际市场没有空间，而主要原因是我们的产品不能达到发达国家的质量标准。其主要存在以下几个方面的问题：

（1）兽医卫生质量不过关　因动物疫病的监测、诊断、预防和扑灭等各个环节都存在着体系不健全、设施简陋、技术落后等突出问题，达不到国际兽医卫生组织要求的标准。

（2）兽药残留问题　由于养殖业主缺乏安全意识和经济利益驱使，也由于养殖环境的恶化和动物疾病的频发，滥用兽药及饲料添加剂现象较为普遍，导致畜产品兽药及有毒有害物质超标。近年来，兽药残留引起食物中毒和影响畜产品出口的报道越来越多，已成为人们普遍关注的一个社会热点问题。目前，传统饲养方式下生产的畜产品遇到了前所未有的困境。

（3）农药和重金属残留也严重影响畜产品质量和出口　动物生产依赖于植物生产。由于大环境、大生态不断受到破坏和恶化，作物或植物虫害、病害的发生，农药的大量使用及其在作物和土壤中的残留，间接导致在饲草饲料消费者——动物体内的残留；检测手段落后，饲料和添加剂原料质量标准低，导致某些重金属（如镉、铅、砷等）含量过高，致使在畜产品中的残留超标。

（4）饲养环境不良，严重影响动物福利和动物健康　养殖设施简陋、投入不足，片面追求产品数量和经济效益的最大化，淡化和忽视了产品质量。硬件跟不上，软件上不去，使畜禽生产难以进入良性循环的轨道。

（5）饲料标准低，营养不平衡　目前，我国尚无统一的饲养标准。尽管我国家兔饲料业发展迅速，但无序竞争激烈，受原料价格的影响和利益驱动，使用低质原料生产，营养不平衡。特别是优质粗饲料资源匮乏，发霉变质现象严重，很多生产厂家生产的商品饲料标准低，质量差。与健康养殖不协调。

（6）疾病严重　千家万户饲养、兔场设计不规范、环境控制能力低、品种不标准、饲料不全价、管理的科技含量低等，造成疾病严重。尤其是腹泻病和呼吸道疾病普遍，是生产中的两大顽疾。

11. 健康养殖应重点抓好哪些关键环节？

健康是目的，监控是手段，养殖是关键。要保证畜产品安全、食品绿色的真实有效，其举措有二：一是从畜禽养殖前端到畜产品流通终端的全程监控；二是花大力狠抓源头（养殖过程），真正做到健康养殖，就能通过监控之规范手段，最终产出安全绿色的畜产品。

总之，我国健康养殖业迫切需要在优质和抗逆畜禽新品种选育、优质无公害饲养、疾病防控、高效繁殖、环境控制、共用数据平台和决策支持系统研究等一系列健康养殖关键技术方面取得突破，形成健康养殖先进的技术体系。推进动物健康养殖，实现养殖业安全、优质、高效、无公害健康生产，保障畜产品安全是养殖业发展的必由之路。

12. 健康养殖如何选择养殖场地？

养殖动物（畜禽）既有动物本身的健康问题，也有动物（群体）相互影响和与人类的相互影响问题。因此，无论大中型动物饲养场还是中小型专业户、个体饲养者，都有一个养殖地点的选择问题。为减少和避免疫病快速传播，在养殖地周围近距离内最好没有饲养场（特别是同种类动物饲养场）；离饮用水源较远（减少水污染），饮用水质要符合规定标准；饲养地离交通要道有一定距离，以减少污染和疫病传播机会；新建场最好建在"无疫区"，离公共厕所、医院、学校、居民密集区等都要有相当距离。当然对动物养殖环境的要求是重要的，但同时又是"双向"的。既要考虑环境对养殖动物健康的影响，又要考虑动物养殖对周围环境造成的影响；既要考虑防止污水、污物、其他动物和人类排泄物、垃圾等对养殖动物的影响与危害，又要考虑动物养殖场产生的污水、污物、垃圾、空气等对周围环境、水源、动物和人类的影响与危害。

13. 健康养殖对兔场建设有何要求？

动物养殖场地本身的建立和建设对于健康养殖和养殖健康是十分重要的。比如从规划设计上，如何考虑合理布局问题？动物、饲养管理人员和饲料等的进出如何分道？污水污物处理设施摆在什么位置？进出场消毒设施的布局怎样科学合理？场的建设如何能做到既节约成本，又有利于防寒或防暑降温？在建筑材料的选择上，如何做到有利于清洁卫生、冲洗、消毒？圈舍如何从建筑上容易做到清洁、干燥？如何防蚊蝇、鼠害等。还有引进动物的隔离观察场地和当饲养场有动物发病后的隔离场地等。

14. 为什么说健康养殖必须有健康的种兔？

养殖动物从一开始就要注意它们的健康状况。如果是养种用动物，从引种起就要注意选择。如果是从外地（含国外、省外）引进，一定要了解种源输出地的疫情情况。除了到现场查看外，最好应从某些病的"无疫区"购进，有些病种应在当地免疫后方能引进。在购进前，要与当地官方兽医机构取得联系，并由他们检疫和出具合法的检疫证明。所购动物运输方式、工具和运输线路也很重要，中途最好不要上下，不要添加不了解卫生状况的饲料和饮水，运输线路最大限度地不要经过某些重大疫病流行区

（疫区）。购回后，要认真按规定隔离观察，确定无重大疫病后方可应用。如果必须去市场购买，除了察看动物本身的精神、食欲、饮水、体温、心跳、呼吸等情况外，还必须查验是否有合法有效的检疫证明。购回后也应按规定隔离观察。

15. 为什么说健康养殖饲料是基础？

肉兔的疾病60%以上是消化道疾病，而消化道疾病的70%以上是由于饲料引起。因此，抓好饲料就等于控制了消化道疾病；饲料是营养的载体，没有全价的营养，难有健康的兔群。因此，保障健康，必须抓好饲料。

16. 为什么说健康养殖防疫是关键？

肉兔是弱小的动物，对疾病的抵抗力低。一旦发病，发现不及时治疗或治疗措施不当，多以死亡而告终。因此，对疾病的控制应以防为主。抓好防疫，事半功倍。正如笔者总结的：防重于治，平安无事。治重于防，买空药房。因此，笔者提出：防病不见病，见病不治病的防疫理念。

17. 肉兔健康养殖与饲养人员的健康有何关系？

饲养管理人员本身应当是健康的，要没有重要的人兽共患传染病。比如，饲养奶牛的人员应当没有结核病；患流感的病人应当在病愈之后再去饲养场（户）；患传染性肝炎的人在具较强的传染（播）力期间不应去从事雏禽孵化和小禽饲喂与奶牛饲喂、挤奶等。另一方面，作为饲养管理及兽医人员等也应注意自身的健康保护，要强化经常性的自我卫生观念和卫生措施。该穿防护服、鞋和戴口罩的一定要穿（戴）；在场内工作时间严禁吃喝东西，出场要洗手、洗澡、消毒、换衣等，要时刻注意保护自己和家人的健康。

二、肉兔健康养殖品种的选择
及其利用

（一）优良肉兔品种

18. 新西兰兔有什么特点？

新西兰兔（New Zealand）原产于美国，是近代世界最著名的肉兔品种之一，也是常用的实验兔，广泛分布于世界各地。有三个毛色变种构成，分别是白色、红色和黑色。它们之间没有遗传关系。而生产性能以白色最高。我国多次从美国及其他国家引进该品种，均为白色变种，表现良好。

外貌特征：被毛纯白，眼球呈粉红色，头宽圆而粗短，耳朵短小宽厚直立，颈短粗，肩宽，颈肩结合良好，腰肋肌肉丰满，后躯发达，臀圆，具有典型的肉用兔体形。四肢健壮有力，脚毛丰厚，可有效预防脚皮炎，适于笼养方式。成年体重母兔 4.0～5.0 千克，公兔 4.0～4.5 千克，属于中型肉用品种。

生产性能：早期生长发育速度快，饲料利用率高，肉质好。在良好的饲养管理条件下，8 周龄体重可达到 1.8 千克，10 周龄体重可达 2.3 千克，料重比 3.0～3.2：1，屠宰率 52%～55%，肉质细嫩。适应力强，繁殖率高，年产 5 胎以上，胎均产仔 7～9 只。

新西兰兔在我国分布较广。据观察，其适应性和抗病力较强，饲料利用率和屠宰率高，性情温顺，易于饲养。在高营养条件下有较大的生产潜力。其耐频密繁殖，抗脚皮炎能力是其他品种难以与之相比的。适于集约化笼养，是良好的杂交亲本。据笔者试验，该兔无论是与大型的品种（如比利时兔）杂交做母本，还是与中型品种（如太行山兔）杂交做父本，均表现良好。目前世界上优秀的肉兔配套系，均有新西兰白兔的参与。

该兔的缺点是不耐粗饲，对饲养管理条件要求较高。在粗放饲养条件下，其早期生长快的优势得不到发挥。

新西兰白兔不仅是一个优秀的肉兔品种，还是重要的实验用兔。随着生命科学的快速发展，对实验动物的需求量越来越大。因此，具有很大的发展空间。

19. 加利福尼亚兔有什么特点？

加利福尼亚兔（Californian）原产于美国加利福尼亚州，又称加州兔。育成时间稍晚于新西兰白兔，用喜马拉雅兔和青紫蓝兔杂交，从表现青紫蓝毛色的杂种兔中选出公兔，再与白色新西兰母兔交配，选择喜马拉雅毛色兔横交固定进一步选育而成。

该兔体格中等，头清秀，颈粗短，耳小而直立，公母兔均有较小的肉髯；胸部、肩部和后躯发育良好，肌肉丰满。成年体重母兔 3.5～4.8 千克，公兔 3.6～4.5 千克；毛色似喜马拉雅兔，即红眼、被毛白色，但八个体端部位（两耳、嘴巴、四肢下部和尾巴）黑色或黑褐色。

该兔适应性好，抗病力强，繁殖性能好，泌乳力高，育仔能力强，年可产 7～8 胎；早期生长快，产肉性能好，2 月龄体重 1.8～2 千克，屠宰率 52% 以上，肉质鲜嫩；毛皮品质好，毛短而密，富有光泽，手感和回弹性好。国外多以该品种与新西兰兔杂交或在品种内不同品系间杂交生产商品兔，效果较好。

我国多次从美国或其他国家引入加利福尼亚兔，总体来看，表现良好。尤其是其遗传性稳定和美观的外表，深受养兔爱好者的喜爱。但与新西兰兔比较，在生长发育速度方面略显不足。

20. 青紫蓝兔有哪些类型？各有什么特点？

青紫蓝兔（Chinchilla）原产于法国，因其毛色很像产于南美洲的珍贵毛皮兽青紫蓝绒鼠（Chinchilla）而得名。

青紫蓝兔被毛蓝灰色，每根毛纤维自基部向上分为 5 段，即：深灰色—乳白色—珠灰色—雪白色—黑色。在微风吹动下，其被毛呈现彩色漩涡，轮转遍体，甚为美观。耳尖及尾面黑色，眼圈、尾底及腹部白色，腹毛基部淡灰色。青紫蓝兔外貌匀称，头适中，颜面较长，嘴钝圆，耳中等、直立而稍向两侧倾斜，眼圆大，呈茶褐或蓝色，体质健壮，四肢粗大。世界公认的青紫蓝兔有标准型青紫蓝兔、美国型青紫蓝兔和巨型青紫蓝兔。

标准型青紫蓝兔（Chinchilla Standard）：采用复杂育成杂交方法选育而成，参与杂交的亲本有喜马拉雅兔、灰色嘎伦兔和蓝色贝韦伦兔等品种。体形小而紧凑，耳短直立，公母兔均无肉髯，成年体重母兔 2.7~3.6 千克，公兔 2.5~3.4 千克；被毛呈蓝灰色，有黑白相间的波浪纹，耳尖、尾面为黑色，眼圈、尾底、腹下、四肢内侧和颈后三角区的毛色较浅呈灰白色。单根毛纤维为五段不同的颜色，从毛纤维基部至毛梢依次为深灰色—乳白色—珠灰色—白色—黑色；性情温顺，毛皮品质好，生长速度慢，产肉性能差，偏向于皮用兔品种。

美国型青紫蓝兔（Chinchilla American）：1919 年，美国从英国引进标准型青紫蓝兔进一步选育而成。被毛呈蓝灰色，较标准型浅，且无明显的黑白相间波浪纹；体形中等，体质结实，成年体重母兔 4.5~5.4 千克，公兔 4.1~5 千克；母兔有肉髯而公兔没有；繁殖性能好，生长发育较快，属于皮肉兼用品种。

巨型青紫蓝兔（Chinchilla Giant）：用弗朗德巨兔与标准型青紫蓝兔杂交选育而成。被毛较美国型浅，无黑白相间波浪纹；公母兔均有较大的肉髯；耳朵较长，有的一耳竖立，一耳下垂；体格较大，肌肉丰满，早期生长发育较慢，成年体重母兔 5.9~7.3 千克，公兔 5.4~6.8 千克，是偏于肉用的巨型品种。

青紫蓝兔耐粗饲，适应性强，皮板厚实，毛色华丽。其繁殖力高，泌乳力好，仔兔初生重平均 45 克，高的可达 55 克，40 天断奶重 0.9~1.0 千克，3 月龄重 2.2~2.3 千克。在我国分布较广。三种类型在我国均有饲养，其中以标准型最多。经我国风土驯化和精心选育，除保留其主要优点外，已与原品种有所不同。

随着绿色浪潮的兴起，兔皮染色由于对环境造成污染而受到很大限制。而青紫兰兔具有的天然艳丽色彩的皮张受到国际市场的欢迎和偏爱。因此，该品种具有广阔的发展前景。

21. 弗朗德巨兔的优缺点各是什么？

弗朗德巨兔（Flemish Giant）起源于比利时北部弗朗德一带，广泛分布于欧洲各国，是最早、最著名和体格最大的肉用型品种。

体形外貌：体格大，结构匀称，骨骼粗重，背部宽平；依毛色不同分为钢灰色、黑灰色、黑色、蓝色、白色、浅黄色和浅褐色7个品系。美国弗朗德巨兔多为钢灰色，体格稍小，成年体重母兔5.9千克，公兔6.4千克；英国弗朗德巨兔成年母兔6.8千克，公兔5.9千克；法国弗朗德巨兔成年母兔6.8千克，公兔7.7千克。白色弗朗德巨兔为白毛红眼，头耳较大，被毛浓密，富有光泽，黑色弗朗德巨兔眼为黑色。

主要优点：生长速度快，产肉性能高，肉质好；在目前国内饲养肉兔中，日增重最高的肉兔品种之一。其适应性强，耐粗饲粗放；泌乳力极强。适合农村家庭饲养。该品种与地方品种或中型肉兔品种杂交效果很好。该品种毛色与野兔相近，在近年其皮张受到消费者的欢迎，价格高于一般的白色品种。

主要缺点：繁殖力低，成熟较迟；产仔数不稳定，仔兔出生重大小悬殊，毛色的遗传性不稳定，在其后代中经常分化出不同毛色的个体；脚毛稀短，容易患脚皮炎。

该品种在我国分布较广，但北部地区广大农村饲养量较大。

22. 日本大耳白兔有什么特点？

日本白兔（Japanese white）原产于日本，由中国白兔和日本兔杂交选育而成。在培育过程中特别注重了对耳朵长度的选择，因此被称作日本大耳白兔。其主要特点如下：

体形中等，成年体重 4～5 千克，白毛红眼，头尖削。躯体较长，棱角突出，肌肉不够丰满。母兔颌下肉髯发达。耳大直立，耳壳薄，耳根细，耳端尖，形似柳叶。平均耳长 12～14 厘米，耳宽 7～8 厘米。耳壳薄，血管清晰，适于注射和采血，是理想的实验用兔。

早熟，繁殖性能好，产仔数多，母性好，泌乳量高。年繁殖 5～7 胎，平均胎产 8～10 只，是良好的保姆兔或杂交母本。

适应性强，耐粗饲、粗放，适于农村家庭以草为主的饲养方式。

与现代肉用兔相比，其早期生长速度略显不足。3 月龄体重 1.49～1.92 千克，4 月龄屠宰率 48.84%。骨骼较大，出肉率较低。

日本大耳白兔在我国各地均有饲养。由于缺乏系统选育，退化较严重。

由于生命科学的快速发展，对试验动物的需求量与日俱增，日本大耳白兔作为首选实验用兔，具有较大的发展空间。

23. 垂耳兔有什么特点？

垂耳兔（Lop Ear），两耳长、大、下垂，头型似公羊，故又称公羊兔。世界上多个国家均有垂耳兔的培育，如法国、比利时、荷兰、英国和德国等，但体形和外貌有较大差异。我国于 1975 年引入法系垂耳兔，特点如下：

体形外貌：毛色多为黄褐色，也有白色、黑色等；前额、鼻梁突出，两耳长、大、下垂；公、母兔均有较大肉髯；体格大，体质疏松，成年体重 5～8 千克。

生产性能：适应性强，较耐粗饲；性情温顺，反应迟钝，不喜活动，因此对环境的应激因素敏感性较低；早期生长快，初生重 80 克，40 天断奶体重 0.85～1.1 千克，90 天平均体重 2.5～2.75 千克。但由于皮松骨大，出肉率不高，肉质较差；繁殖性能差，受胎率低，胎均产仔 5～8 只，母兔育仔能力差；由于体格大，笼养时易患脚皮炎。

垂耳兔外貌独特，体格大，被毛长，可作为一种观赏动物。在我国饲养的垂耳兔毛色类似野兔，因此，皮张在市场上畅销，价格较高。塞北兔是以法国公羊兔与弗朗德兔杂交培育而成。由于缺乏系统选育，目前在我国纯种的公羊兔已不多见。

24. 德国花巨兔有什么特点？

德国花巨兔（German Checkered Giant）原产于德国，为著名的大型皮肉兼用品种。我国于1976年自丹麦引入，分散饲养在我国的北部多个省市。其主要特点如下：

体形外貌：其耳大、直立，黑耳朵、黑眼圈、黑嘴环、黑臀花，体躯被毛底色为白色，口鼻部、眼圈、臀部和两耳毛为黑色。从颈部沿背脊至尾根一锯齿状黑带，体躯两侧有若干对称、大小不一的片状黑斑，故又称"蝶斑兔"或"熊猫兔"。体格高大，体躯长，呈弓形，腹部离地较高，骨骼粗大，体格健壮。成年体重5～6千克，体长50～60厘米，胸围30～35厘米；公、母兔均有较小肉髯。

生产性能：繁殖力高。胎均产仔11～12只，是目前产仔数最多的肉兔品种。但母性差，泌乳力低，育仔能力差。该兔早期生长发育较快，仔兔出生重70克，90日龄可达2.5千克，成年兔体重5～6千克。该兔被毛具有对称的花斑，是很好的制裘原料，因而皮张价格较高。

主要缺点：对饲养管理条件要求较高，哺育力差，毛色遗传不稳定，性情粗野，行动敏捷，对环境敏感，抗应激力较差。以上几点在今后的育种过程中应重点改良。

25. 怎样评价哈尔滨大白兔？

哈尔滨大白兔（Harbin Giant White）是由中国农业科学院哈尔滨兽医研究所培育的大型肉用兔品种，简称哈白兔。哈白兔是以本地白兔和上海白兔为母本，弗朗德巨兔和德国花巨兔为父本，采用复杂育成杂交培育而成。

体形外貌：该兔体格较大，头适中，耳大、直立，被毛白色，红眼，体质结实，结构匀称，肌肉较丰满，四肢强健，适应性较强。成年体重 6.3～6.6 千克，繁殖力高，胎均产仔较多。生长发育较快，2 月龄平均日增重 31.42 克，生长发育高峰在 70 日龄，平均日增重 35.61 克。产肉性能好，屠宰率半净膛 57.6%，全净膛 53.5%，料重比 3.11：1。

生产性能：该兔是在优厚的饲养条件下培育而成的，具有较高的生长速度和产肉性能，有较大的生产潜力。但在农村粗放饲养条件下，生产性能达不到以上指标。由于培育成功后保种、繁育和推广措施没有到位，社会上饲养的本品种存在严重的退化现象，应引起高度重视。

26. 安阳灰兔品种怎样？

安阳灰兔（Anyang Grey）是河南省原安阳地区科委、农业局、外贸局和林县农业局等单位，利用日本大耳白兔与青紫蓝兔杂交，在产生的灰兔群中精心选育横交固定而成。1985 年定名为安阳灰兔，属中型早熟肉皮兼用品种。

体形外貌：被毛青灰色，富有光泽；头大小适中，眼呈靛蓝色，背长而平直，略呈弧形，后躯发达，四肢强健有力，部分成年母兔有肉髯。

生产性能：繁殖性能好，母性强。胎均产仔 8.4 只，初生窝重 485.7 克，泌乳力 1 794.2 克，乳头 4～5 对；生长发育较快，产肉性能较好，3 月龄平均体重 2.1 千克，4 月龄 2.7 千克，8 月龄平均体重 4.5 千克。

优点：该品种具有适应性强、耐粗饲、耐热、耐寒等优点，适应于农村家庭粗放饲养。

但由于品种育成后保种、繁育和推广措施没有到位，社会饲养量不大，退化现象比较严重。

27. 塞北兔有什么特点？

塞北兔（Saibei Rabbit）是河北省原张家口农业专科学校以

法系公羊兔和弗朗德巨兔采用二元轮回杂交的方式培育而成的大型肉兔。主要特点如下：

外貌特征：该品种分三个毛色品系。A系被毛麻褐色，尾巴边缘枪毛上部为黑色，尾巴腹面、四肢内侧和腹部的毛为浅白色；B系纯白色；C系草黄色。被毛浓密，毛纤维稍长。头中等大小，眼眶突出，眼大而微向内凹陷，下颌宽大，嘴方，鼻梁有一黑线。耳宽大，一耳直立，一耳下垂。颈部粗短，颈下有肉髯，肩宽广，胸宽深，背平直，后躯宽，肌肉丰满，四肢健壮。

生产性能：体格大，生长速度快。仔兔初生重60～70克，一月龄断奶重可达650～1 000克。成年体重平均5.0～6.5千克，高者可达7.5～8.0千克。耐粗饲，抗病力强，适应性广，繁殖力较高，年产仔4～6胎，胎均产仔7～8只。

该品种属于大型兔，体质较疏松，个头大，生长快，耐粗饲，受到养殖者的喜爱。由于其骨架较大，皮松、毛长，屠宰率受到影响。因此，育肥兔出栏体重最好在2.5千克以上。该品种耳型和毛色的遗传性不太稳定，有时出现两耳下垂或两耳直立的个体和与亲本毛色不同的个体。与大多数大型品种一样，塞北兔易患脚皮炎，饲养中应予以重视。

28. 太行山兔（虎皮黄兔）有什么特点？

太行山兔（Taihangshan Rabbit），也称虎皮黄兔，原产于河北省井陉、鹿泉（原获鹿县）和平山县一带，由河北农业大学、河北省外贸食品进出口公司等单位合作选育而成。

外貌特征：分标准型和中型两种。标准型：全身被毛栗黄色，单根毛纤维根部为白色，中部黄色，尖部为红棕色，眼球棕褐色，眼圈白色，腹毛白色；头清秀，耳较短、厚、直立，体形紧凑，背腰宽平，四肢健壮，体质结实。成年体重公兔平均3.87千克，母兔3.54千克。中型：全身毛色深黄色，在黄色毛的基础上，背部、后躯、两耳上缘、鼻端及尾背部毛尖为黑色。这种黑色毛梢，在4月龄前不明显，随年龄增长而加深。后躯两侧和后背稍带黑毛尖，头粗壮，脑门宽圆，耳长、直立，背腰宽长，后躯发达。成年体重公兔平均 4.31 千克，母兔平均 4.37 千克。

生产性能：该品种适应性和抗病力强，耐粗饲、粗放，适于农家饲养。其遗传性稳定，繁殖力高，母性好，泌乳力强。年产仔 5～7 胎，胎均产仔数 8 只左右。幼兔的生长速度快。据测定，喂以全价配合饲料，日增重与比利时兔相当，而屠宰率（53.39％）高于比利时兔。

由于该品种适应我国的自然条件和经济条件，又具良好的生产性能，被毛黄色，利用价值高，兔肉和兔皮的市场广阔。据测定，该品种作为母本与引入品种（如比利时兔、新西兰兔等）杂交，效果良好。

由于育成后缺乏继续选育，社会上饲养的本品种退化现象较严重。

29. 大耳黄兔有什么特点？

大耳黄兔原产于河北省邢台广宗县一带，是以比利时兔中分化出的黄色个体为育种材料选育而成。属于大型皮肉兼用兔。

外貌特征：分两个毛色品系。A 系橘黄色，耳朵和臀部有黑毛尖；B 系杏黄色。两系腹部均为乳白色。体躯长，胸围大，后躯发达，两耳大而直立，故取名"大耳黄兔"。

生产性能：成年体重 4.0～5.0 千克，大者可达 6 千克以上。早期生长速度快，饲料报酬高，A 系高于 B 系，而繁殖性能则 B 系高于 A 系。年产 4～6 胎，胎均产仔 8.6 只，泌乳力高，遗传性能稳定。适应性强，耐粗饲。由于毛色为黄色，加工裘皮制品的价值较高。

该品种生长速度及耐粗饲能力受到人们的喜爱，适于农家饲养。与其他大型品种一样，该兔易患脚皮炎，饲养中应引起重视。

由于育成后缺乏继续选育和推广措施不利，目前该品种的社会存栏量不大，退化现象也较严重。

30. 豫丰黄兔有什么特点？

豫丰黄兔原产于河南省清丰县，由清丰县科委和河南省农业科学院等单位合作培育而成。

外貌特征：该兔全身黄色，腹部白色，毛短而光亮。头小而清秀，呈椭圆形，耳大直立，眼大有神。颈肩结合良好，背线平直，背腰长，后躯丰满，四肢强壮有力。成年母兔颈下有明显肉髯。

生产性能：该兔具有适应性强、耐粗饲、抗病力强和繁殖力高等优点。成年体重 4～6 千克，平均体长 54.73 厘米，胸围 38.83 厘米，头长 11.9 厘米，耳长 15.53 厘米。性成熟较早，3 月龄左右即达性成熟，5.5～6 月龄初配，窝均产仔在 8 只以上。母性好，泌乳力高，出生窝重 400 克左右，2.5 月龄可达到 2 千克以上。商品兔屠宰率半净膛 54.94%，全净膛 51.28%。

该兔是一个优良的地方品种，是良好的育种材料。但在体形外貌上还不一致，生产性能的个体差异较大，有待进一步选育提高。

31. 闽西南黑兔有什么特点？

闽西南黑兔原名福建黑兔，俗名黑毛福建兔，属于地方品种，原产于福建闽西南地区，主要分布于上杭、武平、长汀、漳平、德化、大田、屏南、古田等县市。为小型皮肉兼用兔。

外貌特征：全身披深黑色粗短毛，紧贴体躯，具有光泽，乌黑发亮；头部呈三角型，大小适中，清秀，两耳直立厚短，眼大圆睁有神，眼睛虹膜为黑色，颔下无肉髯；身体结构紧凑，小巧灵活，胸部宽深，背平直，腰部宽，腹部结实钝圆，后躯发达丰满；四肢健壮有力。

生产性能：初生重 40.0～52.5 克，30 日龄断奶体重 380.5～410.5 克，3 月龄体重 1 230.83～1 580.20 克，6 月龄体重 2 000～2 250 克。成年公兔体重 2.241 千克，成年母兔体重 2.192 千克。

产肉性能（3 月龄屠宰）：全净膛胴重 770～1 000 克，全净腔屠宰率39.5%～50.0%；断奶后至70日龄平均日增重15～18克，断奶后至90日龄平均日增重13.2～14.1克；断奶至90日龄料重比2.64～3.14：1。

繁殖性能：性成熟期公兔4.5月龄，母兔3.5月龄；适配年龄公兔5月龄，母兔4.5月龄；妊娠期29～31天；初生窝重240～312克，21日龄窝重1 045～11 288克，断奶窝重（30日龄）1 671～2 010克；窝产仔数5～7只，窝产活仔数5～6只，断奶仔兔数5～6只，仔兔成活率90%～95%。

总体评价：闽西南黑兔具有耐粗饲、适应性强、早熟、胴体品质好、屠宰率高及肉质营养价值高等优点，缺点是生长速度相对较慢。因此，要做好保种工作，避免混杂、退化；应加强选育，在保持地方品种肉质特点的同时，逐渐提高生产性能；可以利用杂交或配套系的生产方式，开发该地品种。

32. 福建黄兔有什么特点？

福建黄兔俗称闽黄兔，属小型肉用型兔，主要分布在福州地区的连江、福清、长乐、罗源、闽清、闽侯、古田、连城、漳平等县市。

外貌特征：全身披深黄或米黄色粗短毛，紧贴体躯，具有光泽，下颌沿腹部至胯部呈白色毛带；头部呈三角型，大小适中，清秀，双耳小而稍厚、纯园，呈V型，稍向前倾，眼大圆睁有神，虹膜呈棕褐色或黑褐色；身体结构紧凑，小巧灵活，胸部宽深，背平直，腰部宽，腹部结实钝圆，后躯发达丰满；四肢健壮有力，后脚粗且稍长。

生产性能：初生重45.0～56.5克，30日龄断奶体重356.49～508.77克，3月龄体重858.10～1 023.76克，6月龄体重2 817.50～2 947.50克；全净腔重825.5～1 215.0克，半净腔重940～1 225克，全净腔屠宰率40.5%～49.4%；断奶后至70日龄平均日增重17～20克，断奶后至90日龄平均日增重15～17.5克；断奶至70日龄料重比为2.48～2.83：1，断奶至90日龄料重比为2.77～3.15：1。

繁殖性能：性成熟期公兔5月龄，母兔4月龄；适配年龄公兔6月龄，母兔5月龄；妊娠期29～31天；初生窝重283.5～355.9克，21日龄窝重1 120～1 350克，断奶窝重（30日龄）1 935.5～2 011.7克；窝产仔数7～9只，窝产活仔数6～8只，断奶仔兔数6～7只，仔兔成活率89.5%～93.0%。

总体评价：主要优点是耐粗饲、适应性强、性成熟早、肉质营养价值高，福建民俗认为福建黄兔肉对胃病、风湿病、肝炎、糖尿病等有独特的疗效。主要缺点是生长速度较慢。因此，今后首先要做好保种工作，避免混杂、退化，并要规划和建立保护区，使保种工作能持久长远；同时针对福建黄兔生长速度相对较慢的不足，在保持本品种优良性状的前提下，加快进行本品种的选育，提高其生产性能，实现优质高效。此外，该品种是培育优良新品种的良好素材，应根据市场的需求，培育专门化品系、配套系、新品种（系），不断开发利用，以促进福建黄兔肉兔业的发展。

33. 四川白兔有什么特点？

四川白兔是我国本地兔在优越的自然生态条件和因交通不畅而较封闭的环境下，经过长期风土驯化及产区百姓长时间自繁自养而形成的地方品种，俗称菜兔，属小型皮肉兼用兔。

外貌特征：体型小，被毛纯白色；头清秀，嘴较尖，无肉髯，两耳较短、厚度中等而直立，眼为红色；腰背平直、较窄，腹部紧凑有弹性，臀部欠丰满；四肢肌肉发达。

生产性能：该兔的成年体尺和各阶段体重情况见表1。

表1　四川白兔成年体尺和各阶段体重

性别	体长（厘米）	胸围（厘米）	初生窝重（克）	断奶重（克）	3月龄重（克）	6月龄重（克）	8月龄重（克）	12月龄重（克）
公	39.8	27.6	—	475.0	1 650.0	2 050.0	2 350.0	2 750.0
母	39.4	27.2	332.6	490.0	1 690.0	2 080.0	2 370.0	2 760.0

产肉性能（90日龄屠宰）：全净膛重833.7克，半净膛重898.4克，屠宰率49.92%；平均日增重21.6克；料肉比为3.63：1。

繁殖性能：性成熟期3.5～4月龄；适配年龄4.5～5月龄；妊娠期30.6天；初生窝重332.6克，21日龄窝重1 141.7克，断奶窝重3 136克；窝产仔数7.2只，窝产活仔数6.8只，断奶仔兔数6.5只。

总体评价：四川白兔具有性成熟早、耐配血窝能力强、繁殖率高、适应性强、容易饲养、体型小、肉质鲜嫩等特点，是提高家兔繁殖率，开展抗病育种和培育观赏兔的优良育种材料，其利用价值及开发前景将日益显现。利用四川白兔种质资源生产优质兔肉，开发风味兔肉食品亦具有一定的发展潜力。

近年来四川白兔遗传资源已近濒危，仅在边远山区零星存在少量个体和杂种群体，从中选择种性较好的个体集中饲养，开展抢救性保种选育工作十分必要。

34. 九嶷山兔有什么特点？

九嶷山兔俗称宁远白兔，因产于弛名中外的九嶷山而得名。该兔是在特定的生态环境和饲养管理条件下，经过人们长期选择而形成的具有体型中等、体质健壮、抗逆性强、耐粗放饲养、繁殖性能好、肉质细嫩等特点的优良地方兔种。2004年12月，通过湖南省畜禽品种审定委员会鉴定，正式命名为九嶷山兔。

外貌特征：被毛短而密，以纯白毛、纯灰毛居多，纯白毛占存笼总数的73%，纯灰毛占25%，其他毛色（黑、黄、花）占2%；头型清秀，呈纺锤形；颈短面粗；眼球中等，白毛兔眼珠为红色，灰毛兔和其他毛色兔的眼珠为黑色；耳直立，厚薄长短适中，成年兔平均耳长为10.0～11.5厘米，宽5.8～5.9厘米；体躯结构紧凑，背腰宽平、稍弯曲，肌肉丰满；腹部紧凑而有弹性，乳头4～5对，以4对居多；体躯骨骼粗壮结实，发育良好，肌肉丰满；足底毛发达；臀部较窄，肌肉欠发达，尾较短。

生产性能：该兔各阶段的体重及成活率见表2。

表2 九嶷山兔各阶段的体重及成活率

项目	测定时间						
	初生	3周龄	4周龄	10周龄	13周龄	15周龄	17周龄
个体重（克）	43.1±3.14	231±28.73	348±21.34	970±60.80	1 498±15.19	1 711±5.92	1 923±20.91
成活数（只）	162	157	154	148	141	136	134
成活率（%）	100	96.9	95.1	91.4	87.0	84.0	82.7

产肉性能：九嶷山兔的产肉性能见表3。

表3 28～90日龄九嶷山兔产肉性能

性别	屠宰前体重（克）	半净膛重（克）	全净膛重（克）	断奶至70日龄日增重（克）	断奶至90日龄日增重（克）	断奶至70日龄料重比	断奶至90日龄料重比	90日龄屠宰率（%）
公	1 622.28	886.28	813.72	14.97	18.99	2.07	2.15	50.30
母	1 587.20	851.42	779.76	14.30	18.65	2.11	2.18	49.14

注：表中每个数据均为25只兔的平均值；料肉比指精料料肉比，青料料肉比另外统计；试验期间所喂青料为桂牧1号和黑麦草。

繁殖性能：在良好的饲养管理条件下，性成熟期母兔在13周龄（3月龄）、公兔在15周龄（3.5月龄）；在传统粗放的饲养管理条件下，母兔15周龄（3.5月龄）、公兔16～17周龄（4月龄）可达到性成熟；一般情况下，母兔满21周龄（5月龄）、体重在2.2千克以上，公兔满22周龄（5月龄）、体重在2.3千克以上可以配种繁殖；妊娠期多为30天，少数为31天；年均产仔7.2胎，年均繁殖断奶仔兔49.39只。

总体评价：九嶷山兔具有三大基本特征，一是适应性、抗病性强，体质健壮，耐粗放饲养，成活率高；二是繁殖性能好，性成熟早，年产胎数多，死胎畸形少，仔兔成活率高；三是肉品质量优，肉质细嫩。但九嶷山兔与引进的国外肉兔品种相比，其生长速度和饲料报酬相对较低。

35. 万载兔有什么特点？

万载兔属小型肉用型兔，产于赣西边陲的万载县。据清代同治十年《万载县志》记载，兔"人家间畜之"，表明农村已饲养有家兔。1957年国家有关部门曾定点万载县为医学实验兔生产基地。对万载肉兔的选育多在民间进行，农民注意选择繁殖能力强、生长快的后代留种，逐渐形成了地方品种。

外貌特征：万载肉兔分为两种，一种称为火兔（又称月兔），体型偏小，毛色以黑色为主；另一种称为木兔（又称四季兔），体型较大，以麻色为主。该兔毛粗而短，着生紧密，少数还有灰色、白色；头清秀，耳小而竖立，有耳毛；眼小，眼球为蓝色（白毛兔为红色）；背腰平直，肌肉丰满；前后躯紧凑而且发达，腹部紧凑而有弹性。

生产性能：成年公兔体重2 146.27克，母兔2 033.71克；公兔屠宰率44.67％，母兔43.69％。

繁殖性能：性成熟期为3～7月龄，一般初配年龄为4.5～5.5月龄；母兔有乳头4对，少数为5对；妊娠期30～31天，哺乳期40～45天，断奶后10～15天再次配种，每年可繁殖5～6胎，窝产仔数8只；断奶成活率89.7％。

总体评价：本品种遗传性能稳定，具有肉质好、适应性强、耐粗饲、繁殖率高、抗病力强等优点。但万载火兔体型小，生长慢，饲料报酬低。今后要形成完善的良种选育和亲交相结合的繁育体系，本品种选育要在保持繁殖力高、适应性强的前提下，加大体型，提高生长速度。也可引进大型优良肉兔进行二元或三元杂交，以提高生产性能。

36. 怎样选择肉兔品种？

我国饲养的肉兔品种很多，对于一个具体的兔场而言，选择哪个品种更合适呢？主要取决于本场本地的气候条件、饲养条件、品种资源情况、市场和习惯等。

对于经济欠发达的一般农村家庭来说，投资有限，饲养规模不大，为降低饲养成本，采集大量的饲草资源作为肉兔的主要营养来源。因此，应选择适应性、抗病力较强的品种，如弗朗德巨兔、日本大耳白兔、青紫兰兔等；也可以选择地方品种或用以上大型品种和地方品种杂交；对于经济较发达、条件较好的兔场，投资规模较大，全部采取笼养和全价饲料，首先应该选生长速度快、饲料报酬高、适于笼养的现代中型肉兔，如新西兰兔和加利福尼亚兔；对于距离大中城市较近的地区，实验用兔需求量较大，可以饲养日本大耳白和新西兰白兔为主；对于专门为生物制药厂提供乳兔的兔场，可选择产仔数较多的品种，如德国花巨兔和地方品种；而对家兔品种有偏爱的福建和广东地区，应该饲养黄色肉兔。

总之，选择品种应因地制宜、因场制宜，以效益最大化为原则，根据具体情况灵活掌握。

（二）优良肉兔配套系

37. 什么叫配套系？

要弄清配套系，需先清楚什么是专门化品系。专门化品系是指既有自己的生产特性，又具有良好的配合力，专门用于配套系配制父本或母本的纯种。他可以是品种，也可以是品系。

从上面描述中可知道，专门化品系是在配套系中承担特定（专门）任务的优秀畜群。不仅其自身有一定的优点，更重要的是与其他特定专门化品系具有最佳的配合效果（或杂交效果）。

配套系是指以数组两个或两个以上专门化品系（含父系和母系）为亲本，通过经严格设计的杂交组合试验，筛选出其中的一个组合，作为"最优"杂交模式，再依此模式进行配套杂交所得到的产物。用通俗的话讲，由几组专门化品系（一般是两两组合）用固定模式杂交形成的一个配套体系。

配套系是由固定的杂交模式（杂交组合）生产出来的，推广的是依据固定模式生产的各代次种畜，故有某某配套系的曾祖代、祖代、父母代；而商品代则叫做某某配套系商品代。

因此，广义的配套系是指依据经筛选的且已固定的杂交模式进行种畜与商品生产的配套杂交体系。

38. 配套系和一般的商品杂交有什么不同？我国目前有哪些肉兔配套系？

配套系和一般商品杂交的区别主要表现在以下几点：

第一，亲本不同。前者的亲本一般均为专门化品系；而后者的亲本可能是一般品系。

第二，亲本系间是否配套。生产前者的杂交模式，已通过专门的杂交组合试验证明其在一定条件、期限内是最好的，并且已固定下来（即杂交模式已固定）；不论是哪个父系、哪个母系，在杂交体系中都已各就各位，不能随意变动。而生产后者的杂交模式，由于未经专门试验，未必成形，可以变动。

第三，一般的商品杂交是两个品种或品系之间的结合；而配套系涉及更多的品种或品系，并且是经过特定培育和筛选的品种或品系，有曾祖代、祖代、父母代和商品代的区别。

第四，尽管它们的最终结果都是杂交商品，但效果和效率配套系更好更高。这是由于专门化父、母系的培育过程，可使每个系都具有比其他系更突出的优点；不同亲本优点的互补性，随亲本数目的加多而增强（配套系的亲本一般在 3 个以上），通过对比试验，已将互补性最强的组合挑选出来；专门化品系的遗传纯度相对较高，品系间差异较大。通过配合力的测定，可把后代具有最高而稳定杂种优势的"最优"杂交模式挑选出来；专门化品系一般较纯，因而商品代的整齐度更高，从而利于产业化发展，利于"全进全出"的现代生产模式。因此，配套系是肉兔发展的趋势。

我国已经从不同国家引进了四个配套系，分别是齐卡、艾哥、伊普吕和伊拉。

39. 齐卡是怎样配套的？主要特点是什么？

齐卡配套系（ZIKA）是德国的家兔育种专家齐默曼博士和德姆夫勒教授合作培育的肉兔配套品系。我国四川省畜牧兽医研究所于 1986 年从德国引进。

该配套系由大、中、小三个白色品系构成。大型品系为德国巨型白兔(配套系中的 G 系),中型品种为德国大型新西兰兔(配套系中的 N 系),小型品种为德国合成白兔(配套系中的 Z 系)。

G 系:两耳大而直立,头粗重,体躯大而丰满。成年体重 6～7 千克,仔兔出生重 70～80 克,35 日龄断乳重 1.0～1.2 千克,90 日龄体重 2.7～3.4 千克,日增重 35～40 克,料重比 3.2:1。在相同的饲养管理条件下,其增重速度比哈白兔和比利时兔都高。耐粗饲,适应性好。但繁殖力较低。年产 3～4 胎,胎产仔 6～10 只,性成熟较晚,夏季不孕期较长。

N 系:头型粗壮,耳短小、直立,体躯丰满,肉用特征明显。成年体重 4.5～5.0 千克。早期生长速度快,饲料报酬高。据资料介绍,8 周龄体重 1.9 千克,90 日龄 2.8～3.0 千克,年产仔 50 只。该兔要求饲料及管理条件较高。

Z 系:头清秀,耳薄,体长。成年体重 3.5～4.0 千克,90 日龄体重 2.1～2.5 千克,适应性好,耐粗饲。其最大优点是母兔繁殖性能高,年产仔 60 只,胎产仔兔 8～10 只,幼兔的成活率也较高。三系的配套模式是:

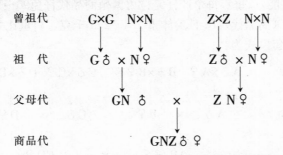

按以上模式生产的商品肉兔,在德国标准的饲养条件下,84 日龄上市体重为 2.8～3.0 千克,料重比 2.8:1,育肥兔成活率达 85% 以上。在四川农村条件下,据 1 600 余只示范测定,100

日龄上市体重2.4～2.5千克，平均胎产仔8只以上，育肥期成活率85%～90%。

40. 艾哥是怎样配套的？主要特点是什么？

艾哥配套系（Elco）是法国养兔专家贝蒂先生经多年精心培育的大型白色肉兔配套系。由A、B、C、D四个系组成。黑龙江省双城市龙华畜产有限公司和吉林松原市永生绿草畜牧有限公司1994年引入该兔的祖代。由于该兔育成于布列塔尼地区，故我国又称其为布列塔尼（亚）兔。

A系：成年体重5.8千克以上，性成熟期26～28周龄，70日龄体重2.5～2.7千克，28～70日龄料重比2.8∶1。

B系：成年体重5千克以上，性成熟期（131±2）天，70日龄体重2.5～2.7千克，28～70日龄料重比3.0∶1，每只母兔每年可生产断奶仔兔50只。

C系：成年体重3.8～4.2千克，性成熟期22～24周龄，性欲旺盛，配种能力强。

D系：成年体重4.2～4.4千克，性成熟期（131±2）天，年产成活仔兔80～90只，具有极好的繁殖性能。

父母代之父系由AB合成，产肉性能好；父母代之母系由CD合成，繁殖性能好。每年每个产仔笼位可繁殖商品代仔兔90～100只。

ABCD(商品代)：70日龄体重2.4～2.5千克，料重比2.9∶1。

其配套模式为：

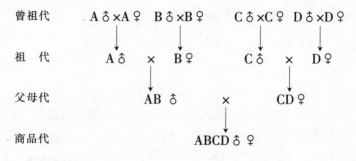

该配套系是在良好的环境气候条件和营养条件下培育而成的，具有很高的繁殖性能和育肥性能。引入我国后，在黑龙江、吉林、山东和河北等省饲养，表现良好的繁殖能力和生长潜力。但是，配套系的保持和提高需要完整的体系、足够的数量和血统、良好的培育条件和过硬的育种技术。由于我国引进的全部为白色，在代系的区分方面有一定的难度，生产中出现代系混杂现象。特别是引进的全部是祖代和父母代，不能自我复制，即当所引进的祖代或父母代失去繁殖能力后，其使命宣告结束。严格意义上讲，我国目前已经没有该配套系。

41. 伊普吕是怎样配套的？主要特点是什么？

伊普吕配套系（Hyplus）是由法国克里莫股份有限公司经过 20 多年的精心培育而成。该配套系是多品系杂交配套模式，共有 8 个专门化品系。我国山东省菏泽市颐中集团科技养殖基地于 1998 年 9 月从法国克里莫公司引进四个系的祖代兔 2 000 只，分别为作父系的巨型系、标准系和黑色眼睛系，以及作母系的标准系。据资料介绍，该兔在法国良好的饲养条件下，平均年产仔 8.7 胎，胎均产仔 9.2 只，成活率 95%，11 周龄体重 3.0～3.1 千克，屠宰率 57.5%～60%。在菏泽地区饲养观察，三个父系中，以巨型系表现最好，与母系配套，在一般农户饲养，年可繁殖 8 胎，每胎产仔平均 8.7 只，商品兔 11 周龄可达到 2.75 千克。而黑色眼睛系表现最差，生长发育速度慢，抗病力也较差。

2005 年 11 月山东青岛康大集团公司从法国克里莫公司引进祖代 1 100 只，其中四个祖代父本和一个祖代母本。山东德州中澳集团于 2006 年 6 月引进 600 只。其主要组合及特点如下：

标准白：由 PS19 母本和 PS39 父本杂交而成。母本白色略带黑色耳边，性成熟期 17 周龄，胎均活仔 9.8～10.5 只，70 日龄体重 2.25～2.35 千克；父本白色略带黑色耳边，性成熟期 20 周，胎活仔数 7.6～7.8 只，70 日龄体重 2.7～2.8 千克，屠宰率 58%～

59%；商品代白色略带黑色耳边，70日龄体重2.45～2.50千克，70日龄屠宰率57%～58%。

巨型白：由PS19母本和PS59父本杂交而成。父本白色，性成熟22周，胎活仔兔8～8.2只，77日龄体重3～3.1千克，屠宰率59%～60%；商品代：白色略带黑色耳边，77日龄体重2.8～2.9千克，屠宰率57%～58%。

标准黑眼：由PS19母本和PS79父本杂交而成；父本灰毛黑眼，性成熟20周，胎产活仔7～7.5只，70日龄体重2.45～2.55千克，屠宰率57.5%～58.5%。

巨型黑眼：由PS19母本和PS119父本杂交而成。母本同上；父本麻色黑眼，性成熟22周，胎产仔8～8.2只，77日龄体重2.9～3.0千克，屠宰率59%～60%。

根据笔者对多个养兔场的调查，伊普吕配套系生长速度、繁殖力等方面表现优异。但由于我国至今尚无曾祖代引进，决定了其寿命只能短短几年。而一些群众对配套系缺乏了解，将其中的父母代或商品代当作纯种使用，混杂现象难免发生，应引起注意。

42. 伊拉是怎样配套的？有什么特点？

伊拉（Hyla）是法国欧洲兔业公司在20世纪70年代末培育成功的肉兔配套系，由A、B、C、D四个专门化品系组成，具有遗传稳定、生长发育快、饲料报酬高、抗病力强、产仔多、出肉率高及肉质鲜嫩等特点。山东省安丘市绿洲兔业有限公司于2000年从法国已引入曾祖代，2006年又增引了部分。

曾祖代A（GGPA）和B（GGPB）为八点黑特征，C（GGPC）和D（GGPD）被毛白色。主要生产性能如下：

A系：全身白色，鼻端、耳、四肢末端呈黑色，成年体重5.0千克，受胎率76%，平均胎产仔8.35只，断奶死亡率10.31%，平均日增重50克，料重比3.0：1。

B系：全身白色，鼻端、耳、四肢末端呈黑色，成年体重4.9千克，受胎率80%，平均胎产仔9.05只，断奶死亡率10.96%，平均日增重50克，料重比2.8∶1。

C系：全身白色，成年体重4.5千克，受胎率87%，平均胎产仔8.99只，断奶死亡率11.93%。

D系：全身白色，成年体重4.5千克，受胎率81%，平均胎产仔9.33只，断奶死亡率8.08%。

商品代外貌呈加州色，28天断奶重680克，70日龄体重2.25千克，平均日增重43克，料重比2.7～2.9∶1，屠宰率58%～59%。A系、B系生产性能见表4，C系、D系生产性能见表5，父母代和商品代主要性能见表6。

表4　伊拉配套系A系、B系生产性能

项　目	A　系			B　系			
测定年份	1997	1998	1999	1996	1997	1998	1999
受孕率（%）	74%	69%	76%	82%	69%	68%	80%
胎产仔数（只）	8.34	8.58	8.14	8.49	9.07	7.76	9.05
胎产活仔数（只）	7.48	7.91	7.46	7.62	8.28	8.02	8.51
死亡率（%）	10.3	7.86	8.34	10.3	8.6	8.44	5.97
断奶成活数（只）	6.69	6.93	7.15	6.41	6.63	7.45	7.27
断奶死亡率（%）	10.6	15.95	10.31	15.8	19.9	13.63	16.96

表5　伊拉配套系C系、D系生产性能

项　目	C　系				D　系			
测定年份	1996	1997	1998	1999	1996	1997	1998	1999
受孕率（%）	86%	84%	87%	87%	83%	85%	84%	81%
胎产仔数（只）	8.97	9.10	8.90	8.99	9.22	9.44	9.27	9.33
胎产活仔数（只）	8.63	8.63	8.5	8.78	8.8	9.1	8.82	8.73
死亡率（%）	3.8	5.2	4.58	2.3	4.5	3.6	4.87	6.39
断奶成活数（只）	7.2	7.87	7.82	8.85	7.12	8.15	8.35	8.23
断奶死亡率（%）	16.6	8.8	14.38	11.93	19.3	10.5	10.43	8.08

表 6　伊拉配套系父母代和商品代主要性能

AB 公兔成年体重	5.4 千克
CD 母兔成年体重	4 千克
窝均产仔数	9.2 只
窝均产活仔数	8.9 只
断奶体重（28 天）	680 克
断奶均重（32～35 天）	820 克
平均日增重	43 克
70 日龄均重	2.47 千克
料重比	2.7～2.9：1
屠宰率	58%～59%

43. 康大肉兔配套系是怎样配套的?

康大肉兔配套系分为康大 1 号肉兔配套系、康大 2 号肉兔配套系和康大 3 号肉兔配套系。

康大 1 号配套系是培育品种，由青岛康大兔业发展有限公司和山东农业大学培育的康大肉兔Ⅰ系、Ⅱ系和Ⅵ系 3 个专门化品系构成。

康大 2 号配套系由康大肉兔Ⅰ系、Ⅱ系和Ⅶ系 3 个专门化品系构成。

康大 3 号配套系由康大肉兔Ⅰ系、Ⅱ系、Ⅴ系和Ⅵ系 4 个专门化品系构成。

康大肉兔Ⅰ系以法国伊普吕（Hyplus）肉兔 GD14 和 PS19 作为主要育种材料，经合成杂交和定向选育而来。

康大肉兔Ⅱ系以法国伊普吕（Hyplus）肉兔 GD24 和 PS19 作为主要育种材料，经合成杂交和定向选育而来。

康大肉兔Ⅴ系以法国伊普吕（Hyplus）肉兔 GD54、GD64 和 PS59 作为主要育种材料，经多代合成杂交和定向选育而来。

康大肉兔Ⅵ系以泰山肉兔为主要育种材料，连续多世代定向选育而来。

康大肉兔Ⅶ系以香槟兔作为主要育种材料，经多代定向选育而来。

育种和配套模式如下：

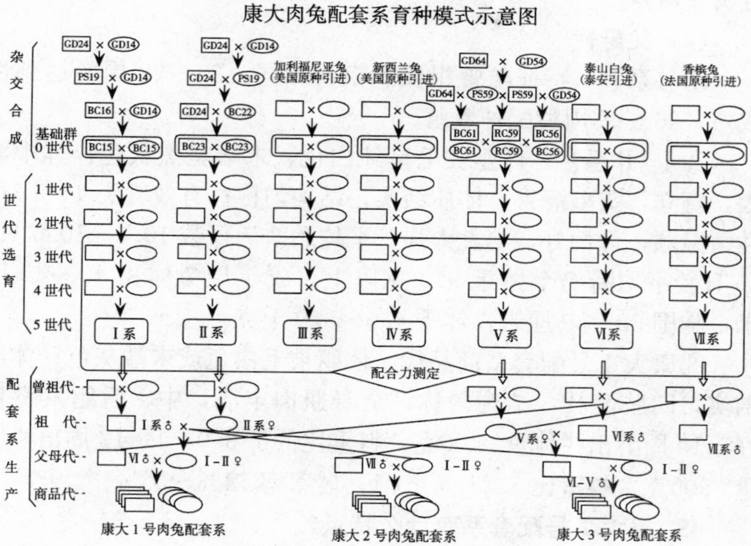

康大肉兔配套系育种模式示意图

图 1　康大肉兔配套系育种模式

44. 康大 1 号配套系有什么特点？

（1）曾祖代和祖代

①康大肉兔Ⅱ系　被毛为末端黑色，即两耳、鼻黑色或灰色，尾端和四肢末端浅灰色，其余部位纯白色；眼球粉红色，耳中等大，直立，头型清秀，体质结实，四肢健壮，脚毛丰厚。体躯结构匀称，前、中、后躯发育良好；有效乳头 4～5 对。性情温顺，母性好，泌乳力强。

②康大肉兔Ⅰ系　被毛纯白色；眼球粉红色，耳中等大，直立，头型清秀，体质结实，结构匀称。四肢健壮，背腰长，中、

后躯发育良好；有效乳头 4～5 对。母性好，性情温顺。

③康大肉兔Ⅵ系　被毛为纯白色；眼球粉红色，耳宽大，直立或略微前倾，头大额宽，四肢粗壮，脚毛丰厚，体质结实，胸宽深，被腰平直，腿臀肌肉发达，体型呈典型的肉用体型；有效乳头 4 对。

(2) 父母代

①Ⅵ系♂　特征与曾祖代和祖代相同。20～22 周龄达到性成熟，26～28 周龄配种繁殖。

②Ⅰ/Ⅱ系♀　体躯被毛呈纯白色，末端呈黑灰色；耳中等大，直立，头型清秀，体质结实，结构匀称；有效乳头 4～5 对。性情温顺，母性好，泌乳力强。平均胎产活仔数 10.0～10.5 只，35 日龄平均断奶个体重 920 克以上。成年母兔体长 40～45 厘米，胸围 35～39 厘米，体重 4.5～5.0 千克。

③康大 1 号配套系商品代　体躯被毛白色或末端灰色；体质结实，四肢健壮，结构匀称，全身肌肉丰满，中、后躯发育良好。10 周龄出栏体重 2 400 克，料重比低于 3.0∶1；12 周出栏体重 2 900 克，料重比 3.2～3.4∶1，屠宰率 53%～55%。

45. 康大 2 号配套系有什么特点？

(1) 曾祖代和祖代　康大肉兔Ⅱ系、Ⅰ系特征与康大 1 号配套系相同。

康大肉兔Ⅶ系：被毛黑色，部分深灰色或棕色，且较短，平均长 (2.32±0.35) 厘米；眼球黑色，耳中等大，直立，头型圆大，四肢粗壮，体质结实，胸宽深，被腰平直，腿臀肌肉发达，体型呈典型的肉用体型；有效乳头 4 对。

(2) 父母代

①Ⅶ系♂　特征与曾祖代和祖代相同。20～22 周龄达到性成熟，26～28 周龄配种繁殖。

②Ⅰ/Ⅱ系♀　体躯被毛呈纯白色，末端呈黑灰色；耳中等大，直立，头型清秀，体质结实，结构匀称；有效乳头 4～5 对。

性情温顺，母性好，泌乳力强。平均胎产活仔数 9.7～10.2 只，35 日龄平均断奶个体重 950 克以上。成年兔体长 40～45 厘米，胸围 35～39 厘米。公兔的成年体重 4.5～5.3 千克，母兔成年体重 4.5～5.0 千克。全净膛屠宰率为 50%～52%。

（3）商品代　毛色为黑色，部分深灰色或棕色，被毛较短；眼球黑色，耳中等大，直立，头型圆大，四肢粗壮，体质结实，胸宽深，被腰平直，腿臀肌肉发达，体型呈典型的肉用体型。10 周龄出栏体重为 2 300～2 500 克，料重比 2.8～3.1：1；12 周出栏体重为 2 800～3 000 克，料重比 3.2～3.4：1。屠宰率 53%～55%。

46. 康大 3 号配套系有什么特点？

（1）曾祖代和祖代　康大肉兔Ⅱ系、Ⅰ系和Ⅵ系特征与康大 1 号配套系相同。

康大肉兔Ⅴ系：体躯被毛呈纯白色；眼球粉红色，耳大，宽厚而直立，平均耳长（13.50±0.66）厘米，平均耳宽（7.80±0.56）厘米，头大额宽，四肢粗壮，脚毛丰厚，体质结实，胸宽深，被腰平直，腿臀肌肉发达，体型呈典型的肉用体型；有效乳头 4 对。

（2）父母代

Ⅵ/Ⅴ♂：体躯被毛呈纯白色；眼球粉红色，耳大，宽厚而直立，头大额宽，四肢粗壮，脚毛丰厚，体质结实，胸宽深，被腰平直，腿臀肌肉发达，体型呈典型的肉用体型；有效乳头 4 对。胎产活仔数 8.4～9.5 只，成年公兔的体重为 5.3～5.9 千克。20～22 周龄达到性成熟，26～28 周龄可以配种繁殖。

Ⅰ/Ⅱ♀：体躯被毛呈纯白色，末端呈黑灰色；耳中等大，直立，头型清秀，体质结实，结构匀称；有效乳头 4～5 对。性情温顺，母性好，泌乳力强。胎产活仔数 9.8～10.3 只，35 日龄平均断奶个体重 930 克以上。成年兔体长 40～45 厘米，胸围 35～39 厘米。成年公兔的体重为 4.5～5.3 千克，成年母兔的体重为 4.5～5.0 千克。全净膛屠宰率为 50%～52%。

(3) 商品代

被毛白色或末端黑色；体质结实，四肢健壮，结构匀称，全身肌肉丰满，中、后躯发育良好。10 周龄出栏体重为 2 400～2 600 克，料重比低于 3.0∶1；12 周龄出栏体重为 2 900～3 100 克，料重比 3.2～3.4∶1。屠宰率 53%～55%。

47. 康大肉兔配套系中各专门化品系的生产性能如何？

(1) 产肉性能

①康大肉兔Ⅰ系的全净膛屠宰率为 48%～50%。

②康大肉兔Ⅱ系的全净膛屠宰率为 50%～52%。

③康大肉兔Ⅴ系的全净膛屠宰率为 53%～55%。

④康大肉兔Ⅵ系的全净膛屠宰率为 53%～55%。

⑤康大肉兔Ⅶ系的全净膛屠宰率为 53%～55%。

(2) 繁殖性能

①康大肉兔Ⅰ系 16～18 周龄达到性成熟，20～22 周龄可以配种繁殖。

②康大肉兔Ⅰ系胎产活仔数 9.2～9.6 只，28 日龄平均断奶个体重 650 克以上或 35 日龄平均断奶个体重 900 克以上。

③康大肉兔Ⅱ系 16～18 周龄达到性成熟，20～22 周龄可以配种繁殖。

④康大肉兔Ⅱ系胎产活仔数 9.3～9.8 只，28 日龄平均断奶个体重 650 克以上或 35 日龄平均断奶个体重 900 克以上。

⑤康大肉兔Ⅴ系 20～22 周龄达到性成熟，26～28 周龄可以配种繁殖。

⑥康大肉兔Ⅴ系胎产活仔数 8.5～9.0 只，28 日龄平均断奶个体重 700 克以上或 35 日龄平均断奶个体重 950 克以上。

⑦康大肉兔Ⅵ系 20～22 周龄达到性成熟，26～28 周龄可以配种繁殖。

⑧康大肉兔Ⅵ系胎产活仔数 8.0～8.6 只，28 日龄平均断奶

个体重 700 克以上或 35 日龄平均断奶个体重 950 克以上。

⑨康大肉兔Ⅶ系 20～22 周龄达到性成熟，26～28 周龄可以配种繁殖。

⑩康大肉兔Ⅶ系胎产活仔数 8.5～9.0 只，28 日龄平均断奶个体重 700 克以上或 35 日龄平均断奶个体重 950 克以上。

48. 目前我国大面积推广肉兔配套系是否为时尚早？

我国先后从欧洲引进四个肉兔配套系。其中，两个为完整的配套系（齐卡和伊拉）也培育了自己的肉兔配套系（康大肉兔配套系）。但是，至今其普及面并不理想。很多人提出这样的疑问：肉兔配套系目前在我国大面积推广是否为时尚早？

肉兔配套系的培育是一个复杂的过程，既需要时间，又需要技术，更要有相当的人力、物力和财力的投入。培育成功之后并非百事大吉，专门化品系的持续测定与选择等繁杂的工作将无穷无尽。肉兔配套系的运转比较复杂，需要建立若干个曾祖代培育场和祖代场，培育的父母代方可到繁殖场，再由商品兔场直接育肥。因此，肉兔配套系的应用是在饲养管理条件具有相当的水平以及颇具规模的基础上方可进行。

目前，我国肉兔养殖仍然以千家万户为主体。因此，笔者认为：大面积推广肉兔配套系的时机尚不成熟。

49. 怎样对待肉兔配套系？

第一，我国肉兔养殖已经有了较好的基础，由小规模养殖正在向规模型养殖过渡，由粗放型养殖向集约化过渡。今后的发展将更好更快。因此，着手培育我国自己的配套系的时机已经到来。有条件的企业应该放眼未来，联合有关的大专院校和科研单位，积极在国家和地方申请立项，抓紧时间，争取主动。

第二，充分利用现有的肉兔配套系。配套系的引进需要大量的资金，维持配套系更需要大量的投入。但是，配套系的生产效率和效益要高于普通的品种及商品杂交。因此，要充分利用现有的配套系。加强科技攻关，使引进的肉兔配套系逐渐风土化，有组织、有计划地推广。首先，在条件较好的地区，尤其是在一条龙式的大型肉兔生产企业养殖，不断总结经验，再逐步向适宜地区推广。

第三，加强宣传力度，让普通百姓了解肉兔配套系。很多人对配套系并不了解，或是一知半解。因此，生产中一些兔场将配套系的商品代当作纯种使用，生产效果越来越差，使人们对配套系产生不好的印象。个别种兔场利用老百姓的模糊认识，采取一些不恰当的推广方式，在社会造成不好的影响。给百姓一个明白的交代，是在我国未来大力推广肉兔配套系的前提条件。

三、肉兔健康养殖的环境
要求和兔场建设

（一）肉兔健康养殖对环境的要求

50. 养兔环境主要包括什么？环境条件对养好肉兔重要吗？

养兔的环境是指影响家兔生长、发育、繁殖和生产等一切外界因素。这些外界因素有自然因素和人为因素。具体地说，家兔的环境包括作用于家兔身体的一切物理性环境、化学性环境、生物性环境和社会性环境。物理性环境包括兔舍、笼具、温度、湿度、光照、通风、灰尘、噪声、海拔和土壤等。化学性环境包括空气、有害气体和水等。生物性环境包括草、料、病原体、微生物等。社会环境包括饲养、管理以及与其他家畜或有害兽的关系等。

肉兔生长发育和繁衍后代等生命活动，与环境息息相关。给肉兔提供适宜的环境，是养好肉兔的前提和基础。没有良好的环境，就没有家兔的健康，养兔效益将无从谈起。因此，了解和掌握影响家兔生产的各种环境因素，可以有目的地针对这些因素加以控制，尽可能减少这些因素对家兔生产的影响，创造符合家兔生理要求和行为习性的理想环境，以增加养兔生产的经济效益。

51. 肉兔对温度有何要求？

肉兔是恒温动物，但是其对体温的调节能力是有限的。肉兔汗腺退化，被毛浓密。因此，耐受寒冷而惧怕高温。其体温是38.5～39.5℃，理想的环境温度随着年龄的变化而变化。成年兔15～25℃，育肥兔18～24℃，仔兔1～5日龄为30～32℃，5～

10 日龄为 25～30℃。家兔的临界温度为 5℃和 30℃。也就是说，低于 5℃和高于 30℃对家兔都会产生不良影响。

52. 高温对肉兔有何影响？

高温对肉兔的影响是多方面的。

第一，高温对繁殖的影响。家兔睾丸对高温极其敏感。30℃以上的持续高温，可使种公兔睾丸内的生精上皮变性，暂时失去生精机能。因此，在南方有"夏季不孕"之说，在华北地区夏季和秋季的受胎率低。高温对母兔的繁殖也有一定影响，尤其是对妊娠母兔的影响严重。在妊娠期，尤其是妊娠后期，代谢旺盛，需求营养量大，产热量高。由于高温，一方面影响采食，一方面影响散热。双重压力，往往导致妊娠母兔中暑或妊娠毒血症而死亡。高温期间妊娠的母兔即便能正常产仔，其仔兔的初生重也低于正常仔兔。

第二，高温对生长的影响。高温影响家兔的采食，影响家兔的体温调节和代谢，严重影响肉兔的生长发育。笔者试验，以15～25℃的适宜温度和 33℃的温度进行肉兔育肥试验，两者相差一倍以上。

第三，高温对泌乳母兔和仔兔的影响。高温环境严重影响泌乳母兔的采食量，降低泌乳量，进而影响仔兔发育和降低成活率。

第四，高温对健康的影响。短时一般的高温（30～33℃），家兔可以耐受，但影响生产性能，使家兔的抗病力降低。如果长期持续高温，对家兔的健康就会造成严重影响。比如，高温季节容易发生中暑；高温使家兔呼吸系统负担加重，导致群发性传染性鼻炎和肺炎；高温往往伴随高湿，诱发球虫病和真菌性皮肤病；高温高湿极容易使饲料霉变，导致群发性霉菌毒素中毒。

总之，高温对肉兔的影响是全方位的。提高肉兔的生产性能和保持健康，必须控制高温。

53. 控制兔舍高温应从哪些方面入手?

控制环境高温,可从以下三个方面入手:

首先,可通过兔舍保温材料和建筑设计,减少外源热能的进入。比如增加墙体厚度和建筑材料的隔热能力,尤其是墙体和舍顶;兔舍外表颜色深度影响吸热量,可将舍顶和阳面外墙涂成浅色(白色)增加反光系数;也可在兔舍前方植树,上方覆盖藤蔓植物,以植物折光吸光减轻兔舍热压力等。在兔舍的上方和阳面拉上遮阳网,可有效降低热辐射;在一些山区,可通过山洞避暑;在平原地区,可通过地下舍降温。

其次,降低饲养密度,可减少热能的产生;及时清理粪尿,可降低有机物发酵产热。

最后,可通过加强通风、安装空调或增加湿帘增加兔舍内散热。

54. 低温对肉兔有何影响? 寒冷季节怎样控制兔舍温度?

相对高温,低温对肉兔的负面影响要小一些。肉兔具有一定的抗御低温能力。在低温条件下,刺激机体生长出含绒毛更高更密的冬毛,增加采食量,以增强保温能力和提供更多的能量。但是,低温对肉兔的影响主要体现在仔兔和生长兔。初生仔兔裸体无毛,体温调节机能不健全,需要较高的环境温度(30℃以上)。如果保温不好,将受到冻伤而死亡;断乳后的生长兔皮薄毛稀,对低温的适应能力有限。环境温度过低,采食量增加,生长速度明显下降。

低温也会降低家兔的繁殖力,母兔发情和公兔配种都将受到一定影响。而这种影响往往与冬季光照时间缩短相互作用。

低温条件下,家兔一般的细菌性传染病发生率较低。但病毒性传染病,尤其是兔瘟的高发期。皮肤真菌病和呼吸道疾病的发生率往往增加,这主要是因为低温期间兔舍的通风不良、空气质量差和湿度大造成的。

为了提高肉兔的生产性能和降低发病率,在寒冷季节对兔舍进行适当保温和增温是必要的。一是减少兔舍温度的放散,主要加强兔舍建筑材料的选择和科学设计，增强保温隔热能力；二是加强门窗的管理，减少散热；三是在寒冷地区，兔舍内增加热源是必要的，可安装暖风炉、土暖气、空调等。

值得注意的是，保温和通风换气除湿形成矛盾，应统筹兼顾，不可顾此失彼。

55. 湿度对家兔有何影响？

肉兔适宜的空气湿度为 $60\% \sim 65\%$，高于这个湿度即称为高湿度。当空气湿度大时，家兔的蒸发散热量减少。因此，在高温高湿的环境下，机体散热更为困难。无论温度高低，高湿度对体热调节都是不利的，而低湿则可减轻高温和低温的不良作用。

高温高湿的环境有利于病原微生物和寄生虫的滋生、发育，使家兔易患球虫病、疥癣病、霉菌病和湿疹等皮肤病，还很容易使饲料发霉而引起霉菌毒素中毒；在低温高湿的条件下，家兔易患各种呼吸道疾病（感冒、咳嗽、气管炎及风湿病等）和消化道疾病，特别是幼兔易患腹泻。如果空气湿度过小，过于干燥，则使黏膜干裂，降低兔对病原微生物的防御能力。

56. 怎样控制兔舍高湿？

尽管高湿和低湿对肉兔都不利，但生产中对家兔的危害主要来自高湿。控制兔舍内的湿度是生产中的一大难题，也是非控不可的工作。

兔舍内的湿度来自舍外空气、地面蒸发、家兔产生（粪尿和呼吸）、饮水、地面冲刷和液体消毒等。控制兔舍湿度可采取以下措施：

第一，严格控制兔舍内用水。尽量不要用水冲洗兔舍内的地面和兔笼。最好用水泥地面，并设防水层，以控制地下水汽蒸发到兔舍内。兔子的水盆或自动饮水器要固定好，防止兔子拱翻水盆或损坏自动饮水器，以免搞湿兔舍和兔笼。生产中很多兔场自动饮水器质量差，滴水漏水造成舍内潮湿。在高湿季节，尽量不用喷雾消毒，以火焰喷灯最佳。

第二，及时清理粪尿，尽量不让粪、尿积存在兔舍内。

第三，加强通风，及时排出水汽及污浊气体，保持兔舍内空气新鲜。

第四，撒洒吸湿性物质。当空气的湿度大时，可在兔舍内地面上撒干草木灰或生石灰，不仅除湿，而且吸附有害气体，净化舍内环境，效果良好。

笔者研究表明，采取无粪沟式兔舍可有效降低兔舍湿度。即在兔舍内不设粪尿沟，在每层承粪板下安装接粪槽，将所有的粪尿集中在槽里，并收集到接粪槽中间或一端的垃圾桶里，及时清除到舍外。

当腹泻不断时，兔舍内的湿度难以保持。控制肉兔腹泻病，是降低兔舍内湿度的有效办法。

57. 有害气体包括哪些？怎样产生的？有什么危害？

兔舍内的有害气体主要包括氨气、硫化氢、一氧化碳和过量的二氧化碳。

以上有害气体主要是家兔饲养过程中呼出的气体，排泄物、分泌物和抛弃的饲料、垫草等有机物的分解产物释放到兔舍内。一般空气的成分相当稳定，含有 78.09%氮、20.95%氧、0.03%二氧化碳和 0.0012%氨，以及一些惰性气体与臭氧等。兔舍内空气成分会因通风状况、家兔数量与密度、舍温、微生物数量与作用等的变化而变化。特别是在通风不良时，容易使兔舍内有害气体的浓度升高。这些有害气体浓度的高低，直接影响到家兔的健康。因此，一般舍饲条件下，规定了舍内有害气体允许的浓度：氨（NH_3）<30 厘米^3/米^3、二氧化碳（CO_2）<3 500 厘米^3/米^3、硫化氢（H_2S）<10 厘米^3/米^3 和一氧化碳（CO）<24 厘米^3/米^3。

家兔对氨气特别敏感。在潮湿温暖的环境中，没有及时清除的兔粪、尿，细菌会将其分解产生大量的氨气等有害气体。兔舍内温度越高，饲养密度越大，有害气体浓度越大。家兔对空气成分比对湿度更为敏感，空气中的氨气被兔子吸进后，先刺激鼻、喉和支气管黏膜，引起一系列防御呼吸反射，并分泌大量的浆液和黏液，使黏膜面保持湿润。由于黏膜面湿润，氨气又正好溶解于其中，变成强碱性的氢氧化氨而刺激黏膜，从而造成局部炎症。当兔舍内氨气浓度超过 $20 \sim 30$ 厘米^3/米^{3}时，常常会诱发各种呼吸道疾病、眼病，生长缓慢，尤其可引起巴氏杆菌病蔓延。当舍内氨气浓度达到 50 厘米^3/米^3 时，家兔呼吸频率减慢，流泪和鼻塞；达到 100 厘米^3/米^3 时，会使眼泪、鼻涕和口涎显著增多。家兔对二氧化碳的耐受力比其他家畜低得多。因此，控制兔舍内有害气体的含量，对家兔的健康生长十分重要。

58. 怎样控制兔舍内的有害气体？

兔舍内有害气体的控制可从减少有害气体的产生和加速有害气体的排除两个方面入手。

(1) 减少有害气体的产生　主要是降低兔舍湿度，降低兔舍内的温度，抑制微生物的分解；调整日粮配方，保证营养平衡，提高饲料的利用率，减少营养通过粪便排出；及时清理粪便，缩短粪便在兔舍内的存放时间；保障家兔健康，减少分泌物（如鼻腔分泌物、眼睛分泌物、阴道分泌物、皮肤分泌物和脱落物等）的产生。此外，根据笔者试验，在饲料或饮水中添加微生态制剂，可有效控制粪尿的分解，降低兔舍有害气体的含量。

(2) 加速有害气体的排除　主要是加强兔舍通风换气。一般兔舍在夏季可打开门窗自然通风，也可在兔舍内安装吊扇进行通风；冬季兔舍要靠通风装置加强换气，天气晴朗、室外温度较高时，也可打开门窗进行通风。密闭式兔舍完全靠通风装置换气，但应根据兔场所在地区的气候、季节、饲养密度等严格控制通风量和风速。如有条件，也可使用控氨仪来控制通风装置进行通风换气。这种控氨仪，有一个对氨气浓度变化特别敏感的探头，当氨气浓度超标时会发出信号。如舍内氨的浓度超过 30 厘米^3/米^3 时，通风装置即自行开启。可将控氨仪与控温仪连接，使舍内氨气的浓度在不超过允许水平时，保持较适宜的温度范围。

59. 通风对家兔有何影响？兔舍适宜的风速有规定吗？

兔舍通风的好坏对兔舍环境的卫生管理及兔的生长关系十分密切。通风不仅可以调节温度、降低湿度，而且有利于送入新鲜空气和排除污浊空气、灰尘。在夏季，兔舍要加强通风；但是在冬季，通风的目的在于换气。因此，对通风量的大小、风速的高低应根据季节和兔舍内单位面积的饲养量酌情控制。一般可通过兔舍的科学设计（如门窗的大小和结构、建筑部件的密闭情况等）和通风设施的配置来控制。

兔舍内的气流速度对家兔的健康产生影响。标准的风速：春、秋季节一般要求兔舍内的气流速度不得超过 0.5 米/秒，夏季以 0.4 米/秒、冬季以不超过 0.2 米/秒为宜。

60. 光照对家兔有何影响？肉兔适宜的光照是多少？

光照对肉兔的生理机能产生重要影响。例如，光照可以提高兔体新陈代谢，增进食欲，使红细胞和血红蛋白含量有所增加；光照还可以使家兔表皮里的 7-脱氢胆固醇转变为维生素 D_3，维生素 D_3 能促进兔体内的钙磷代谢。但家兔对光照的反应远没有对温度及有害气体敏感。实践表明，光照对生长兔的日增重和饲料报酬影响较小，而对家兔的繁殖性能和肥育效果影响较大。此外，光照还影响到家兔季节性换毛。阳光能够杀菌，并可使兔舍干燥，有助于预防兔病。在寒冷季节，阳光还有助于提高舍温。

据试验，繁殖母兔每天光照 14～16 小时，可获得最佳繁殖效果。接受人工光照的成年母兔的断奶仔兔数要比自然光照的多 8%～10%。而公兔害怕长时间光照，如每天给公兔光照 16 小时，会导致公兔睾丸体积缩小，重量减轻，精子数量减少。因此，公兔每天光照以 8～12 小时为宜。另据试验，如每天连续 24 小时光照，会引起家兔繁殖机能紊乱。仔兔和幼兔需要光照较少，尤其仔兔，一般每天 8 小时弱光即可。肥育兔每天光照 8 小时。

肉兔对光照强度也有要求。一般适宜的光照强度约为 20 勒克斯。繁殖母兔需要的光照强度要大些，可用 20～30 勒克斯，而肥育兔只需要 8 勒克斯。

61. 兔舍光照如何控制？

光照分人工光照和自然光照，前者指用各种灯光，后者指日照。开放式和半开放式兔舍一般采用自然光照，要求兔舍门窗的采光面积应占地面面积的 15％左右，阳光入射角不低于 25°～30°。在短日照季节，还需要人工补充光照。密闭式兔舍完全采用人工光照，室内照明要求光照强度达到 75～300 勒克斯。给家兔供光多采用白炽灯或日光灯，以日光灯供光为佳。既提供了必要的光照强度，而且耗电较少，但安装投入较高。光照时间和光照强度由人工控制。光照时间的长短只需通过按时开关灯来加以控制，一般光照时间为明暗各 12 小时或明 13 小时、暗 11 小时。同时，人工供光时光线分布要均匀。

62. 什么叫噪声？噪声对家兔有何影响？噪声如何控制？

要清楚噪声，首先需要了解分贝。

分贝是声压级的大小单位（符号：db）。声音压力每增加一倍，声压量级增加 6 分贝。1 分贝是人类耳朵刚刚能听到的声音；20 分贝以下的声音，一般来说，我们认为它是安静的；20～40 分贝大约是情侣耳边的喃喃细语；40～60 分贝属于我们正常的交谈声音；60 分贝以上就属于吵闹范围了；70 分贝我们就可以认为它是很吵的，而且开始损害听力神经；90 分贝以上就会使听力受损；而呆在 100～120 分贝的空间内，如无意外，一分钟人类就得暂时性失聪（致聋）。

什么叫噪声呢？简单点说，对机体产生不适影响的声音称作噪声。在医学上将大于 60 分贝属于噪声。噪声能对动物的听觉器官、内脏器官和中枢神经系统造成病理性变化和损伤。根据测定，120～130 分贝的噪声能引起动物听觉器官的病理性变化；130～

150分贝的噪声能引起动物听觉器官的损伤和其他器官的病理性变化；150分贝以上的噪声能造成动物内脏器官发生损伤，甚至死亡。大量实验表明，强噪声能引起动物死亡。噪声声压级越高，使动物死亡的时间越短。家兔胆小怕惊，突然的噪声可引起妊娠母兔流产或胚胎死亡数增加；哺乳母兔拒绝哺乳，严重时会咬死自己所生的仔兔。

兔场噪声来源于三个方面：第一，场外，如车辆的鸣笛、建筑噪声、燃放鞭炮、电闪雷鸣等；第二，兔场内部，如饲养管理人员的大声喧哗、广播喇叭或电视音响、兔场生产活动（饲料生产、机器轰鸣、车辆等）、犬的吠叫等；第三，兔舍内家兔本身。家兔是很安静的动物，声带不发达，很少发出声响。但当受到威胁时也可发出刺耳的声音，如公兔间的相互撕咬、腿脚或身体的某部位被卡等危急关头发出强烈的挣扎呼救声；陌生人或动物的接近时，以强有力的后肢拍击踏板引起的全群躁动等。

由于噪声对家兔的危害很大，因此控制噪声从兴建兔舍时就应周密安排。兔场一定要远离高噪声区，如公路、铁路、工矿企业等。尽量保持舍内安静，同时要避免犬、猫等的惊扰。平时兔舍内操作，要尽量避免发出噪声。每逢节假喜庆日，兔场不可滥放鞭炮。肉兔的噪声标准尚未制定，但实验兔的标准为60分贝。

63. 灰尘对肉兔有何危害？怎样控制灰尘的产生？

兔舍中的灰尘含有大量的飘浮尘埃、饲料粉尘、垫草、土壤微粒、被毛和皮肤的碎屑等，其中携带着多种病原微生物，一般直径约0.1～10微米。其中，在5微米以下的危害最大。细小微粒物所引起的危害可以是急性的，也可以是长期作用产生慢性中毒。这些物质除对呼吸道有直接物理性刺激和致病作用外，更可成为病原体的载体，对病原体起到保护和散布作用。兔舍空气中微生物含量与灰尘含量高度相关。空气中微生物主要是大肠杆菌、球菌以及一些霉菌及其毒素等。在某些情况下，也载有兔瘟病毒和真菌孢子等。兔舍空气中微生物浓度与灰尘浓度趋势一致，也受舍内温度、湿度和紫外线照射的影响。其中，对家兔健康有重大影响的是生物性颗粒物，其包括尘螨、动物皮毛尘、真菌等。这些生物主要存活于灰尘中，1 克灰尘可附着 800 只螨虫。空气中的灰尘含量因通风状况、舍内温度、地面条件、饲料形式等而变化。

为了减少兔舍中灰尘与微生物的含量，兔舍应尽量避免使用土地面；防止舍内过分干燥；如饲喂粉料时，要将粉料充分拌湿；在兔舍地面清扫时，决不可用大扫帚强力舞动，也不可用力将承粪板上的粪便用力扫落，并将粪球打破。兔舍适宜的通风是降低灰尘的有效措施。此外，在兔舍周围种植草皮，也可使空气中的含尘量减少 5%。

（二）兔场场址选择

64. 兔场场址对养好肉兔重要吗？选择场址应注意哪些问题？

兔场是肉兔的生存环境，场址选择恰当与否，直接关系到养兔生产、兔群健康和兔场经营。在选择场址时，不仅要注意地势高低、面积大小、土壤质地、主导风向、地下水位、地上水源（如河流、沟渠、塘堰）等自然因素，还必须注意交通、电力、居民区、工厂、畜牧场、加工场等社会因素的关系。如果选择不当，将影响兔场的投资和生产，甚至造成无法挽回的经济损失。

65. 兔场对地势和地形有何要求？

场址应选在地势高燥、有适当坡度、地下水位低、排水良好和向阳背风的地方。

根据家兔喜干燥、厌潮湿污浊这一特性，要求地势高燥，地下水位要低，地下水位应在 2 米以下。地势过低、地下水位过高、排水不良的场地，容易造成潮湿环境，不利于家兔体热调节，而有利于病原微生物的生长繁殖，特别是适合寄生虫（如螨虫、球虫等）的生存，影响兔群健康；地势过高，容易招致寒风侵袭，造成过冷环境，也对兔群健康不利。

兔场的地面要平坦而稍有坡度，以便排水，防止积水和泥泞。地面坡度不可过大，以控制在 10% 以内为宜。地形开阔、整齐和紧凑，不宜过于狭长和边角过多。土质要坚实，符合建筑要求。

66. 兔场占地面积如何计算？

兔场占地面积依据兔场性质、规模及发展规划而确定。兔场占地面积既要本着节约用地、少占农田或不占良田，又要满足生产需要和为以后发展留有余地的原则。在设计时，要根据兔场的生产方向、经营特点、饲养规模、生产方式和集约化程度等因素而确定。

兔场的规模主要以繁殖母兔的数量为标准。100 只母兔每年能出栏商品兔 3 200 余只（每只母兔以 6 胎/年、7 只/胎、出栏率 85%、受胎率 90% 计）。以单笼 60 厘米×60 厘米三层重叠式兔笼为标准修建，每只母兔需 3 个笼位（一个为母兔笼位，两个为其所生仔兔笼位），每只母兔所需地面面积为 0.36 米^2，饲料道宽为 1.0～1.2 米，粪沟宽为 0.6～0.8 米。如一实用面积为 25 米×5 米 ＝125 米^2 的房屋，若安装兔笼，则可摆放三列三层兔笼，每列 114 个笼位，共 342 个笼位；若考虑辅助设施，如饲料贮藏及加工车间、办公室、职工宿舍、道路、外墙、场区绿化等所需土地，约为生产区的 2.3 倍。以建设一个繁殖母兔 300 只、公兔 40 只、年产商品兔 1 万只的规模化兔场为例，约需生产区 540 米^2，管理区 360 米^2，生活区 180 米^2，绿化区 180 米^2，整个兔场占地约 1 260 米^2。

一般生产中设计兔场占地面积以一只基础母兔占用建筑面积 0.6 米^2 计算，兔场的建筑系数为 15%，300 只基础母兔所需面积为 0.6÷0.15×300＝1 200 米^2。

67. 兔场对风向和朝向有何要求?

从防疫和公共卫生的角度考虑,兔场不可成为居民的污染源,同时也不可成为居民生活垃圾和其他养殖场及工厂排放(泄)物的污染对象。在兔场选择和设计时,要全面了解,认真规划。

兔场应位于居民区的下风方向,距离一般保持 200 米以上。既要考虑有利于卫生防疫,又要防止兔场有害气体和污水对居民区的侵害。要远离化工厂、屠宰场、制革厂、牲口市场等容易造成环境污染的地方,且避开其下风方向。注意当地的主导风向,可根据当地的气象资料和风向来考虑。另外,要注意由于当地环境还会引起局部空气温差,避开产生空气涡流的山坳和谷地。

兔场朝向应以日照和当地主导风向为依据,使兔场的长轴与夏季的主风向垂直。我国多数地区夏季盛行东南风,冬季多东北风或西北风。所以,兔舍以坐北朝南较为理想。这样有利于夏季的通风和冬季获得较多的光照。

68. 养兔对水源和水质有何要求?

水是肉兔不可缺少的营养物质,其作用比一般的营养素(如能量、蛋白等)还要重要。此外,水不仅是肉兔的营养素,在兔场的其他工作中(如清洗消毒、工作人员生活)所必备。兔场一日不可无水!

兔场每日需水量较大,家兔的需水量约为采食量的1.5~2倍,夏季可为采食量的 4 倍以上。此外,兔舍笼具清洁卫生用水、种植饲料作物用水以及日常生活用水等的需水量不可小视。肉兔饮水对水质有严格的要求。水质状况将直接影响家兔和人员的健康。因此,水源及水质应作为兔场场址选择优先考虑的一个重要因素。生产和生活用水应清洁、无异味,不含过多的杂质、细菌和寄生虫,不含腐败有毒物质,矿物质含量不应过多或不足。一般可选用城市自来水或河、塘、渠、堰的流水。在没有上述水源的地方,可打井取水。塘、渠、堰中的死水,因易受细菌、寄生虫和有机物的污染，必须取用时，可设沙缸过滤、澄清，并用1%漂白粉液消毒后使用。兔场水源要达到如下要求（表7）：

表7　畜禽饮用水水质标准

项　目		标　准　值	
		畜	禽
感官性状及一般化学指标	色，（°）	色度不超过30	
	浑浊度，（°）	不超过20	
	臭和味	不得有异臭、异味	
	肉眼可见物	不得含有	
	总硬度（以$CaCO_3$计），毫克/升	≤1 500	
	pH	5.5～9	6.4～8.0
	溶解性总固体，毫克/升	≤4 000	≤2 000
	氯化物（以Cl^-计），毫克/升	≤1 000	≤250
	硫酸盐（以SO_4^{2-}计），毫克/升	≤500	≤250
细菌学指标	总大肠菌群，个/100毫升	成年畜≤10，幼畜和禽≤1	
毒理学指标	氟化物（以F^-计），毫克/升	≤2.0	≤2.0
	氰化物，毫克/升	≤0.2	≤0.05
	总砷，毫克/升	≤0.2	≤0.2
	总汞，毫克/升	≤0.01	≤0.001
	铅，毫克/升	≤0.1	≤0.1
	铬，（六价），毫克/升	≤0.1	≤0.05
	镉，毫克/升	≤0.05	≤0.01
	硝酸盐（以N计），毫克/升	≤30	≤30

　　资料来源：《无公害食品　畜禽饮用水水质》（NY 5027—2001）。

69. 兔场对交通、电力和周围环境有何要求？

　　兔场是一个独立生产单位，有内部的全部生产活动。同时，与外界有着千丝万缕的联系，兔场的经营活动不可能在兔场内部解决。因此，兔场最好设在交通方便而又较为僻静的地方，可以避免噪声干扰和其他对兔场造成威胁的因素（如疫病的传播）。另外，兔场生产过程中产生的有害气体及排泄物会对大气和地下水产生污染。因此，兔场应避开主要交通公路、铁路干线和人流密集来往频繁的市场。一般选择距主要交通干线和市场 300 米（如设隔墙或天然屏障，距离可缩短至 100 米），距一般道路 100 米的地方，以便形成卫生缓冲带。兔场应设围墙与附近居民区、交通道路隔开。这样，既利于场内外物资的运输方便，又利于安全生产。兔场与居民区之间应有 200 米以上的间距，并且处在居民区的下风口，尽量避免兔场成为周围居民区的污染源。

兔场对电力有着很强的依赖性。越是规模化、集约化、现代化兔场，机械和电力设备越多，对电力的要求越强，如饲料加工、水塔上水、风机运转、供暖照明等。因此，兔场应设在供电方便的地方，还应有自备电源，以保证场内供电的稳定性和可靠性。电力安装容量每只种兔约为 3～4.5 瓦，商品兔为 2.5～3瓦。

（三）兔场设计与布局

70. 兔场一般分为哪几类功能区？布局的基本原则是什么？

按照科学分工、合理布局的原则及功能的不同，兔场一般可分为办公区、生活福利区、生产区、管理区、兽医隔离区等。

兔场是一个有机的整体，不同区域之间有着不可分割的联系。因此，在分区规划时，按照兔场兔群的组成和规模，饲养工艺要求，喂料、粪尿处理和兔群周转等生产流程，针对当地的地形、自然环境和交通运输条件等进行兔场的总体布局，合理安排生产区、管理区、生活区、辅助区及以后的发展规划等。总体布局是否合理，对兔场基建投资，特别是对以后长期的经营费用影响极大，搞不好还会造成生产管理混乱，兔场环境污染和人力、物力、财力的浪费，而合理的布局可以节省土地面积、建场投资，给管理工作带来方便。基本原则是：从人和兔保健以及有利于防疫、有利于组织安全生产出发，建立最佳生产联系和卫生防疫条件。根据地势高低和主导风向，合理安排不同功能区的建筑物。分区规划必须遵循：人、兔、排污，以人为先、排污为后的排列顺序；风与水，以风向为主的排列顺序。

71. 办公区主要功能是什么？如何布局？

办公区主要是兔场的管理人员及技术人员工作的场所，包括兔场负责人办公室、会议室、接待室、会计室、技术室等。

办公室是兔场决策领导工作的主要区域，对外联络、业务洽谈和财务决算、职工会议和技术培训等都在这里进行，人员和车辆来往频繁。因此，要单独成院，独立设区，与生产区保持一定距离，位于交通便利、地理位置显著的地方。其地势和风向位于最佳处。

72. 生活福利区的主要功能是什么？如何布局？

生活福利区是大型养兔企业用于职工生活和文体娱乐活动的区域，主要包括职工宿舍、食堂、浴室、文化娱乐场所等。应设在全场地势较高的地段和上风口，一般应单独成院。即要考虑照顾工作和生活方便，又要有一定的距离与兔舍隔开。因此，应与办公区保持较近的距离，严禁与生产区混建。

73. 生产区的主要功能是什么？如何布局？

生产区就是养兔区。建筑物包括各类兔舍，如核心种兔舍（种公兔、种母兔舍）、繁殖兔舍、幼兔舍、育成兔舍和育肥兔舍等。生产区是兔场的核心区，设在人流较少和兔场的上风方位，必要时要加强与外界隔离措施。优良种公、母兔（核心兔群）舍，要放在僻静、环境最佳的上风方位；繁殖兔舍靠近育成兔舍，以便兔群周转；幼兔舍和育成兔舍放在空气新鲜、疫病较少的位置，可为以后生产力的发挥打下良好的体质基础；育肥兔舍安排在靠近兔场出口处，以减少外界的疫情对场区深处传播的机会，同时便于与外界联系和出售。

74. 管理区的主要功能是什么？如何布局？

管理区是兔场生产的物质保障区域的建筑群，包括饲料贮藏及加工车间、维修间、配电室、供水设施等。场外运输应严格与场内运输分开，负责场外运输的车辆严禁进入生产区，其车辆、车库均应设在生产区之外。饲料加工车间要建立在兔场和兔舍之间的中心地带，一是方便饲料运送，二是可以缩短生产人员的往返路程。管理区与外界联系较多（如饲料原料的购入、车辆进出等），饲料加工车间还可产生一定的噪声。因此，管理区与生产区应保持一定的距离。

75. 兽医隔离区的主要功能是什么？如何布局？

兽医隔离区是诊治隔离病兔、处理病死兔和兔场垃圾的区域，包括兽医室、病兔隔离舍、无害化处理室、蓄粪池和污水处理池等。该区是病兔、污物集中之地，是卫生防疫混合环境保护工作的重点。为了防止疫病传播，应设在全场下风和地势最低处，并设隔离屏障（栅栏、林带和围墙等）。生产区与兽医隔离区之间的距离不少于 50 米，兽医室、病死兔无害化处理室、蓄粪池与生产区的间距不少于 100 米。应单独设出入口，出入口处设置进深不小于运输车车轮一周半长、宽度与大门相同的消毒池，旁边设置人员消毒更衣间。小区内道路要布局合理，分设清洁道（运送饲料、健康兔或工作人员行走）和污染道（运送粪便、垃圾、病死兔），应严格分开，避免交叉混用。道路应坚实，排水良好。

76. 场区道路如何设计？

道路是兔场总体布置的一个组成部分，是场区建筑物之间、场内外之间联系的纽带。不仅关系到场内运输、组织生产活动的正常进行，而且对卫生防疫、提高工作效率都具有重要作用。生产区的道路应分为运送饲料、产品和工作人员行走的净道和运送病兔、死兔、粪便的污道。净道和污道不能交叉或混用，以有利于防疫。兔场道路的宽度要考虑场内和车辆的流量，尤其是主干道。由于主干道与场外运输道相连接，其宽度要保证能顺利错车，宽度应在 5.0～6.0 米。支干道与饲料室、兔舍等连接，其宽度一般在 1.5～3.0 米即可。

77. 兔场绿化的意义何在？如何绿化？

场区绿化不仅可以美化环境，改善兔场的自然面貌，而且还可起到防火、防疫、减少空气中细菌含量、减少噪声等作用。夏季，树木和草地可阻拦和吸收太阳直接辐射，而树木和草地所吸收的辐射热，大部分用于蒸腾和光合作用。因此，能降低气温和增加空气中的湿度。植物可使空气中的灰尘数量大大减少，使细菌失去了附着物，从而数量相应减少。

兔场绿化分为舍前绿化、道路绿化、隔离带绿化和场界绿化等。舍前绿化以栽种树冠较大的树木（如柿、核桃、杨、梧桐等）为佳，便于遮阳；道路绿化分为主干道和支干道。主干道可栽种较高大的树木，而支干道较窄，两旁栽种低矮的灌木为宜（如黄杨树、侧柏等）；隔离带绿化最好种植草坪草，低矮茂密，也可以种植牧草，如苜蓿、三叶草、胡萝卜等；场界绿化可根据具体情况而定。对于小型兔场，为了降低成本和改善环境，可高密度栽种花椒树。不仅代替围墙，降低建筑成本，而且绿化了环境，还可增加收入。其安全性较一般的围墙还要好。

（四）兔舍建造

78. 为什么建造兔舍？

家兔是由野生穴兔驯化而来。由野兔变为家兔，饲养方式发生根本性改变，其中之一就是实行舍内养殖。

兔舍是现代肉兔的生存环境。兔舍建造的合理与否，直接影响家兔的健康、生产力的发挥和饲养人员劳动效率的高低。兔舍建造的目的主要在于：第一，从家兔的生物学特性出发，满足家兔对环境的要求，抵御恶劣气候对家兔不利影响，保证家兔健康地生长和繁殖，有效提高其产品的数量和质量；第二，便于饲养人员的日常饲养管理、防疫治病操作，从而提高劳动生产率；第三，因地制宜、因陋就简，以适当的兔舍投入，获得较大的利润，保证生产经营者的长期发展和投资回报。

79. 兔舍建造有哪些要求？

首先，适应家兔的生物学特性，如家兔喜干燥怕潮湿、怕热耐寒等。因此，应选择地势高燥的地方建场；兔笼及其笼具要防啃咬；兔舍要有一定的保温隔热能力等。

第二，设计合理。兔舍设计不合理将会加大饲养人员的劳动强度，影响工作情绪，从而降低劳动生产率。

第三，满足生产流程的需要。兔舍设计应满足相应的生产流程的需要，避免生产流程中各环节在设计上的脱节或不协调、不配套。如种兔场，以生产种兔为目的，应按种兔生产流程设计建造相应的种兔舍、测定兔舍、后备兔舍等；商品兔场则应设计种兔舍、商品兔舍等。各种类型兔舍、兔笼的结构要合理，数量要配套。

第四，经济实用。设计兔舍时，应综合考虑饲养规模、饲养目的、家兔品种等因素，并从自身的经济承受力出发，因地制宜、因陋就简，不要盲目追求兔舍的现代化。要讲求实效，注重整体合理、协调。同时，兔舍设计还应结合生产经营者的发展规划和设想，为以后的长期发展留有余地。

80. 兔舍建造对地基与基础有何要求？

支撑整个建筑物的土层叫地基。一般小型兔舍可直接修建在天然地基上，或稍加夯实。但对于大型兔舍来说，由于对地基压力大，必须进行加固，以防建筑物下沉，引起裂缝和倾斜。天然地基的土层必须坚实，组成一致，干燥，有足够的厚度，压缩性小，地下水位在 2 米以下。一般沙砾、碎石和岩性土层的压缩性小，砂质土壤是良好的天然地基。黏土、黄土含水多时压缩性大，且冬季的膨胀性大，如不能保持干燥，不适宜作天然地基。

基础是建筑物深入土层的部分，是墙的延伸，作用是承载兔舍本身重量及其舍内家兔、设备及屋顶等重量。因此，基础要坚固耐久，有适当的抗机械能力及抗震、防潮、抗冻能力。一般基础比墙宽 10～15 厘米，基础埋置深度一般为 50～70 厘米。我国北部地区，应将基础埋置深度在土层最大冻结深度以下，同时还应加强基础的防潮、防水。

81. 兔舍建造对墙壁有何要求？

墙壁是兔舍与外部空间隔离的主要外围护体，对兔舍内温、湿度状况起重要作用。据测定，冬季通过墙散失的热量占整个兔舍总失热量的 35%～40%。

对墙壁的要求：坚固、耐久、严密、防水、抗震，结构简单，便于消毒，具有良好的保温隔热性能。

选用保温隔热性较强的建筑材料。我国多用砖体结构，厚度一般为一砖至一砖半。在寒冷地区，还要适当加厚。在墙壁的下部设围墙，以增加坚固性，防止水气渗入墙体，提高墙的保温性。为增强反光能力和保持清洁，内表面粉刷成白色。

82. 兔舍建造对窗户有何要求？

窗户的主要作用在于自然采光和通风。其设置的基本原则是：在满足采光要求的前提下，尽量少设窗户，已能保证夏季通风和冬季的保温。在总面积相同时，大窗户较小窗户有利于采光；为保证兔舍的采光均匀，窗户应在墙体上等距离分布，窗户间壁的宽度不应超过窗户宽度的 2 倍；立式窗户比卧式（扁平）窗户更有利于采光，但不利于保温。因此，在寒冷地区多采用卧式窗户，而南部地区相反。

一般要求兔舍地面和窗户的有效采光面积之比为：种兔舍 10∶1 左右，幼兔舍 15∶1 左右，入射角不小于 25°，透光角不小于 5°。

83. 兔舍建造对门有何要求？

兔舍门有内门和外门。舍内分间的门和兔舍附属建筑通向舍内的门称为内门；通向舍外的门为外门。对于较长的兔舍每栋至少有两个外门，一般设在两端的墙上，正对中央通道，以便运入饲料和粪便清除。如果兔舍长度超过30米，可在纵墙中间设门，多设在阳面。寒冷地区避讳在北面设门，多在阳面设门，最好设门斗，以加强保温和防止冷空气的进入。

兔舍门一般宽度1.2～1.5米，高2米；人行门宽0.7～0.8米，高1.8米。要求开启方便，关闭严实，坚固耐用，没有噪声。兔舍的门应向外开启，门表面不应有尖锐物。不设门槛和台阶。

84. 兔舍建筑舍顶及天棚重要吗？有何要求？

舍顶是兔舍上部的外围护结构，用于防止降水和风沙侵袭及隔绝太阳辐射热，无论对冬季的保温和夏季的隔热，都有重要意义。舍顶支撑在墙上，除承担本身的重量以外，还要抵抗风和积雪等外力作用。

天棚又称顶棚和天花板，是将兔舍与舍顶下空间隔开的结构，使该空间形成一个不流动的空气缓冲层。天棚的主要功能是加强冬季保温和夏季的防热，同时也有利于通风换气。

屋顶和天棚的失热最多。一方面是由于它们的面积较大；另一方面热空气上升，热能易通过屋顶散失。兔舍热量36％～44％是通过天棚和屋顶散失的。因此，它们的结构要严密、不透气。透气不仅会破坏顶楼间空气的稳定，还会降低保温效果。而且，水汽侵入会使保温层变潮或在屋顶下挂霜、结冰，增强了导热性。

为加强隔热保温性，天棚选择隔热性好的材料，如玻璃棉、聚苯乙烯泡沫塑料等。

屋顶坡度：在寒冷积雪和多雨地区，坡度应大些，可采用高跨比。一般屋顶高度（H）和屋的跨度（L）的比为1：2～5。高跨比1：2即45°坡，适于多雨雪的寒冷地区。

85. 对兔舍顶有什么技术要求？兔舍顶有哪些形式？各有什么特点？

兔舍顶总的要求是：防水、保温隔热、承重、不透气、耐久、防腐、耐高温，结构简单，造价低。

兔舍的舍顶有单坡式、双坡式、联合式、平顶式、钟楼式和半钟楼式、拱式和平拱式等。

单坡式屋顶：只有一个坡向，结构简单，一般跨度小，有利于采光，净高低，适于较小规模的兔场。

双坡式：如通常的民房，有对称的人字型屋顶，适合较大跨度的兔舍，有利于保温。双坡式是目前我国采用的主要的兔舍形式。

联合式：为不对称的双坡，即屋脊不在兔舍的中轴线上。适于跨度较小的兔舍，尽管采光不如单坡式，但保温性能较强。

平顶式：舍顶呈水平状，无坡度。其优点是可充分利用屋顶的平台。但防水问题难以解决，对建筑材料的强度和拉力要求高，适于雨雪不大的地区。

钟楼式和半钟楼式：为在双坡式屋顶上增设双侧或单侧天窗的屋顶形式，以增强兔舍内的采光和通风效果。适于跨度较大的兔舍，在较温暖的地区采用。

拱式和平拱式：为大小不同的圆弧形顶。其优点是承重大，结构简单，适合不同跨度的兔舍。缺点是对材料有严格的选择。一般自重太大，对墙体产生水平推力，要求良好的地基。不易在舍顶上设置窗户。要求选用轻质材料。发达国家的无窗兔舍多采用拱式。

在舍顶选择上，要因地制宜。根据当地自然气候特点和经济承受力，灵活掌握，确定最佳的兔舍舍顶形式。

86. 兔舍的高度如何确定？

兔舍内的高度通常以净高表示，即地面到天棚的高度。无天棚时，地面到檐下高度。兔舍高有利于通风，但不利于保温。因此，应根据地区气候特点、兔舍的跨度和兔笼的层数决定兔舍的高度。即炎热地区、跨度大的兔舍和多层笼养方式，兔舍宜高。一般兔舍高度为 2.5～3.0 米。在我国南部地区可适当增加高度，而在北部寒冷地区可适当降低高度。但是，用多层笼养，最顶层兔笼离天花板的高度不应小于1.3米。

87. 兔舍建筑对地板有什么要求？

兔舍地板质量，不仅影响舍内小气候与卫生状况，还会影响家兔的健康及生产力。对地板总的要求是：坚固致密，平坦不滑，抗机械能力强；耐消毒液及其他化学物质的腐蚀，耐冲刷，易清扫消毒，保温隔潮；能保证粪尿及洗涤用水及时排走，不致滞留及渗入土层。

生产中兔舍多为水泥地板。其坚固抗压，耐腐蚀，不透水，易于清扫和消毒。但其导热性强，虽有利于炎热季节的散热，却在寒冷季节散热量大。因此，不宜直接做兔的运动场和兔床（如散养）。

为防雨水及地面水流入兔舍，便于粪尿的清理及自然流出，兔舍地面要高出舍外地面20～30厘米。

88. 兔舍的朝向和间距如何设计？

兔舍的朝向应由兔场的地理位置决定，主要原则是利于采光和通风。在我国大多数地区，兔舍一般应坐北朝南，兔舍的长轴与夏季的主导风向垂直。但是，多排兔舍平行排列时，如果兔舍长轴与主导风向垂直，后排兔舍受到前排兔舍的阻挡，通风效果不好。要达到理想的通风效果，可以加大兔舍的间距，一般间距为舍高的4～5倍。但这样要占用较多的土地，经济上不合算，生产中也难以做到。如果从夏季的主导风向和兔舍的关系考虑，使兔舍长轴与夏季的主导风向成30°左右的夹角，可大大缩短舍间距，并可使每排兔舍获得最佳的通风效果。

兔舍间距大小取决于兔舍的类型、跨度和场地资源状况。如果是种兔舍，兔舍的跨度较大，而场地较宽敞，可适当增加兔舍间距，可为舍高的4～5倍，以利于通风和降低疾病传染的风险；相反，如果饲养的是育肥兔，兔舍的跨度较小，可缩短兔舍间距。但一般间距应大于舍高的1.5倍。过小的间距会给兔舍的通风和防疫带来麻烦。

89. 敞棚式兔舍有什么特点？

该类型兔舍四面无墙，只有舍顶，靠立柱支撑；或两面至三面有墙与顶相接，前面（后面）敞开或设丝网。其优点是：通风透光好，空气新鲜，光照充足，造价低，投资少，投产快。缺点是：该舍只起到遮光避雨的作用，无法进行环境控制，不利于防兽害。适用于冬季不结冰或四季如春的地区。也可作为季节性生产（如温暖季节）使用。由于该种兔舍通风透光好，空气新鲜，兔舍干燥，家兔的呼吸道疾病和消化道疾病发病率非常低。

该种兔舍在华北以南地区家庭兔场多采用。

90. 室外笼舍有什么特点？

在室外以砖、石或水泥预制件等砌成的笼舍合一结构，一般两层或三层重叠式。种母兔间还可设产仔室。兔舍覆盖一较大而厚的顶，以遮阳挡风防雨雪。其优点是：通风，透光，干燥，卫生，造价低，兔体健壮，很少发生疾病，特别是呼吸道疾病较室内明显减少。其缺点：无法进行环境控制，特别是冬季保温差，夏季受到阳光直射，遇不良天气管理不便，彻底消毒难。适用于干旱温暖地区小规模兔场。华北地区农家养兔多采用。

91. 封闭式兔舍有何特点？

该类型兔舍与普通民房相似，上有屋顶遮盖，四周有墙壁，前后墙壁设有窗户，舍顶多双脊形。自然通风换气依赖于门、窗和通风口。其优点是：有较好的保温作用，可进行舍内环境控制，便于人工管理，有利于防兽害。缺点：粪尿沟在舍内，有害气体浓度高，呼吸道疾病较多。特别是在冬季，通风和保温矛盾突出。该类型兔舍是目前我国应用最多的一种形式。

92. 什么叫无窗舍？有什么特点？

无窗舍又叫环境控制舍。该类型兔舍没有窗户（设应急窗，平时不使用），舍内的温度、湿度、通风、光照等全部人工控制。其优点是：给兔创造一个适宜的环境条件，克服了季节的影响，可使家兔周年生产，提高了生产力和饲料转化率；避免了鼠、鸟及昆虫等进入兔舍的可能性，有效地控制了传染病的传播；便于机械化、自动化操作，节省人力，减轻了劳动强度，提高了劳动效率。其缺点：对建筑物和附属设备要求很高，务必达到良好而稳定的性能，方可正常运转；必须供给家兔全价营养的饲料，否则兔群的营养代谢病严重；兔群质量要求高，规格一致；对水、电和设备依赖性强，一旦某一方面发生故障，将无法正常运行。

无窗舍的兔群周转实行"全进全出"。这样即利于控制疾病，又便于管理，可使家兔年龄、体重、生理阶段等比较一致，达到最佳的生产效果。但是，必须有科学的管理手段、周密的生产计划、妥善的措施和严格的规章制度。目前，一些养兔发达国家的养兔公司多采用无窗舍。我国部分规模化兔场也已经开始使用。

该类型兔舍的日常运转费用很高，适于饲养珍稀品种、无特定病原体（SPF）家兔或特殊实验家兔。

93. 肉兔饲养有哪些方式？各有什么特点？

目前肉兔饲养方式有三种，即笼养、圈养和放养。

笼养是将家兔放入特定的笼子里饲养。材料多为镀锌网组装，也有塑料、竹子、水泥预制件或砖石等材料。适于饲养各种肉兔，包括种兔、育肥兔和后备兔等。种兔多为单笼饲养，育肥兔一般多兔一笼。其优点：干燥卫生，方便管理，可充分利用空间，利于防疫，提高工作效率等。但管理投入的人力较多。

圈养是将一定的肉兔投放到带有围栏的小圈内实行群养，多养育肥兔。有的小圈底部架上踏板，以便于粪尿下漏，保持卫生；有的不设踏板，兔子直接接触地面，靠清理粪便和增加垫料（如干土、锯末等）保持卫生。其优点：投资较小，管理方便，兔子有较大的活动空间，生长发育速度较快。缺点：占用地面较大，卫生不容易保持，疾病的控制较难。一旦发生疾病，容易在小圈内迅速传播。

放养是一种新型的生态养殖方式。一般将一块山地或草场用围网圈住，根据草资源状况投放一定数量的肉兔，让其自然采食、生长和繁殖。有的人工搭建一定的避雨亭，亭下建造适量的地下产仔窝，供母兔产仔。当牧草不能满足兔子的营养需要时，可定点（避雨亭）人工补充一定的配合饲料。这种饲养方式接近纯天然，兔肉质量好，达到有机食品的标准。省人工，投入少，产品质量高。缺点：饲养过程人工不能完全掌握，受害不易控制，疾病的控制难，商品兔收获有一定难度。

94. 为什么要淘汰传统的地下洞养而推行笼养？

地下洞养兔是我国传统的养殖方式，是仿生学的一大创举，是我国劳动人民的一项创造。洞内养兔环境安静，光线暗淡，干扰因素少。但是，占用较多的地面，洞内通风不良，见光差，潮湿污浊，不便于管理，寄生虫病（如球虫病、疥癣病）不易控制，难以实行规模化养殖。而笼养与地下洞养相反，可充分利用空间，可实现规模化养殖，通风透光好，干燥卫生，便于管理，提高劳动效率，是现代养兔的理想选择。目前不仅在中国，在世界其他国家，尤其是发达国家，均采取笼养。

95. 什么叫笼洞舍？其特点是什么？

所谓笼洞舍，是以舍代笼，以笼带洞的特殊形式，即舍笼洞合为一体。如在室外，则多以砖石为原料砌成重叠式2～3层兔舍（笼）。如在室内，则可用重叠式镀锌网金属笼。在最底层兔笼里面，往前下方挖一个过道（洞），过道的顶端形成膨大的洞穴（产仔窝）。洞穴往上留一个可伸进手的观察口直通地面。过道和洞穴用砖砌成或用水泥预制件制作。

优点：地下洞穴模拟穴兔自然产仔环境，具有三大优点：环境安静、光线暗淡、温度恒定，符合家兔的生物学特性；可一年四季繁殖；夏天可防暑，冬季可保温。实践表明，母兔在地下洞穴产仔，母性好，育仔力强，仔兔生长发育速度快，成活率高。

缺点：地下洞的建造比较繁琐、复杂。

96. 建造和使用笼洞舍应注意什么？

第一，要选择地势高燥的地方。

第二，产仔洞和过道周围要进行防潮处理。

第三，产仔洞和过道周围要结实，防止母兔自行打洞，破坏人工制造的洞穴或被老鼠打入。

第四，基本规格：入口处26厘米×54厘米，过道14厘米×17厘米，产仔洞穴30厘米×35厘米，洞穴深40～55厘米。

第五，洞穴深度要根据当地气候特点而定。温暖地区浅些，寒冷地区宜深。适宜的深度可使一般的饲养员伸手可抓住仔兔。

第六，平时洞穴入口尽量盖住，仅在产仔前打开，防止母兔提前进去在洞穴里排泄。

第七，观察口平时要用物体盖严，防止动物进入。

第八，母兔产仔前，可将垫草放到笼内，让母兔自行叼进洞穴；也可将垫草直接通过观察口送入洞穴。

第九，产仔前可将少量的经过暴晒的沙土吸潮除臭。在实践中发现，母兔一旦见到土，母性增强。

第十，母兔每产仔一胎，仔兔断奶后，立即消毒产仔洞穴。最好使用火焰喷灯消毒。

97. 靠山掏洞笼舍怎样建造？有什么特点？

该种兔舍适合山区，在山的阳面立切山坡，形成垂直的墙面，靠山墙面建重叠式三层砖舍，在舍的里面墙往山里掏洞穴。洞穴入口处直径14～16厘米，深度50厘米左右，洞穴盲端大而下垂，形成约30厘米×35厘米的产仔洞。笼舍后面是山墙，无法往后排粪。因此，承粪板应水平放置或稍向前下方倾斜。承粪板延伸超出笼舍10厘米，在笼舍的过道与笼舍相结合处设置粪沟。为了夏季防暑，可在笼舍前面栽种藤蔓植物；为了冬季保温，可在笼舍上方架一塑料大棚。

优点：产仔洞适合家兔的生物学特性，母兔母性强，省人工，繁殖效果好。冬暖下凉，可四季繁殖。母兔可根据气候、外界温度和应激情况选择自己所处的位置。当在笼内不舒服或不安全时，可进入洞穴。尤其是在受到应激因素干扰时（如陌生人接近、小偷捉兔），家兔迅速躲进洞穴。

缺点：建造兔舍较费工；如果山是石头山，往里掏洞的难度较大；石头的导热较快，冬季凉，需要增加垫草；如果是土山，人工洞穴容易被兔子自己往里打。因此，最好用砖砌好，防止自行打洞。

98. 兔笼设计的基本要求是什么？

兔笼是现代养兔的必备工具，是家兔生活的重要条件。设计及建造的好坏对于养好家兔至关重要。

第一，兔笼应适应家兔的生物学特性，耐啃咬、耐腐蚀、易清理、易消毒、易维修、易拆卸、防逃逸、防兽害等。

第二，操作方便，结构合理，可有效利用空间。各种笼具（如饲槽、饮水器、草架、产箱和记录牌等）便于在笼内安置，并便于取用。

第三，可移动或可拆卸的兔笼，力求坚固，重量较小，结构简单，不易变形和损坏。

第四，选材尽量经济，造价低廉。

第五，尺寸适中，可满足肉兔对面积和空间的基本要求。

99. 我国兔笼的规格是多少？

兔笼规格没有统一标准，各地采用的尺寸相差悬殊。主要根据品种、体形、用途等决定。我国生产中兔笼的尺寸如表8。

表8　种兔笼单笼规格

兔类型	宽（厘米）	深（厘米）	高（厘米）	备注
大型种兔	80～90	55～60	40	
中型种兔	70～80	50～55	35～40	
小型种兔	60～70	50	30～35	
育肥兔	66～86	50	35～40	每笼养殖7只

100. 欧洲兔笼的规格是多少？

欧洲是肉兔养殖较发达的地区，以德国（表9）、意大利和法国（表10）最为先进。其兔笼规格与我国有较大差距。

表9 德国兔笼规格

兔 别	体重（千克）	笼底面积（米²）	宽×深×高（厘米）
种 兔	≤4.0	0.2	40×50×30
种 兔	≤5.5	0.3	50×60×35
种 兔	≥5.5	0.4	55×75×40
育肥兔	≤2.7	0.12	30×30×30
长毛兔	一只	0.2	40×50×35

表10 法国克里莫育种公司兔场兔笼规格

兔 别	体重（千克）	笼底面积（米²）	宽×深×高（厘米）	备注
种母兔	≤5.0	0.35	38×92.5×40	其中，产箱22.5厘米×38厘米
种母兔	≥5.0	0.43	46×92.5×40	其中，产箱22.5厘米×40厘米
种公兔	≤5.0	0.43	46×92.5×40	

101. 兔笼有哪些类型？

按照兔笼的层数划分有单层、双层和多层。按兔笼和兔笼之间的关系分为重叠式、全阶梯和半阶梯式等，其特点如下：

单层兔笼：兔笼在同一水平面排列。饲养密度小，房舍利用率低。但通风透光好，便于管理，环境卫生好。适于饲养繁殖母兔。养兔发达国家和地区（如美国、欧洲等）种兔多采用单层悬挂式兔笼。

双层兔笼：利用固定支架将兔笼上、下两个水平面组装排列。在较单层兔笼增加了饲养密度，管理也比较方便。

多层兔笼：由三层或更多层笼组装排列。饲养密度大，房舍利用率高，单位家兔所需房舍的建筑费用小。但层数过多，最上层与最下层的环境条件（如温度、光照）差别较大，操作不方便，通风透光不好，室内卫生难以保持。一般不宜超过三层。

重叠式兔笼：上、下层笼体完全重叠，层间设承粪板，一般2～3层。兔舍的利用率高，单位面积饲养密度大。但重叠层数不宜过多，以2～3层为宜。舍内的通风透光性差，兔笼的上、下层温度和光照不均匀。

全阶梯式兔笼：在兔笼组装排列时，上、下层笼体完全错开，粪便直接落入笼下的粪沟内，不设承粪板。饲养密度较高，通风透光好，观察方便。由于层间完全错开，层间纵向距离大，上层笼的管理不方便。同时，清粪也较困难。因此，全阶梯式兔笼最适宜于两层排列和机械化操作。

半阶梯式兔笼：上、下层兔笼之间部分重叠。因此，重叠处设承粪板。因为缩短了层间兔笼的纵向距离，所以上层笼易于观察和管理。较全阶梯式饲养密度大，兔舍的利用率高。它是介于全阶梯和重叠式兔笼中间的一种形式，既可手工操作，又适于机械化管理。因此，在我国有一定的实用价值。

102. 兔笼在兔舍内如何摆布？

单列式兔舍：兔舍内仅纵向摆放一列笼具。一般在阳面设走道，阴面设粪沟，中间放兔笼。

双列式兔舍：兔舍内纵向放置两列笼具，其摆放有三种形式：第一，对头式。即两侧设粪沟，中间设走道，沿走道两侧摆放笼具。其合用一条走道，但分设两个粪沟。第二，对尾式。即两侧设走道，中间设粪沟。在两条走道和粪沟之间分别摆放笼具。其合用一条粪沟，分设两条走道。第三，平列式。相当于两个独立的单列式兔舍，按照走道、笼具、粪沟的顺序重复摆放，这样分别有两条道路、两条粪沟和两列笼具。

分析三种摆放形式，以第一种和第二种更经济合理。

103. 兔笼的踏板（底网）有什么技术要求？

踏板（底网）是笼具的最关键部件。因为兔子放入笼中，其每时每刻都与踏板接触。其质地、结构、材料、网孔大小等，对兔子的健康产生重大影响。

踏板要求平而不滑,坚而有一定柔性,易清理消毒,耐腐蚀,不吸水,能及时排出粪尿。间隙以1.2厘米左右为宜(断乳后的幼兔笼1.0~1.1厘米,成兔笼1.2~1.3厘米)。

踏板(底网)取材不一。我国各地多用竹板底网。其优点是:取材方便,经济实用。板条平直,坚而不硬,较耐啃咬。吸水性小,易干燥,隔热性好,容易钉制。制作时,应将竹节锉平,边棱不留毛刺,钉头不外露。板条宽度一般为2.5~3厘米。其缺点是:有时粪便附着,彻底清扫消毒较困难。若板条质量不佳(如强度不够)或钉制不好(如板条宽窄不一),容易卡腿而造成骨折。尤其是种公兔配种时更容易发生。

规模化、工厂化养兔,笼具多用金属丝焊网作底网。网丝直径多为2.4毫米,网孔一般为20毫米×(150~200)毫米。其优点:耐啃咬,易清洗,适于各种消毒方法,粪尿易排除,不出现卡脚现象。其缺点是:导热快,有时镀锌过薄或工艺不当容易出现锈蚀。金属焊网要求焊点平整牢固。金属焊网底网适于饲养脚毛丰厚的中型兔(如新西兰兔和加利福尼亚兔等)。对于大型兔,容易发生脚皮炎。

多层结构的兔笼(重叠式和半阶梯式),在笼底下层设置承粪板,用来承接上面的兔粪。承粪板依据兔笼的材料不同而异。如果以砖石或水泥预制件制作的笼子,承粪板可用水泥板、石板、地板砖或石棉瓦制作均可。若为金属笼具,承粪板最好为薄而轻的材料,如玻璃钢、电影废胶片、塑胶板等。承粪板要有一定的坡度,以便于粪尿自动落下去。承粪板后端要超过兔笼8~10厘米,以防止尿沿。笼底板与承粪板之间要有适当的空间,以利于打扫粪尿和通风透光。笼底板与承粪板之间的间距以10~15厘米为宜。

104. 兔笼网孔大小有什么要求?

侧网及顶网主要起到阻拦兔子,防止其外逃的作用。一般来说，繁殖母兔网丝间距为 1.5～2 厘米。由于仔兔体小，容易从网孔钻出，母兔笼底部网孔可密些，上部稀些；大型兔或专为饲养幼兔、育肥兔和青年兔的兔笼，其网丝间距可为 3 厘米。而相邻两个笼具之间，为了预防互相咬毛，隔网的网孔一定要加密。

105. 对饲料槽有什么技术要求？

饲槽是用于盛放混合料、供兔采食的必备工具。对饲槽的要求是：坚固耐啃咬，易清洗消毒，方便装料，方便采食，防止扒料和减少污染等。料槽应根据饲喂方式、家兔的类型及生理阶段而定。其容量一般可盛放一只（或一笼）兔子一日以上的采食量即可。料槽的制作材料多种，如金属、塑料、竹、木、陶瓷、水泥等。按喂料方式可分普通饲槽和自动饲槽等。

106. 为什么推广自动饲槽？

自动饲槽，又称自动饲喂器，兼具饲喂及贮存作用。多用于规模型兔场及工厂化、机械化兔场。饲槽悬挂于兔笼门上。笼外加料，笼内采食。料槽由加料口、贮料仓、采食口和采食槽等几部分组成。隔板将贮料仓和采食槽隔开，仅底部留 1.5～2 厘米的间隙，使饲料随着兔的不断采食，采食槽内的饲料不断减少，贮料仓内的饲料缓缓补充。为防止粉尘吸入兔呼吸道而引起咳嗽和鼻炎，槽底部常均匀地钻上小圆孔。

自动饲槽分个体槽、母仔槽和育肥槽。

自动饲槽的优点在于：第一，操作方便。不用开门，可直接在笼外将饲料放入槽中。第二，便于采食。第三，保持家兔食欲旺盛。由于饲料随着兔子的采食而缓慢从贮料仓流入采食仓，始终保持饲料槽内少量的饲料，使兔子对饲料有常吃常新的感觉。第四，防止饲料浪费。料槽采食口有一内卷沿，可防止兔子扒料造成的浪费。第五，预防异物性鼻炎。料槽内的颗粒饲料有 1%～3% 形成粉末（颗粒机质量不好时，粉末可达到 10% 以上）。这些粉末如果不及时清除，将在兔子采食时随呼吸进入鼻腔，造成异物性鼻炎。自动饲槽的底部钻有很多小孔，可将颗粒饲料形成的粉末漏掉。

107. 大肚饲槽有什么特点？

大肚饲槽多为陶瓷烧制，口小、中间大、底厚，是一种简单实用的料槽。其优点：第一，防扒食。由于其口小、中间大，兔子难以将饲料扒出槽外。第二，防翻料。该料槽底大厚重，重心稳定，兔子难以将其翻倒。第三，防腐蚀，耐消毒，易清洗。第四，经济。一般每个料槽0.5元左右，是普通自动草料的1/10～1/20。此外，该槽既可以喂料，也可以用作饮水器。其缺点是，加料麻烦，占用笼具空间。因此，适合农村家庭小规模兔场。

108. 草架的作用是什么？饲喂颗粒饲料还需要草架吗？

草架是投喂粗饲料、青草或多汁料的饲具。使用草架可保持饲草新鲜、清洁，减少脚踏和粪尿污染所造成的浪费，预防疾病。我国以农民养兔为主体，以草为主。因此，草架是必备的工具。国外大型工厂化养兔场，尽管饲喂全价颗粒饲料，仍设有草架投放粗饲料（如稻草），供兔自由采食，以防发生消化道疾病。草架多设在笼门上，以铁丝、木条、废铁皮条制成，呈 V 形，分为固定式和翻转式。兔通过采食间隙采食。

目前，我国多数兔场采用颗粒饲料。从营养角度考虑，只要颗粒饲料配合合理，达到"全价营养"的要求，可以不喂青绿多汁饲料，也可以不设草架。但是，目前一些家庭兔场配制的饲料，营养并没有达到全价要求，经常出现营养缺乏症，而补充一些青绿饲料可以缓解由于饲料配合不当带来的弊端；从经济角度考虑，农村有大量的青绿饲料，采集方便，不用花钱，以颗粒饲料配合青绿饲料喂兔，可以节约大量的饲养费用；从生产效果看，补充青绿饲料可以预防种兔肥胖症，提高繁殖效率，改善消化技能，调节胃肠功能，预防腹泻。因此，对于中小规模兔场，补充一些青绿饲料是很有必要的，而设置草架具有实际意义。

109. 制作和使用草架应注意什么？

草架制作一般用细铁棍焊接而成，也可用镀锌网或竹等材料。无论采用何种材料制作，草架的采食间隙一定要适当。间隙过大容易漏草，起不到草架的作用。间隙过小不容易采食。一般间隙为 2.0～2.5 厘米。如果草架设在兔笼的前面，草架的外侧一面最好将铁棍排列得紧密些，或用铁板等制成无缝隙面，以防草叶或小草从外侧缝隙掉到下面，造成浪费；如果草架设在两个兔笼之间，即两个笼子合用一个草架。这种草架不占用走道空间，但占用笼子里面的空间，在兔笼设计时应考虑进去，防止家兔因活动空间小而影响生产性能；草架表面一定要光滑，不留毛刺，防止扎破兔子和饲养人员；两笼合用一个草架，其加草口要有足够大小，可使饲养人员的手能抓一把草轻松放入。

110. 什么样的饮水器好？

水是肉兔不可缺少的营养，兔子可以一日没料，但不可一日无水。饮水需要一定的器具——饮水器。小规模兔场多用瓶、盆或盒等容器作为饮水器，取材方便，投资小。但这种容器容易被粪尿和饲料污染，需经常清刷水盆，增加了劳动强度。此外，家兔爱啃咬，经常弄翻容器，不仅影响饮水，还会造成兔舍潮湿。因此，自动饮水器是理想的饮水器具。自动饮水器有瓶式自动饮水器和乳头式自动饮水器两种。

111. 瓶式饮水器有什么特点？

瓶式自动饮水器是以瓶子作为盛水的容器，将瓶倒扣在特制的饮水槽上，瓶口离槽底 1.5～2 厘米，槽中的水被兔饮用后，空气随即进入瓶中，水流入水槽，保持原有水位（即瓶口与槽底之间的高度），直至将瓶中水喝完，再重新灌入新水。饮水器固定在笼门的一定高度上，饮水槽伸入笼内，便于兔子饮水，而又不容易被污染。水瓶在笼门外，便于更换。瓶式饮水器投资小，使用方便，水污染少，防止滴水、漏水。但由于其容量有限，需每天加水，适用于小规模兔场。

112. 乳头式饮水器有什么优缺点？

乳头式自动饮水器是由外壳（饮水器体）、阀杆弹簧和橡胶密封圈等组成。平时阀杆在弹簧的弹力下与密封圈紧紧接触，使水不能流出。当兔触动阀杆时，阀杆回缩并推动弹簧，使阀杆和橡胶密封圈间产生间隙，水通过间隙流出，兔可饮到水。当兔停止触动阀杆时，阀杆在弹簧的弹力作用下恢复原状，停止流水。

此外，还有的乳头式自动饮水器不是靠弹簧推动阀杆密封，而是靠锥形橡胶密封圈与阀座在水压作用下密封。当兔嘴触动阀杆时，阀杆歪斜，橡胶密封圈不能封闭阀座，水从阀座的缝隙中流出。也有的用钢球阀来封闭阀座的乳头式饮水器。

乳头式自动饮水器是目前最先进的饮水器具，国内外规模型兔场普遍采用。其具有饮水方便、卫生、省工、节约等优点。可以大大降低劳动强度，提高工作效率。但是，目前我国生产的乳头式自动饮水器质量存在一些问题，多数不耐用，漏水、滴水现象普遍，造成兔舍内湿度大，给管理带来麻烦；对水的质量要求较高；输水管内容易滋生苔藓，不仅造成水管堵塞，而且容易诱发消化道疾病。

113. 安装和使用乳头式自动饮水器应该注意什么？

（1）安装高度　生产中发现，一些兔场乳头式自动饮水器安装高度不够，多数在8～12厘米。一方面，大兔饮水需要低头，不符合家兔饮水习惯，也容易造成滴水现象；另一方面，在炎热季节，家兔身体往往靠近乳头，使水流到兔子身上，使兔子感到凉爽舒服，进而形成习惯，造成皮肤脱毛而发生皮炎。欧洲一些兔场乳头式自动饮水器的安装高度为18～20厘米。

（2）安装部位　通常人们将乳头式饮水器安装在笼子的前网或后网上，也有的安装在后面的顶网上（如欧洲）。如果安装在顶网上，一定要靠近后网，距离后网壁3～5厘米。有人担心，饮水器安装过高，仔兔不能喝水。其实仔兔是非常聪明的动物，其模仿性很强。当发现其母亲或其他仔兔饮水时，会很快学会喝水，即后肢着地、两前肢扒在后网上，立起饮水。

（3）乳头角度　如果安装在顶网上，要求乳头饮水器与地面垂直；如果安装在后网上，要求乳头饮水器与后网有一定角度，以85°左右为宜。即让乳头稍向下倾斜。如果与后网绝对垂直（90°角），水压低时出现下滴或回滴（沿乳头向后流水）。如果大于90°，水将沿饮水器倒流至后网。

（4）水压 乳头式饮水器不可直接接在高压水管上，必须经过一次减压。即将自来水管的水放入兔舍的水桶里，再由水桶引入自动饮水器的输水管中。

（5）勤检查 发现漏水滴水，及时修理和更换；发现输水管中长了苔藓，及时清理消毒；发现水桶中出现积垢，及时清除。

114. 对产箱有哪些要求？

产箱又称育仔箱，是母兔分娩和哺乳仔兔的场所。仔兔在产箱内要生活一个月左右。因此，在设计上，要求保温性好，表面平整，大小适中，结构简单，母兔进出方便，仔兔不易爬出，给母兔创造安全舒适的环境。

产仔箱没有统一的规格，根据笔者研究，过大、过小的产箱对母兔泌乳和仔兔发育都不利。根据种兔的体形确定产箱的大小。一般产箱长度相当于母兔体长的75%～80%，产箱宽度相当于母兔胸宽的1.5～2倍，高度可使母兔身体完全容下即可。

制作产箱材料可用木板，也可用胶合板、塑料板、纤维板等导热性较小的材料，尽量不用金属材料。产箱底面打一些小孔，便于通气和保持干燥。

115. 产箱有哪些形式？各有什么特点？

产箱的形式多种多样，如平口产箱、月牙形缺口产箱、下悬式产箱、悬挂式产箱等。

（1）平口产箱 最简单的一种形式。多用木板钉制，四面箱壁较矮，为12～15厘米，底面钻有微孔。其优点是简单、省料、经济；缺点是没有给母兔创造安全的环境，母兔在产箱内可以环顾四周，有任何动静都可对母兔造成应激。由于是平口，主要照顾母兔进出方便。因此，箱壁较低矮，仔兔容易跳出。15天以后的仔兔，很难让其在箱内生活。生产中发现，该种产箱的使用效果不理想。

（2）月牙形缺口产箱　与平口产箱相比，四周箱壁加高了，在一侧中央留有一个供母兔进出的呈月牙形的口。口处离箱底的高度与平口产箱高度相近，约 12 厘米。在产箱的上面，加了一条 6~8 厘米宽的挡板。在仔兔睡眠期（12 天以前），可将产箱翻到，以上口作母兔的进口，更方便母兔进出。开眼后竖起产箱，让母兔从月牙缺口处进出。其优点：简单实用，考虑母兔和仔兔的生理特点，使用效果尚可。但相对来说，也不能给母兔创造一个有安全感的环境。月牙缺口在中央，而仔兔集中的地方也在中央。当母兔跳进产箱时，往往四肢正好压在仔兔身上致伤仔兔。

（3）下悬式产箱　形如一个长方形的塑料筐。母兔产仔前，将母兔笼底板上长方形活动板条摘掉（其大小与产箱匹配），并将下悬式产箱卡入该处，产箱上口与踏板水平。母兔即可在产箱内产仔。其优点：母兔进入产箱无需跳入，直接迈进即可。仔兔如果爬出产箱，还可自行滚入，意外伤亡率较低。但对母兔笼的踏板要特制，比较复杂，制作不好，影响踏板的强度和寿命。

（4）悬挂式产箱　一种封闭式产箱，一般悬挂在兔笼的前面。在与母兔笼相对应的产箱一面，留有一个圆形入口，便于母兔出入。其上部设有两个挂钩，以便悬挂在母兔笼上；产箱的上面是一个能开启的盖，以便观察和管理。产箱的其他各面均为封闭的。这类产箱模拟洞穴环境，给母兔创造一个环境安静、光线暗淡的舒适环境。其优点：与其他类型的产箱比较，该产箱最适应家兔的生物学特性，给母兔创造一个最佳的产仔育仔环境，因此效果很好。缺点：产箱制作比较复杂，重量较大，需要在母兔笼前面悬挂，占据走道的空间，对母兔笼的坚固性有一定的要求。

四、 饲料资源开发与营养需要

（一）饲料种类和营养特点

116. 肉兔饲料有哪些种类？

肉兔是单胃草食动物，食谱很广，凡是能够被其采食、消化、利用而对身体没有毒害作用的物质都可作为肉兔的饲料。我国地域辽阔，资源丰富，饲料种类繁多，主要包括青绿饲料、粗饲料、青贮饲料、能量饲料、蛋白质饲料、矿物质饲料、维生素饲料和添加剂等。

117. 青绿饲料有什么特点？

青绿饲料因富含叶绿素而得名，包括各种新鲜野草、野菜、天然牧草、栽培牧草、青饲作物、菜叶、水生饲料、幼嫩树叶等。青绿饲料的营养特点是：含水量大，一般高达 60%～90%，而体积大，单位重量含养分少，营养价值低，消化能仅为 1.25～2.51 兆焦/千克，因而单纯以青绿饲料为日粮不能满足能量需要；粗蛋白的含量较丰富，一般禾本科牧草及蔬菜类为 1.5%～3%，豆科为 3.2%～4.4%。按干物质计，禾本科为 13%～15%，豆科为 18%～24%。同时，青绿饲料的蛋白质品质较好，必需氨基酸较全面，生物学价值高，尤其是叶片中的叶绿蛋白，有促进泌乳的作用。富含 B 族维生素，钙、磷含量丰富，比例适当，还富含铁、锰、锌、铜、硒等必需的微量元素。青绿饲料幼嫩多汁，适口性好，消化率高，还具有轻泻、保健作用，是肉兔的主要饲料。

118. 生产中常用的青绿饲料主要有哪些？主要特点如何？

（1）苜蓿 有紫花苜蓿和黄花苜蓿两类。以前者分布最广，品质好，产量高，是我国目前栽培最多的牧草。蛋白质含量高，氨基酸齐全，富含维生素和矿物质，适口性和消化率均很高，无论青饲还是制成干草均是肉兔的好饲料。

（2）三叶草　有红三叶和白三叶两种，其养分含量与苜蓿相似。红三叶所含可消化蛋白质低于苜蓿，而所含纤维则较苜蓿略高。开花前的白三叶富含蛋白质而纤维含量低，与生长阶段相同的苜蓿比较，红三叶比较优越。

（3）草木樨　蛋白质含量低于苜蓿，现蕾期全株的蛋白质、脂肪和灰分含量最高，粗纤维较少。随着植株成长，叶比例下降，蛋白质、脂肪和灰分含量逐渐减少，粗纤维含量增多，营养价值显著降低。因此，应在现蕾期或现蕾以前刈割饲喂。草木樨有一种特殊的味道，其适口性不如苜蓿。

（4）沙打旺　茎叶鲜嫩，营养丰富，蛋白质含量接近苜蓿，是肉兔优良的豆科饲料。幼嫩期食用最好，也可制成干草粉食用。但其收获过晚，纤维化严重，大大降低其饲用价值。

（5）黑麦草　早期收获的黑麦草叶多茎少，质地柔嫩多汁，适口性好，营养价值高，是肉兔爱食的禾本科牧草。

（6）无芒雀麦　叶多茎少，营养价值很高。幼嫩期干物质中所含蛋白质不亚于豆科牧草的含量。随着植株的长成营养价值显著下降。因此，要在幼嫩期刈割饲喂。

（7）青饲作物　常用的有玉米、高粱、谷子、大麦、燕麦、荞麦、大豆等。一般在结籽前或结籽期刈割喂用，其特点是：产量高，幼嫩多汁，适口性好，营养价值高，适于直接饲喂。

（8）叶菜类饲料　常用的有苦荬菜、聚合草、牛皮菜、大白菜和小白菜等。这类饲料株大叶密，产量高，柔嫩多叶，适口性好，粗蛋白质含量多，粗纤维含量少，营养价值高。它们都是喜水喜肥的植物，其根部和叶部往往粘有一些微生物和泥土，在饲喂时应注意清洗。

119. 生产中常用的多汁饲料有哪些？各有什么特点？

主要是根茎及瓜果类，常用的有甘薯、马铃薯、胡萝卜、甜菜、芜菁、甘蓝、萝卜、南瓜、佛手瓜等。这类饲料汁多味甘，是肉兔的优质饲料。它们多数在秋后收获，并进行冬贮。储藏过程中容易腐烂变质，饲喂时应严格检查。

（1）甘薯　一种高产作物，干物质含量约为30%，主要含淀粉和糖分，蛋白质含量低于玉米。红色或黄色的甘薯含有大量的胡萝卜素，硫胺素与核黄素不多，缺乏钙和磷。甘薯多汁，味甜，适口性好，特别对泌乳和育肥期间的肉兔有促进消化、积累脂肪和增加泌乳的效果。甘薯还是肉兔冬季优质的多汁料及胡萝卜素的重要来源。甘薯如保存不当，会发芽、腐烂或出现黑斑，含毒性酮，对肉兔造成危害。为便于贮运和饲喂，可将甘薯切成片，制成薯干。

（2）马铃薯　一种高产作物，干物质含量约为30%，其中80%左右是淀粉，与蛋白质饲料、谷物类饲料混喂效果好。马铃薯贮存不当发芽时，在其青绿皮上、芽眼及芽中含有龙葵素，肉兔采食过多会引起肠炎，甚至中毒死亡。所以，马铃薯应注意保存。如已发芽，饲喂时一定要清除皮和芽，并加以蒸煮，蒸煮用的水不能用来喂兔。

（3）甜菜　按其干物质糖分含量分为糖用甜菜和饲用甜菜。饲用甜菜产量高，干物质及糖含量低。分别为8%～11%和5%～11%。糖用甜菜产量低，但干物质及糖含量高。各类甜菜无氮浸出物中主要是蔗糖。饲用甜菜可直接饲喂肉兔，其能量与高粱、大麦相似。糖用甜菜一般将其制糖后的甜菜渣作饲料。其粗纤维含量高，能量较低，按近能量饲料的低限。另外，在饲喂甜菜时应注意，刚收获的甜菜不宜马上饲喂，否则引起下痢。平时喂量也不宜过多，否则易引起腹泻，最好与优质干草混合饲用。

（4）胡萝卜　水分含量较高，容积大，含丰富的胡萝卜素。

一般多作为冬季补充饲料，对泌乳母兔、妊娠母兔及幼兔生长有很好的作用。

120. 树叶类饲料主要有哪些？营养特点如何？

多数树叶均可作为肉兔的饲料，常用的有：紫穗槐叶、槐树叶、洋槐叶、榆树叶、松针、果树叶、桑叶、茶树叶及药用植物如五味子和枸杞叶等。这类饲料含有较多的蛋白质与维生素，尤以嫩鲜叶最优，青嫩叶次之。在广大的山区，洋槐种植面积大，叶片中的蛋白质含量高达 18% 以上，是良好的蛋白和粗饲料资源；松针在一些山区资源丰富，营养价值高，还具有一定的药理作用，具有很大的开发潜力；桑树叶，蛋白含量高，质量好。尤其是近年来各地推广的大叶桑，又称饲料桑，叶片大，产量高，既具有饲用价值，树木本身还具有防沙固沙、改良土壤作用。果树在我国各地的种植面积大，但由于以产果为主，在生长期叶片一般不可采集。一些果树叶片残留农药，利用时特别要注意。

121. 水生饲料有什么特点？可否喂兔？

水生饲料主要有水浮莲、水葫芦、水花生、绿萍等。这类饲料生长快，产量高，茎叶柔嫩，适口性好，粗纤维食量低，营养价值较高。由于水生饲料易被寄生虫感染，在水源被污染的情况下，水生饲料富集一些有害物质。因此，这类饲料不宜作为肉兔的主要饲料。利用该类饲料的兔场，要注意定期给肉兔驱虫。

122. 什么是粗饲料？主要包括哪些？营养特点如何？

粗饲料指干物质中粗纤维含量超过 18% 的一类饲料，包括农作物的秸秆、秕壳、各种干草、干树叶等。其营养价值受收获、晾晒、运输和贮存等因素的影响。粗纤维含量高，消化能、蛋白质和维生素含量很低。灰分中硅酸盐含量较多，对其他养分的消化利用有负面影响。所以，粗饲料在家兔饲粮中的营养价值不是很大，主要是提供适量的粗纤维。在农村家庭兔场，粗饲料是冬、春季节肉兔的主要饲料来源。

123. 干草（粉）的营养价值如何？

干草是指青草或栽培青饲料在未结实以前刈割下来经日晒或人工干燥而制成的干燥饲草。制备良好的干草仍保留一定的青绿颜色，所以又称青干草。干草粉是将青干草粉碎后的呈青绿色的粉状饲料。干制青饲料的目的主要是为了保存青饲料的营养成分，便于随时取用，以代替青饲料，调节青饲料供给的季节性不平衡，缓解枯草季节青饲料的不足。

干草和干草粉的营养价值因干草的种类、刈割时期及晒制方法不同而有较大的差异。优质的干草和干草粉富含蛋白质和氨基酸，如三叶草草粉所含的赖氨酸、色氨酸、胱氨酸等比玉米高3倍，比大麦高1.7倍；粗纤维含量不超过22%～35%；含有胡萝卜素、维生素C、维生素K、维生素E和B族维生素；矿物质中钙多磷少，磷不属于植酸磷，铁、铜、锰、锌等较多。在配合饲料中加入一定量的草粉，对促进家兔生长、维持健康体质和降低成本有较好的效果。

124. 豆科牧草和禾本科牧草的营养特点如何？

豆科牧草的干制品是优良的粗饲料，粗蛋白质、钙、胡萝卜素的含量都比较高，其典型代表是苜蓿。其他还包括三叶草、红豆草、紫云英、花生秧、豌豆秧等的干草。禾本科牧草的营养价值低于豆科牧草，粗蛋白质、维生素、矿物质含量低，主要有羊草、冰草、黑麦草、无芒雀麦、鸡脚草、苏丹草等。豆科牧草应在盛花前期刈割，禾本科牧草应在抽穗期刈割。过早刈割则干草产量低，过晚刈割则干草品质粗老，营养价值降低。

125. 作物秸秆和秕壳的营养特点如何？

秸秆和秕壳是农作物收获籽实后所得的副产品。脱粒后的作物茎秆和附着的干叶称为秸秆，如玉米秸、玉米蕊、稻草、谷草、各种麦类秸秆、豆类和花生的秸秆等。籽实外皮、荚壳、颖壳和数量有限的破瘪谷粒等称为秕壳，如大豆荚、豌豆荚、蚕豆荚、稻壳、大麦壳、高粱壳、花生壳、棉籽壳、玉米芯、玉米包叶等。

此类饲料粗纤维含量高达 30%～50%，其中木质素比例大，一般为 6.55%～12%。所以，其适口性差，消化率低，能量价值低。蛋白质的含量低，只有 2%～8%，品质也差，缺乏必需氨基酸，豆科作物较禾本科要好些。矿物质含量高，如稻草中高达 17%，其中大部分为硅酸盐。钙、磷含量低，比例也不适宜。除维生素 D 以外，其他维生素都缺乏，尤其缺乏胡萝卜素。可见，作物秸秆和秕壳饲料营养价值非常低。但因家兔饲粮中需要有一定量的粗纤维，所以这类饲料作为家兔饲粮的组成部分主要是补充粗纤维。

126. 树叶类粗饲料有什么特点？

我国树木资源丰富，除少数不能饲用外，大多数树木的叶子、嫩枝和果实都可作为家兔饲料。如槐树叶、榆树叶、紫穗槐叶、桑树叶、刺槐叶等粗蛋白质含量较高达 15%以上，维生素、矿物质含量丰富。因含有单宁和粗纤维，不利于家兔对营养物质的消化，所以蛋白质和能量的消化利用率很低。在没有粗饲料来源时，树叶可作为饲粮的一部分。

值得一提的是，松针粉在饲料中的应用。松针粉外观草绿色，具有针叶固有的气味。主要特点是富含维生素 C、维生素 E 和胡萝卜素以及 B 族维生素、钙、磷等，尽管蛋白质含量不多，但含有 17 种氨基酸，包括了动物所需的 9 种必需氨基酸，硒、锌、铁、锰含量也较高。在动物饲料中添加一定量的松针粉能促进动物健康，提高生产性能。但用量不宜过高，一般为 3%～8%。

刺槐在华北的山区种植量大，其叶子营养丰富，粗蛋白高达 18%以上，是优质的饲料资源。各种果树叶资源丰富，但均为秋后落叶，搜集和利用有一定难度，适于小规模家庭兔场开发。

127. 能量饲料包括哪些种类？有什么特点？

能量饲料是指饲料干物质中粗纤维含量低于 18%，同时粗蛋白质含量小于 20%的一类饲料，包括谷实类、糠麸类、块根块茎类，饲料工业上常用的油脂类、糖蜜类也属于能量饲料。能量饲料的优点是含能量高、消化性好，几乎可以满足任何畜禽对能量的需要。其缺点是普遍含蛋白质低，一般粗蛋白含量均在10%左右。糠麸类蛋白质含量稍多（13%～15%），但质量差，赖氨酸、蛋氨酸和色氨酸均不足；钙含量低，磷含量虽高，但相当一部分属植酸磷形式，利用率低；一般都缺乏维生素A、维生素D、维生素K、某些B族维生素等。家兔采食过多时，对胃肠功能产生不利影响，往往引起一些肠胃疾病。

128. 谷实类能量饲料主要有哪些？有什么特点？

常用的谷实类能量饲料有玉米、大麦、燕麦、小麦、高粱、粟谷、稻米、草籽等。谷实类饲料基本上属于禾本科植物成熟的种子。其共同特点是：一般为高能量饲料，消化能很高；无氮浸出物含量高达70%～80%，其中大部分为淀粉，而粗纤维含量通常很低，一般在5%以下，只有带颖壳的大麦、燕麦、稻谷和粟谷等可达10%左右；蛋白质含量低，其中玉米、稻谷和高粱含量较大麦、燕麦、小麦低，氨基酸组成不够平衡，赖氨酸和色氨酸的含量低，蛋氨酸不足；钙少，磷虽多但大部分以植酸磷形式存在，钙磷比例不当，家兔利用率很低；维生素B_1和维生素E较为丰富，缺乏维生素C、维生素D、维生素B_2，除黄色玉米和粟谷外一般不含胡萝卜素或含量极微；烟酸在小麦、大麦和高粱中的含量较多，燕麦、玉米中含量较少；脂肪含量为1%～6.9%，大部分存在于胚中，主要是不饱和脂肪酸，容易氧化酸败。在这类饲料中，燕麦和大麦无论适口性，还是生产效果都优于小麦和玉米。

129. 玉米作为饲料之王有什么特点？利用时应注意什么？

玉米在我国被称作饲料之王，是由于其数量大、能量高，是猪、鸡等耗粮型畜禽不可缺少的饲料原料。其主要特点是：能量高，适口性好，饲用价值高，玉米的粗纤维很少，仅2%。无氮浸出物高达72%，且主要是易消化的淀粉。玉米中脂肪含量为

3.5%～4.5%，是小麦和大麦的2倍。玉米含有2%的亚油酸，在谷实中含量最高，亚油酸为十八碳二烯脂肪酸，它不能在动物体内合成，只能由饲料提供，是必需脂肪酸。家兔缺乏亚油酸时生长受阻，皮肤发生病变，繁殖机能受到破坏。玉米中蛋白质含量低，仅为8%～9%，且品质差，氨基酸组成不合理，缺乏赖氨酸和色氨酸等必需氨基酸。所以，在配制以玉米为主体的全价配合饲料时，常与大豆饼粕搭配。钙、磷含量较少，磷多以植酸磷形式存在，家兔利用率很低，铁、铜、锰等含量也较其他谷实类饲料低。黄玉米中含有较高的胡萝卜素，有利于家兔的生长和繁殖。脂溶性维生素E含量较高，约20毫克/千克，几乎不含维生素D和维生素K，水溶性维生素中硫胺素含量较多，而核黄素和烟酸含量较少，且烟酸以结合状态存在，只有破坏其结合状态后才能被利用。

新收获的玉米含水量较高，一般均在20%以上，如不能及时晾晒或烘干，极易发霉变质。玉米贮存时，若水分含量高于14%、温度高、有碎玉米存在时，容易发霉变质，尤以黄曲霉、赤霉菌危害最大。霉菌毒素影响玉米营养成分，胡萝卜素损失可达98%，维生素E减少30%。特别是当侵染黄曲霉菌后所产生的黄曲霉毒素是一种致癌强毒素，应引起高度重视。

一般情况下，玉米占肉兔饲料的20%～30%。但是，近年来，由于工业用玉米和养殖业的快速发展，玉米有较大的缺口，价格猛涨。为了降低饲料成本，必须考虑以价格较低的饲料（如次粉、优质细米糠等）替代部分玉米。

130. 高粱有什么特点？在使用时应注意什么？

高粱是世界四大粮食作物之一，与玉米之间有很高的替代性。其用量可根据二者差价及高粱中单宁含量而定。高粱的粗蛋白质含量略高于玉米，一般为9%～11%。蛋白质品质不佳，缺乏赖氨酸和色氨酸。与玉米相比，高粱的蛋白质不易消化。脂肪含量低于玉米，脂肪酸组成中饱和脂肪酸比玉米稍多一些，亚油酸含量较玉米低。淀粉含量与玉米相近，但消化率较低，有效能值低于玉米。矿物质中磷、镁、钾含量较多而钙含量少，钙磷比例不当，总磷中53％是植酸磷；铁、铜、锰含量较玉米高。维生素中 B_1、维生素 B_6 含量与玉米相同，泛酸、烟酸、生物素含量多于玉米，烟酸以结合型存在，利用率低。

高粱中含有单宁，苦涩味重，降低了适口性和饲用价值，与蛋白质及消化酶类结合干扰消化过程。故在家兔饲粮中含量不宜过多，以10％以内为宜，喂量过大易引起家兔便秘。但对于刚刚断乳的仔兔，添加适量的高粱有一定的预防腹泻的作用。

131. 大麦有什么特点？利用中应注意什么？

大麦的粗蛋白质含量和质量均高于玉米，赖氨酸含量接近玉米的2倍，为谷实中含量较高者，异亮氨酸和色氨酸较玉米高，但利用率较玉米低。大麦籽实包有一层质地坚硬的颖壳，故粗纤维含量高，为玉米的2倍左右，代谢能约为玉米的89％，净能约为玉米的82％。脂肪含量为玉米的一半，饱和脂肪酸含量比玉米高。矿物质主要是钾和磷，磷中有63％为植酸磷，利用率为31％，高于玉米中磷的利用率；其次为镁、钙及少量的铁、铜、锰、锌等。大麦富含B族维生素，包括维生素 B_1、维生素 B_2、维生素 B_6 和泛酸。烟酸含量较高，但利用率较低，只有10％。脂溶性维生素 A、维生素 D、维生素 K 含量低，少量的维生素 E 存在于大麦的胚芽中。

大麦中有抗胰蛋白酶和抗胰凝乳酶，前者含量低，后者可被胃蛋白酶分解，故对家兔影响不大。

由于我国大麦的种植面积和产量有限，多数被啤酒企业收购。除了少数产地外，难以用来大量喂兔。

132. 小麦的特点如何？使用中应注意什么？

小麦是我国北方的主要农作物，种植面积大，产量高。

小麦通常含有70％的碳水化合物，9％～14％的蛋白，2％的脂肪，1.8％的矿物质及12％的纤维。小麦籽粒含有81％～

84%的胚乳，6%～7%的糊粉层，7%～8%的表皮及3%的胚芽。小麦表皮的主要成分是纤维素、半纤维素及木质素。小麦胚芽含有30%的蛋白，30%的脂肪，并含有相当数量的糖。它含有占小麦总量60%以上的维生素B_1，20%～25%的维生素B_2、维生素B_6及维生素E，10%～25%矿物质存在于胚芽中。

作为家兔的饲料，小麦含能量较高，蛋白质含量在禾本科中较高，为玉米含量的1.5倍，各种氨基酸的含量也高于玉米，但苏氨酸的含量按其蛋白质的组成来说明显不足。小麦脂肪含量较少，亚油酸含量比玉米低得多。钙少磷多，铁、铜、锰、锌含量比玉米多。B族维生素和维生素E含量较多，但维生素A、维生素D、维生素C、维生素K含量很少，生物素的利用率比玉米、高粱要低。

小麦主要用于人的粮食，且经济价值较高。我国一般不直接用于饲料，只将小麦制粉的副产品麸皮、次粉和筛漏用作饲料。但是，近年来在一些地方有时玉米价格高于小麦，为了降低饲料成本，可以小麦替代大部分玉米。

133. 燕麦的特点如何？

燕麦有皮燕麦和裸燕麦之分，我们平常所食用的莜麦即裸燕麦。燕麦营养丰富，蛋白质、油脂含量属小麦、水稻、玉米、大麦、荞麦、高粱、谷子等几大食粮之首；蛋白质含量15.6%，是小麦粉、大米的1.6～2.3倍；赖氨酸含量很高，每百克含680毫克，是大米、小麦粉的6～10倍；油脂含量8.8%，其中80%为不饱和脂肪酸，而亚油酸极为丰富，占不饱和脂肪酸的35%～52%，占籽粒重的2%～3%；释热量及磷、铁、钙含量也为粮食作物首位；维生素E含量高于大米、小麦；可溶性纤维素达4%～6%，是稻米、小麦的7倍。另外，燕麦中还有其他谷物缺乏的皂苷。

燕麦是优质的饲料资源，尤其是在欧洲畜牧养殖业中被广泛利用。其粗纤维、粗蛋白含量较高，蛋白质品质不够好，淀粉含量低。B族维生素含量丰富，烟酸含量较其他谷物低，脂溶性维生素和矿物质含量均低。由于我国的种植面积小，产量较低，除了少数产地以外，很少用来喂兔。

134. 稻谷的营养特点如何？

水稻是我国南方主要农作物，种植面积大，产量高。有人对我国 18 个饲料用水稻样品的稻谷常规营养成分、氨基酸组成和有效能值进行了分析和测定，蛋白质 8.85%，总能为 15.83 兆焦/千克，粗纤维 8.94%，赖氨酸 0.29%，蛋氨酸 0.10%，苏氨酸 0.26%。用作动物的饲料时，赖氨酸是第一限制性氨基酸，苏氨酸是第二限制性氨基酸，异亮氨酸是第三限制性氨基酸。由于其粗纤维含量较高，不适合饲喂猪、鸡等单胃动物，但可作为肉兔的饲料。稻谷脱壳后的糙米和制米筛分出的碎米也是家兔很好的能量饲料。

135. 糠麸类饲料主要包括哪些？

糠麸类饲料是谷实加工的副产品，制米的副产品称为糠，制粉的副产品称为麸。糠麸类是家兔重要的能量饲料，主要有米糠、小麦麸、大麦麸、燕麦麸、玉米皮、高粱糠及谷糠等。其中，以米糠和小麦麸为主。由于加工工艺不同，不同的糠麸类在其组分和营养价值方面也有很大差别。

糠麸类饲料资源丰富，价格低廉，具有广阔的开发价值。

136. 小麦麸的营养特点如何？使用中应注意什么？

麸皮是小麦加工面粉的副产品，其营养成分随小麦的品种、质量、出粉率的不同而异。出粉率越高，麸皮中的胚和胚乳的成分越少，其营养价值、能值、消化率越低。小麦麸所含粗蛋白、粗纤维都很高，有效能值相对较低，含有较多的 B 族维生素，如维生素 B_1、维生素 B_2、烟酸、胆碱，矿物质较丰富，钙磷比例不合适，磷多属植酸磷，约占 75%，但含植酸酶故其吸收率优于米糠。

小麦麸粗纤维含量较高，质地疏松，比重小，具有轻泻、通便的功能；也可调节饲料的养分浓度，改善饲料的物理性状。但使用过程中应注意以下问题：

第一，用量不可过大。麦麸是优点突出、缺点也突出的饲料，在肉兔饲料中的添加量要适当。一般控制在 30% 以内。

第二，注意补钙。麦麸虽然是一种较好的精料，但其钙少磷多，比例严重失衡（1∶8）。若长期大量或单喂麦麸，容易引起缺钙性疾病。因此，在以麦麸为主要精料的日粮中需加入一些含钙丰富的饲料，如蛋壳粉、骨粉、石粉、贝壳粉等。

第三，合理配伍。麦麸蛋白质含量达 14%～17%，但能值较低，不可以麦麸作为主要能量饲料，应配合一定的含能值更高的饲料，如玉米。

第四，注意发霉变质。一些面粉加工厂在加工面粉时，往往在小麦上喷一定的水。若喷水过多或没有及时晾晒，在炎热季节有发霉的危险。另外，在小麦收获季节连续下雨，使小麦不同程度发霉，影响麦麸质量。在使用时应格外小心。

137. 米糠及米糠饼（粕）有什么特点？在使用中应注意什么？

稻谷的加工副产品称为稻糠。稻糠又分为砻糠、米糠和统糠。砻糠是粉碎了稻壳，实为秕壳，营养价值低。米糠是糙米（去壳稻米）加工成白米副产品，由种皮、糊粉层、胚及少量的胚乳组成。统糠是米糠与砻糠按一定比例混合而成（常见有"二八"或"三七"统糠）。一般每 100 千克稻谷加工后可出大米 72 千克、砻糠 22 千克和米糠 6 千克。

米糠是家兔常用的能量饲料，分为全脂米糠和脱脂米糠。通常所说的米糠指全脂米糠。米糠粗蛋白含量比麸皮低、比玉米高，品质也比玉米好，赖氨酸含量高。粗脂肪含量高，变化幅度大，有的米糠含脂率接近或高于大豆，能值位于糠麸类饲料之首。其脂肪酸的组成多为不饱和脂肪酸，油酸和亚油酸占 79.2%。B 族维生素和维生素 E 含量丰富，缺乏胡萝卜素和维生素 A、维生素 D、维生素 C。米糠中含丰富的磷、铁、锰、钾、镁，缺乏钙、铜，钙磷比例不当，磷多为植酸磷。米糠中含有胰蛋白酶抑制因子，加热可使其失活；否则，采食过多易造成蛋白质消化不良。

米糠的脂肪含量很高，且大多为不饱和脂肪酸，极易氧化酸败，也易发热、发霉，应注意防腐、防霉问题。解决的办法：一是喂新鲜的米糠；二是进行脱脂处理，制成脱脂米糠即米糠饼或米糠粕。经脱脂处理后，脂肪及脂溶性物质大部分被去除，其他成分如蛋白质、粗纤维、无氮浸出物、矿物质等未变，只是比例相对增加，但能量会降低，故脱脂米糠为低能饲料。脱脂米糠可长期保存，不必担心脂肪氧化、酸败问题。同时，胰蛋白酶抑制因子也减少很多，提高了适口性和消化率。

138. 其他糠麸类饲料主要有哪些？营养特点如何？

其他糠麸类饲料主要有玉米糠、高粱糠、小米糠、大麦糠、黑麦糠等，这类饲料粗纤维含量很高，适合饲喂家兔。

高粱糠脂肪含量较高，粗纤维含量较低，消化能略高于其他糠麸，粗蛋白质含量 10% 左右。有些高粱糠单宁含量较多，适口性差，采食过多，易使家兔便秘。

玉米糠粗蛋白质含量与高粱接近，但粗纤维含量较多，能值较高粱糠低。

小米糠粗纤维含量较高，可达 23% 以上；而蛋白质只有 7% 左右，其营养价值接近粗饲料。

139. 制糖副产品有什么特点？使用中应注意什么？

制糖副产品主要有糖蜜和甜菜渣，也可作为家兔饲料。糖蜜是制糖过程中的主要副产品，来自甘蔗和甜菜，其含糖量可达 46%～48%，主要是果糖。干物质中粗蛋白含量：甘蔗糖蜜为 4%～5%，甜菜糖蜜约 10%。家兔的饲料中加入糖蜜可提高饲料的适口性，改善颗粒料质量；有黏结作用，减少粉尘；并可取代饲粮中其他较昂贵的碳水化合物饲料，以供给能量。糖蜜的矿物质含量很高，主要是钾。糖蜜具有轻泻作用。甜菜糖蜜的轻泻作用大于甘蔗糖蜜。加工颗粒料时加入量为3%～6%。由于价格因素，我国糖蜜大部分用于发酵和酿造工业生产味精和酒精，用作饲料的比例很小。

甜菜渣是甜菜制糖过程中的主要副产品，干燥后用作饲料，喂兔时适口性低于苜蓿粉。蛋白质含量较低，消化能较高。纤维成分容易消化（含有较多的半纤维素），消化率可达70%，是家兔较好的饲料。缺点是水分含量高，不容易干燥。

140. 什么是蛋白质饲料？主要包括哪几类？

蛋白质饲料是指干物质中粗纤维含量低于18%、粗蛋白质含量等于或大于20%的饲料。与能量饲料相比，此类饲料蛋白质含量很高，且品质优良，在能量方面则差别不大。蛋白质饲料一般价格较高，在肉兔饲粮中所占比例也较少，只作为补充蛋白质不足的饲料。蛋白质饲料包括植物性蛋白质饲料、动物性蛋白质饲料、微生物蛋白质饲料和非蛋白氮饲料等。其中，植物性蛋白饲料包括豆类籽实、饼粕、糟渣等；动物性蛋白质饲料包括鱼粉、肉粉、肉骨粉、羽毛粉、血粉、蚕蛹粉、蚯蚓粉和蝇蛆粉等；微生物蛋白饲料主要指单细胞蛋白质饲料；非蛋白氮主要是尿素。

141. 豆科籽实的营养特点如何？使用中应注意什么？

豆科籽实主要有大豆、黑豆、豇豆、豌豆、花生等。

其营养特点：粗蛋白质含量高达20%～40%，蛋白质品质好，赖氨酸较多，而蛋氨酸等含硫氨基酸相对不足，必需氨基酸中除蛋氨酸外近似动物性蛋白质。无氮浸出物明显低于能量饲料，豆类的有机物消化率为85%以上，含脂肪丰富。大豆和花生的粗脂肪含量超过15%，因此能量值较高，可兼作蛋白质和能量饲料使用。豆科籽实的矿物质和维生素含量与谷实类饲料相似或略高，钙的含量稍高，但磷仍较低，维生素 B_1 与烟酸含量丰富，维生素 B_2、胡萝卜素与维生素 D 缺乏。

豆科籽实含有一些抗营养因子，如胰蛋白酶抑制因子、糜蛋白酶抑制因子、血凝集素、皂素等，影响饲料的适口性、消化率及动物的一些生理过程。但经适当的热处理后，可使其失去活性，提高饲料利用率。

142. 饼粕类饲料包括哪些？主要营养特点如何？

富含脂肪的豆科籽实和油料籽实经过加温压榨或溶剂浸提取油后的副产品统称为饼粕类饲料。经压榨提油后的饼状副产品称作油饼，包括大饼和瓦片状饼；经浸提脱油后的碎片状或粗粉状副产品称为油粕。油饼、油粕是我国主要的植物蛋白质饲料，使用广泛。常见的有大豆饼粕、棉籽（仁）饼粕、菜籽饼粕、花生（仁）饼粕、芝麻饼粕、向日葵（仁）饼粕、胡麻饼粕、亚麻饼粕、玉米胚芽饼粕等。

143. 大豆饼粕有什么特点？使用中应注意什么？

大豆饼粕是肉兔最常用的优质植物性蛋白饲料。一般含粗蛋白质 35%～45%，必需氨基酸含量高，组成合理。尤其是赖氨酸含量高达 2.4%～2.8%，是饼粕类饲料中含量最高者。另外，异亮氨酸含量高达 2.3%，也是饼粕类饲料中含量最高者。色氨酸和苏氨酸含量很高，分别为 1.85% 和 1.81%，与玉米等谷实类配伍可起到互补作用。其缺点是蛋氨酸缺乏，其含量比芝麻饼、向日葵饼粕低，比棉籽饼粕、花生（仁）饼粕、胡麻饼粕高。钙含量少，磷也不多，以植酸磷为主。胆碱和烟酸含量多，胡萝卜素、维生素 D、维生素 B_2 含量少。通常以大豆饼粕蛋白质含量作为衡量其他饲料蛋白质的基础。

生豆饼粕中含抗胰蛋白酶、脲酶、血凝集素等有害成分，会对肉兔产生不良影响，未经脱毒处理的豆饼或豆粕不宜饲喂生长兔。大豆饼粕在肉兔饲粮中的用量可达 20% 左右。

144. 棉籽（仁）饼粕的营养特点如何？使用中应注意什么？

棉籽带壳提取油脂的饼叫棉籽饼，完全脱了壳的棉仁提取油脂后得到的饼粕叫棉仁饼粕。棉籽（仁）饼粕的营养价值因棉花品种、榨油工艺不同而变化较大。棉籽饼含粗蛋白质 22%～28%，粗纤维约 21%；棉仁饼含粗蛋白质 34%～44%，粗纤维 8%～10%左右。氨基酸组成特点是赖氨酸（1.3%～1.6%）不足，精氨酸（3.6%～3.8%）过高，赖氨酸：精氨酸＝100：270以上，远远超出了 100：120 的理想值。因此，利用棉籽（仁）饼粕配制日粮时，不仅要添加赖氨酸，还要与含精氨酸含量低的原料相搭配。如菜籽饼粕的精氨酸含量最低，可与之搭配使用。此外，棉籽（仁）饼粕的蛋氨酸含量也低，约为 0.4%。所以，棉籽（仁）饼粕与菜籽饼粕搭配，不仅可使赖氨酸和精氨酸互补，而且可降低蛋氨酸的添加量。棉籽（仁）饼粕中胡萝卜素和维生素 D 的含量很低，矿物质中钙少磷多，多为植酸磷。

棉籽（仁）饼粕含有有毒物质——棉酚，可引起肉兔中毒现象。其中，对繁殖功能的影响较大，造成母兔流产、死胎和胎儿畸形等；对公兔的生殖机能也产生一定的破坏作用。因此，使用前一定要脱毒。没有脱毒的要限量使用，一般占日粮的 5%左右，最高控制在 8%，妊娠母兔应格外慎重。

145. 菜籽饼粕的营养特点如何？使用中应注意什么？

菜籽饼和菜籽粕的粗蛋白质含量分别为 34%～39% 和 37.1%～41.8%，氨基酸的组成特点是蛋氨酸含量较高，约为 0.7%，在饼粕类饲料中仅次于芝麻饼粕，名列第二；赖氨酸的含量也较高，为 2%～2.5%，仅次于大豆饼粕，名列第二；另一特点是精氨酸含量低，是饼粕类饲料中精氨酸含量最低者，为 2.32%～2.45%，赖氨酸与精氨酸之比约为 100：100，而棉仁饼粕中精氨酸含量高达 3.6%～3.8%，赖氨酸与精氨酸之比约为 100：270。因此，菜籽饼粕与棉籽（仁）饼粕搭配，可改变赖氨酸和精氨酸的比例关系。胡萝卜素和维生素 D 及维生素 B_1、维生素 B_2、泛酸含量也较低，而烟酸和胆碱的含量较高。钙、磷含量都高，硒含量是常见植物性饲料中最高者，可达 0.9～1.0毫克/千克。所以，日粮中菜籽饼粕和鱼粉占的比例大时，即使不添加亚硒酸钠，也不会出现缺硒症。

我国南部地区的油菜种植面积大，产量高，因此菜籽饼粕资源丰富。但其含有多种有毒有害物质，如芥子酸、硫葡萄糖苷、单宁、植酸等抗营养因子，大量使用会引起中毒。因此，应进行脱毒处理或限量使用，一般控制在5%以内。

146. 花生饼粕的营养特点如何？使用中应注意什么？

我国花生的种植面积大，产量高，花生饼粕的资源极其丰富，其饲用价值仅次于大豆饼粕。蛋白质含量较高，一般花生饼含粗蛋白质约44%，花生粕含蛋白质约48%。氨基酸组成不合理，赖氨酸含量（1.35%）和蛋氨酸含量（0.39%）都很低，而精氨酸含量特别高，可达5.2%，是所有动植物饲料中的最高者，赖氨酸与精氨酸之比在100：380以上，饲喂时必须与精氨酸含量低的菜籽饼粕、鱼粉等搭配。B族维生素特别是烟酸、泛酸含量较高。钙、磷含量较少。

花生饼粕中含胰蛋白酶抑制因子，为生大豆的1/5。在加工制作饼粕时，如用120℃的温度加热，可破坏其中的胰蛋白酶抑制因子。另外，花生饼粕不易贮存，极易感染黄曲霉而产生黄曲霉毒素。特别是在温暖潮湿条件下，黄曲霉菌繁殖很快，且黄曲霉毒素经蒸煮不能除去。所以，花生饼粕应新鲜时利用，生有黄曲霉的花生饼粕不能再使用。

147. 向日葵（仁）饼粕的营养特点如何？使用中应注意什么？

向日葵（仁）饼粕的营养价值取决于脱壳程度。完全脱壳的向日葵（仁）饼粕营养价值很高。一般去壳的向日葵粕粗蛋白含量45%左右，向日葵饼粗蛋白含量35.7%左右，带壳或部分带壳的向日葵饼含粗蛋白22.8%～32.1%。赖氨酸含量（1.1%～1.2%）低，B族维生素含量很高，位于饼粕类饲料之首；胆碱含量也较高。钙、磷含量比一般饼粕类高，锌、铁、铜含量较高。

我国西部地区向日葵种植面积大，产量高，价格低廉，是家兔较好的蛋白饲料。由于其营养含量差距较大，质量高低不一，在使用前一定要经过营养含量的测定。

148. 芝麻饼粕的营养特点如何？使用中应注意什么？

芝麻饼粕粗蛋白质含量较高（33%～48%），氨基酸组成最大特点是蛋氨酸含量（0.8%以上）高，位于饼粕类饲料之首；赖氨酸含量（0.93%）不足，而精氨酸含量（3.97%）很高，赖氨酸与精氨酸之比为100∶420，色氨酸含量也很高。胡萝卜素、维生素D、维生素E含量低，核黄素含量高。钙、磷含量高，但由于植酸含量高，使钙、磷、锌等的吸收受到限制。实际生产中使用的多数为小油坊生产香油的芝麻酱渣，由于没有及时晒干容易发霉，有的因在地面晾晒而掺进大量的泥土，也有的加入一些锯末等，不仅降低了营养含量，而且容易导致疾病的发生，应格外注意。适口性好，是很好的蛋白质饲料。

149. 亚麻籽饼粕的营养特点如何？使用中应注意什么？

亚麻籽饼粕又称胡麻饼粕，粗蛋白质含量一般为32%～36%。氨基酸组成不佳，赖氨酸（1.12%）和蛋氨酸（0.45%）含量均较低，精氨酸含量（3%）高，赖氨酸与精氨酸之比为100∶250。B族维生素含量丰富，胡萝卜素、维生素D和维生素E含量少。钙、磷含量高，硒含量也高。

亚麻籽饼粕中含有生氰糖苷，可引起氢氰酸中毒。此外，还含有亚麻籽胶和抗维生素 B_6 等抗营养因子。亚麻籽饼粕适口性不好，具有轻泻作用。因此，不要作为肉兔的主要蛋白来源，最好与其他蛋白质饲料配合使用。

150. 糟渣类饲料包括哪些？营养特点如何？

禾谷类、豆类籽实和甘薯等原料在酿酒、制酱、制醋、制糖及提取淀粉过程中所残留的糟渣产品，包括酒糟、酱糟、醋糟、糖糟、粉渣等。其营养成分因原料和产品种类不同而差异较大。其共同特点是含水量高，不易保存，一般就地新鲜使用。干燥的糟渣有的可作蛋白质饲料或能量饲料，而有的只能作粗饲料。

151. 酒糟与啤酒糟的营养特点如何？使用中应注意什么？

酒糟是用淀粉含量多的原料（谷物和薯类）酿酒所得糟渣副产品。其营养价值因原料和酿造方法不同而有差异。就粮食酒来说，由于可溶性碳水化合物发酵成醇被提取，其他营养物质（如蛋白质、粗脂肪、粗纤维与灰分）含量相应提高，而无氮浸出物相应降低，B族维生素大大提高。酒糟中各类营养物质的消化率与原料相比没有差异。但由于在酿造过程中，常常加入 20%～25% 的稻壳作为疏松气体物质以提高出酒率，从而使粗纤维含量提高，营养价值也大大降低。酒糟由于含水量（70% 左右）高，不耐存放，易酸败，必须进行加工贮藏后才能充分利用。酒糟喂量过多，容易引起便秘。

啤酒糟是用大麦酿造啤酒提取可溶性碳水化合物后所得的糟渣副产品，其成分除淀粉减少外与原料相似，但含量比例增加。干物质中粗蛋白质含量为 22%～27%，氨基酸组成与大麦相似。粗纤维含量（15%）较高，矿物质、维生素含量丰富。粗脂肪含量为 5%～8%，其中亚油酸占 50% 以上。

笔者试验，以酒糟和啤酒糟饲喂育肥肉兔，最佳添加比例为 15%。

152. 酱油糟的营养特点如何？使用中应注意什么？

酱油糟是用大豆、豌豆、蚕豆、豆饼、麦麸及食盐等按一定比例配合，经曲霉菌发酵使蛋白质和淀粉分解等一系列工艺酿制成酱油后的残渣。酱油糟的营养价值因原料和加工工艺而有很大差异。一般干物质中粗蛋白质含量为 20%～32%，粗纤维含量为 13%～19%，无氮浸出物含量低，有机物质消化率低，因此能值较低。其突出特点是灰分含量高，多半为食盐（7%）。鲜酱油糟水分含量高，易发霉变质，具有很强的特殊异味，适口性差。经干燥后气味减弱，易于保存，可用作饲料，但添加量不可过高，以控制在 5% 左右为宜。在使用前应测定其盐分的含量，防止食盐中毒。

153. 醋糟的营养特点如何？使用中应注意什么？

醋糟是以高粱、麦麸及米糠等为原料，经发酵酿造提取醋后的残渣。其营养价值受原料及加工方法的影响较大。粗蛋白质含量为 10%～20%，粗纤维含量高。其最大特点是含有大量醋酸，有酸香味，能增加食欲，调匀饲喂能提高饲料的适口性，并且作为酸化剂，有帮助消化，预防消化道疾病的作用。但使用时应避免单一使用。如果含有醋酸过多，应添加适量的碱性物质（如碳酸氢钠）中和醋酸，或与碱性饲料一起饲喂。生产中醋糟的用量一般控制在 10%左右。但优质的醋糟可增大使用比例。为安全起见，醋糟的适宜添加量可在 10%左右的基础上逐渐增加，以筛选最佳添加量。

154. 豆腐渣的营养特点如何？使用中应注意什么？

豆腐渣是以大豆为原料制作豆腐时所得的残渣。鲜豆腐渣水分含量高达 78%～90%；干物质中蛋白质含量和粗纤维含量高，分别是 21.7%和 22.7%，而维生素大部分转移到豆浆中。豆腐渣中也含有胰蛋白酶抑制因子，需煮熟后使用。鲜豆腐渣经干燥后可作配合饲料原料，但加工成本高，故多以鲜豆腐渣等直接饲喂。

豆腐渣是廉价的蛋白饲料和粗饲料资源，在资源丰富的地方值得开发。最好经人工脱水和高温脱毒后使用，这样可加大用量达到 30%以上。

155. 粉渣的营养特点如何？使用中应注意什么？

粉渣是以豌豆、蚕豆、马铃薯、甘薯等为原料生产淀粉、粉丝、粉条、粉皮等食品的残渣。由于原料不同，营养成分差异也很大。鲜粉渣水分含量高，一般为 80%～90%。干物质中无氮浸出物为 50%～80%，粗蛋白质为 4%～23%，粗纤维为8.7%～32%，钙、磷含量低。粉渣中含有一定的可溶性糖，易引起乳酸菌发酵而带有酸味。pH 一般为 4.0～4.6，存放时间越长，酸度越大，且易被霉菌和腐败菌污染而变质，从而丧失其饲用价值。故用作饲料时，需经过及时的干燥处理。

粉渣作为一种农副产品，价格低廉，在一些地区数量较大。但由于没引起足够的重视和进行合理的开发利用，造成很大的浪费。

156. 中草药下脚料是否可以喂兔？营养含量如何？

伴随着我国科技的发展，中草药资源得到充分的开发利用，以工业化武装中草药加工业，将一些中药的有效成分提取，大量的残渣没有得到有效利用，而多数作为废弃物，对环境造成一定污染。还有一些中草药，摘除有效部位之后的残株，含有较高的营养，同时也含有一定的药物成分。将这些资源进行家兔饲料的开发，具有重要的意义。

近年来，河北农业大学家兔课题组开展了中草药下脚料资源的开发利用，取得了初步成果。很多下脚料是肉兔良好的饲料资源。一般的下脚料添加10%～15%为宜，如菊花残株、菊花粉、青蒿渣、忍冬藤、柑橘渣等，有的用量可以达到20%以上，如枸杞叶、沙棘果皮和沙棘果渣，而复方中药渣用量在5%左右为宜，如藿香正气渣、清瘟败毒渣等。

河北农业大学家兔课题组测定的部分中草药下脚料的主要营养含量见表11。

表11　部分中草药下脚料主要营养物质含量

名称	产地	粗蛋白含量（%）	粗纤维含量（%）	钙含量（%）	磷含量（%）	赖氨酸含量（%）	蛋＋胱氨酸含量（%）
菊花残株	承德隆化	8.8	49.6	0.8	0.53	0.45	0.35
菊花粉	河北邯郸	10	30	1	0.2	0.55	0.42
甜叶菊	江西赣州	18.91	28.46	1.27	0.09	0.84	0.44
青蒿渣	重庆梁平	21.54	17.31	1.32	0.32	0.77	1.39
忍冬藤	河北巨鹿	6.93	49.34	0.82	0.15	0.21	0.14
柑橘渣	四川蓬安	6.8	14	0.9	0.1	0.48	0.15

名称	产地	粗蛋白含量（％）	粗纤维含量（％）	钙含量（％）	磷含量（％）	赖氨酸含量（％）	蛋＋胱氨酸含量（％）
枸杞叶	河北巨鹿	19.6	20.3	1.4	0.21		
沙棘果皮	河北隆化	10.2	22	1.1	0.07	0.2	0.15
沙棘果渣	河北隆化	22.3	18.5	0.8	0.12	0.5	0.3
藿香正气渣	河北安国	13.1	8.5	1.3	4.8		
清瘟败毒渣	河北辛集	14.09	15.8	1.71	0.25		

157. 玉米蛋白粉（玉米面筋粉）的营养特点如何？使用中应注意什么？

玉米蛋白粉是玉米淀粉厂的主要副产品之一。蛋白质含量因加工工艺不同而有很大差异，一般为35％～60％。氨基酸组成不佳，蛋氨酸含量很高，与相同蛋白质含量的鱼粉相等；而赖氨酸和色氨酸严重不足，不及相同蛋白质含量鱼粉的1/4。代谢能水平接近玉米，粗纤维含量低、易消化。矿物质含量少，钙、磷含量均低。胡萝卜素含量高，B族维生素含量少。

在使用该种饲料时，应与含赖氨酸含量较高的饲料搭配使用或添加适量的赖氨酸，以保持氨基酸的平衡。

158. 玉米胚芽饼粕的营养特点如何？使用中应注意什么？

玉米胚芽饼粕是玉米胚芽脱油后所剩的残渣。尽管是由玉米生产的，但玉米胚芽饼粕与玉米营养成分有一定差异。玉米是具有适口性或养分消化率很高的能量饲料，但玉米含蛋白质8.4％左右，其中缺赖氨酸与色氨酸。玉米胚芽饼味香，比玉米更具适口性，且质地松散、体积较大，可以改善配合饲料的物理性状。玉米胚芽饼蛋白含量高出玉米约10个百分点，且必需氨基酸含量丰富，蛋白质质量好。粗蛋白质含量一般为17％～21％，氨基酸组成较好，赖氨酸 0.7％，蛋氨酸 0.3％，色氨酸含量也较高。维生素 E 含量丰富。粗纤维≤14％，粗脂肪≥8％。其价格低廉，是较好的肉兔饲料。

玉米胚芽饼粕是一种高能量、高蛋白、高脂肪、高维生素 E 和高消化率的优质饲料。在肉兔饲料中，一般添加量在10％～15％。

159. 动物性蛋白质饲料主要有哪些？使用中应注意什么？

动物性蛋白质饲料主要来自畜、禽、水产品等肉品加工的副产品及屠宰厂、皮革厂的废弃物和缫丝厂的蚕蛹等，是一类优质的蛋白质饲料。其蛋白质含量高，组成合理，利用率高，使用效果好。但是，由于肉兔具有草食性，动物性饲料的适口性较差，加之市场上销售的动物性饲料质量差异较大，掺假现象严重，有些已经变质，使用不当容易出现问题（尤其是发生魏氏梭菌病等）。因此，肉兔日粮中动物性饲料占据很小的比例（1％～3％），多数兔场不使用动物性饲料。

160. 鱼粉的营养特点如何？使用中应注意什么？

鱼粉是用全鱼加工后的副产品如头、鳍、骨、尾、内脏等制成。由于加工原料不同，鱼粉品质有较大差异。鱼粉蛋白质含量高，进口鱼粉都在60％以上，有的甚至高达72％，国产鱼粉一般为45％～55％。蛋白质品质好，富含各种必需氨基酸，如赖氨酸、色氨酸、蛋氨酸、胱氨酸等，精氨酸含量相对较低，这正与大多数植物性饲料的氨基酸组成相反。鱼粉还含有维生素 A、维生素 D、维生素 E 等，但在加工和贮存条件不良时很容易被破坏。鱼粉中钙、磷含量高，且比例适宜。硒、碘、锌、铁含量也很高，并含有适量的砷。

在购买和使用中，应特别注意鱼粉掺杂、掺假问题。有些生产厂家或个人为贪图暴利往往向鱼粉中掺杂，如尿素、糠麸、饼粕、血粉、羽毛粉、锯末、花生壳、沙砾等，购买时应注意检验。还应注意食盐的含量问题，一般要求在7％以下。另外，由于鱼粉是高营养物质，含较多的脂肪，在高温、高湿条件下极易发霉腐烂、氧化酸败。所以，应在干燥避光处保存，也可适当加一些抗氧化剂。

鱼粉价格较高，具有一定的腥味。因此，在肉兔饲料中用量不宜过多，可在泌乳母兔日粮中添加 1%～3%。

161. 肉粉与肉骨粉的营养特点如何？使用中应注意什么？

肉粉与肉骨粉是利用屠宰厂及肉品加工厂中不能食用的畜体内脏、废弃的肉屑等经高温处理、干燥粉碎而得到的产品。其营养成分含量随原料种类、品质及加工方法的不同差异较大。蛋白质含量为 45%～50%，有的产品骨成分含量高，蛋白质含量只有 35% 左右。粗蛋白质主要来自磷脂（脑磷脂、卵磷脂等）、无机氮（尿素、肌酸等）、角质蛋白（角、蹄、毛等）、结缔组织蛋白（胶原、骨胶等）、水解蛋白及肌肉组织蛋白。其中，磷脂、无机氮及角质蛋白利用价值很低，结缔组织蛋白及水解蛋白的利用率也较低，而肌肉组织蛋白的利用价值最高。通常，肉粉、肉骨粉中结缔组织蛋白较多，其构成氨基酸主要为脯氨酸、羟脯氨酸和甘氨酸，所以氨基酸组成不佳，赖氨酸含量尚可，蛋氨酸和色氨酸含量低，利用率变化大，有的产品因过度加热而无法吸收。B 族维生素含量高，尤其维生素 B_{12} 含量高，烟酸、胆碱含量也较高，维生素 A、维生素 D 因加工过程中大部分被破坏，含量较少。肉骨粉是很好的钙、磷来源，不仅含量高，而且比例适当，磷都为可利用磷。锰、铁、锌的含量也较高。

值得注意的是，以腐败的原料制作的产品品质很差，甚至有中毒的可能。生产过程中经过热处理的产品会降低适口性和消化率。贮存不当易造成脂肪氧化酸败、风味不良、质量下降。另外，掺杂掺假现象也较普遍，常掺入羽毛粉、蹄角粉、血粉及肠胃内容物等，在购买和使用时应注意检测。

肉粉、肉骨粉一般在肉兔饲料中的用量可占到 1%～3%。

162. 血粉的营养特点如何？在使用中应注意什么？

血粉是动物屠宰后的废弃血液经过加工而成的一种良好的动

物性蛋白质饲料。干燥方法和温度是影响血粉营养价值的主要因素，持续高温会造成大量赖氨酸变性，影响利用率。通常经瞬间干燥和喷雾干燥的血粉质量较好，而经蒸煮干燥的质量较差。血粉的粗蛋白质含量很高，可达 80％～90％，但氨基酸组成不好，赖氨酸和亮氨酸含量很高，分别为 7％～8％和 8％，精氨酸含量很低。所以，血粉和花生饼粕、棉籽（仁）饼粕搭配可改善饲料的质量。血粉的异亮氨酸含量很少，几乎为零。另外，蛋氨酸和色氨酸含量也较低。维生素、钙、磷含量较少，铁、铜、锌、硒等含量较多，其中，铁含量是所有饲料中最高的。

尽管血粉的蛋白质含量很高，但消化利用率不高；血粉具有特殊的腥味，对适口性影响很大。未经脱腥的血粉不宜用来喂兔。经过处理的血粉，可在肉兔日粮中添加 1％～3％。

163. 水解羽毛粉的营养特点如何？使用中应注意什么？

水解羽毛粉是家禽屠宰后的羽毛经高压加热水解后，再经干燥粉碎而成的产品。粗蛋白质含量高达 80％以上，甘氨酸、丝氨酸和异亮氨酸含量高，分别为 6.3％、9.3％和 5.3％，适于与异亮氨酸含量不足的原料（如血粉）配伍。胱氨酸含量高达 4％，是所有饲料中含量最高者。赖氨酸和蛋氨酸含量不足，分别相当于鱼粉的 25％和 35％左右。维生素 B_{12} 含量高，而其他维生素含量低。钙、磷含量较少。硒含量较高，仅次于鱼粉和菜籽饼粕。过去人们认为，羽毛粉的生物价值低，但现已弄清，只要注意解决氨基酸平衡问题，也是一种很好的蛋白饲料。

生产中一般很少添加羽毛粉。但在肉兔快速生长期往往发生吃毛现象，饲料中添加 3％～5％的羽毛粉，连用 2 周，对于控制吃毛有较好效果。在母兔的泌乳早期，由于产仔前拉掉了大量的被毛，可在饲料中补充 3％的羽毛粉。

164. 蚕蛹粉和蚕蛹粕的营养特点如何？使用中应注意什么？

蚕蛹粉是蚕蛹经干燥粉碎后而成，蚕蛹（饼）粕是蚕蛹脱脂后的残余物。蚕蛹粉和蚕蛹粕的蛋白质含量高达 54％和 65％。

蛋氨酸含量高达 2.2％和 2.9％，是所有饲料中最高者；赖氨酸含量也很高，与进口鱼粉大体相同；色氨酸含量比进口鱼粉还高，精氨酸含量较低，尤其同赖氨酸含量的比值很低，很适合与其他饲料配伍。B 族维生素尤其核黄素含量高，钙、磷含量较低。蚕蛹粉和蚕蛹粕的脂肪含量高，分别为 22％和 10％，容易氧化酸败，并发出恶臭。

在养蚕地区，蚕蛹粉和蚕蛹粕的数量较大，具有高能量、高蛋白的特点，价格较低，可用来喂兔。使用中要注意其质量，腐败变质的产品不可使用。平时添加量可占日粮的 1％～3％。

165. 蝇蛆粉的营养特点如何？使用中应注意什么？

蝇蛆粉是优质蛋白资源，含粗蛋白 55％～65％、脂肪 2.6％～12％，与鱼粉及肉骨粉相近或略高。蝇蛆的营养成分较全面，含有动物所需要的 17 种氨基酸。蝇蛆和其干粉中的必需氨基酸总量分别为 44.09％和 43.83％，蛋氨酸含量与鱼粉相近，胱氨酸含量低。蝇蛆粉中含几丁质、抗菌肽等免疫增强物质，可提高动物的自身免疫力。还含有多种微量元素，如铁、锌、锰、磷、钴、铬、镍、硼、钾、钙、镁、铜、硒、锗等。大量的试验和生产实践表明，蝇蛆是代替鱼粉的优良动物蛋白饲料。

蝇蛆能在肮脏的粪便和垃圾中生长良好，表明其具有完善的抗菌机制。目前人们普遍认为，抗菌肽是蝇蛆抵御病原微生物的武器。笔者试验表明，用蝇蛆和蝇蛆培养废料喂鸡，对于提高产蛋率和降低发病率均有良好效果。初步试验表明，不仅在体内，而且可将抗菌物质释放到环境中。以饲料（如蝇蛆）替代抗生素等药物饲喂动物，在畜牧养殖中大有可为。

蝇蛆在肉兔饲料中添加以 3％～5％为宜。

166. 蚯蚓粉的营养特点如何？在使用中应注意什么？

蚯蚓是一种蛋白质含量高、氨基酸比例较适宜的动物蛋白质饲料。粗蛋白质含量 60％左右，氨基酸组成良好，苏氨酸、胱氨酸的含量高于进口鱼粉，其他氨基酸与进口鱼粉相近。蚯蚓作为一种中药材，在我国应用已有几千年的历史。近代研究表明，蚯蚓体内含有丰富的维生素 A、维生素 B_1、维生素 B_2、6－羟基嘌呤、琥珀酸、胆碱、蚯蚓素及某些抗生素和活性酶。

除了肉食动物以外，草食动物一般是不采食生蚯蚓的。在肉兔生产中，可使用蚯蚓粉或经过高温蒸煮，提高适口性，并可杀死蚯蚓体内的寄生虫。

蚯蚓不仅提供优质的蛋白，而且具有通乳、催乳作用。经常添加蚯蚓粉，可使被毛光华、明亮。但是，蚯蚓体内含有一种 γ-蚁酸，具有麻醉作用，喂量过多，会引起胃肠麻痹，影响食欲。因此，肉兔饲料中添加蚯蚓粉的比例不宜过高，以 $1\%\sim3\%$ 为宜。尤其对于泌乳母兔、生长兔和獭兔，均有良好效果。

167. 什么是微生物蛋白饲料？使用中应注意什么？

微生物蛋白饲料主要指单细胞蛋白质饲料，是指一些单细胞或具有简单构造的多细胞生物的菌体蛋白，由此而形成的蛋白质较高的饲料称为单细胞蛋白质饲料。主要有以下四类：酵母类（如酿酒酵母、产朊假丝酵母、热带假丝酵母等），细菌类（如假单胞菌、芽孢杆菌等），霉菌类（如青霉、根霉、曲霉、白地霉等），微型藻类（如小球藻、螺旋藻等）。由于它们的繁殖速度非常快，比动植物快几百、几千甚至几万倍，发展前景很好。目前，工业生产的单细胞蛋白饲料主要是酵母。单细胞蛋白饲料的特点是：生产原料来源广泛，可利用工农业废弃物和下脚料；适于工业化生产，不会污染环境；生产周期快，效率高；营养丰富，蛋白质含量高达 $40\%\sim60\%$，而且品质好，氨基酸平衡，含有较高的维生素、矿物质和其他生物活性物质。使用中应注意微生物蛋白饲料的添加比例不宜过多，同时防止杂菌污染等。

168. 矿物质饲料主要包括哪些？

矿物质饲料包括工业合成的、天然的单一种矿物质饲料和多种混合的矿物质饲料，以及配合有载体的微量、常量元素的饲料。常用的有食盐、石粉、贝壳粉、蛋壳粉、石膏、硫酸钙、硫酸钙、磷酸氢钠、磷酸氢钙、骨粉、混合矿物质补充饲料等。

食盐补充氯和钠，有提高食欲、促进消化和为此电解质平衡等作用，一般在肉兔饲料中添加 0.35% ~ 0.5%；石粉、贝壳粉、蛋壳粉、石膏、硫酸钙等主要是补充钙，一般添加量在 0.5% ~ 1%；磷酸氢钙和骨粉既补充钙，又补充磷，一般在饲料中添加 1% 左右。

矿物质饲料是肉兔必备的饲料，其添加量不是固定的，应根据饲料中大料矿物质的含量决定；购买矿物质原料时，一定要注意质量和有效含量，尤其是磷酸氢钙中磷的含量。生产中发现很多产品达不到标定的含量；此外，用贝壳粉、蛋壳粉等下脚料作为钙源，一定要防止腐败变质和病原微生物超标。

169. 常用的添加剂包括哪些?

饲料添加剂是指在家兔饲料的加工、贮存、饲喂过程中人工另加的一组物质的总称。其目的在于补充常规饲料的不足，防止和延缓饲料品质的劣化，提高饲料的适口性和利用率，预防疾病，提高家兔的生产性能，改善产品质量等。过去，农村粗放养兔，人们不重视饲料添加剂。实践表明，在饲料添加剂方面，有 1 份的投入，可换回 10 份甚至 10 份以上的回报。肉兔快速育肥，不同于粗放饲养，必须对此倍加关注。

生产中所使用的添加剂主要有维生素添加剂、微量元素添加剂（即含硒生长素）、氨基酸添加剂（主要是赖氨酸、蛋氨酸）、抗球虫添加剂（如氯苯胍、氯羟吡啶、敌克珠利、莫能霉素、盐霉素等）、抑菌促生长添加剂（如杆菌肽锌等）、腐殖酸添加剂、酶制剂（如复合酶、蛋白酶、纤维酶）、诱食剂（如甜味剂）、抗氧化剂、防霉剂、中草药添加剂等。

随着科技的进步、人民生活水平的提高和环保意识的增强，绿色无公害肉兔生产越来越受到重视，抗生素类添加剂相继在发达国家禁止，绿色饲料添加剂成为发展的必然。

170. 常用的氨基酸添加剂有哪些？使用中应注意什么？

根据家兔氨基酸需要特点和饲料中氨基酸的缺乏情况，在养兔生产中主要使用的是蛋氨酸、赖氨酸、胱氨酸等。从氨基酸的化学结构来看，除甘氨酸外，都存在 L-氨基酸和 D-氨基酸。用微生物发酵法生产的为 L-氨基酸，用化学合成的为 DL-氨基酸（消旋氨基酸）。一般 L 型比 DL 型的效价高 1 倍，但对蛋氨酸来说两种形式效价相等。

蛋氨酸：饲料中使用的主要有两种：DL-蛋氨酸、DL-蛋氨酸羟基类似物（MHA）及其钙盐。在家兔体内蛋氨酸可转化为胱氨酸，而胱氨酸不能转化为蛋氨酸。当饲粮中缺乏胱氨酸时，蛋氨酸能够满足含硫氨基酸的总需要，并能为合成胆碱提供甲基，有预防脂肪肝的作用，对缺乏蛋氨酸和胆碱的饲料添加蛋氨酸都有效。同时，蛋氨酸能促进动物毛发、蹄角的生长，并且有解毒和增强肌肉活动能力等作用。

鱼粉中蛋氨酸含量较高，植物性饲料中含量较低。其添加量与饲料的组成及饲料中蛋氨酸、胱氨酸、胆碱、钴胺素含量有关，原则上只要补充含硫氨基酸（胱氨酸＋蛋氨酸）的缺额即可。一般添加量为 0.1%。

赖氨酸：用作添加剂的赖氨酸为 L-赖氨酸盐酸盐，商品上标明的含量为 98%，指的是 L-赖氨酸和盐酸的含量，实际上扣除盐酸后，L-赖氨酸的含量仅 78% 左右，因此添加时应以 78% 的含量计算。

另外，DL-赖氨酸盐酸盐价格便宜，但使用这种商品添加剂时必须搞清楚 L-赖氨酸的实际含量。因为动物体只能利用 L-赖氨酸，没有把 D-赖氨酸转化为 L-赖氨酸的酶，D-型赖氨酸不能被动物体利用。

动物性饲料和大豆饼粕中富含赖氨酸。在生长肉兔饲料中，赖氨酸的添加量一般占饲料的 0.1% 左右。

171. 什么是益生素？其主要功能是什么？使用中应注意什么？

益生素，有人将其译为促生素、生菌素、促菌素、活菌素等，也被称为"微生态制剂"和"饲用微生物添加剂"等，主要是通过加强肠道微生物区系的屏障功能或通过增进非特异性免疫功能，增强抗病力和体质，防止病菌感染，同时可以提高饲料利用率和生长率。因此，被视为抗生素的最佳替代品之一。

益生素的作用机理是通过下述途径发挥其作用的：第一，补充有益菌群，改善消化道菌群平衡，预防和治疗菌群失调症。肉兔摄入益生素后，消化道有益菌群得到了有效补充，使有益菌在数量和作用强度上占绝对优势。这些菌群的繁殖和代谢，大大地抑制有害菌群的生长繁殖，从而保持菌群的平衡，有效地防止菌群失调病发生。第二，刺激机体免疫系统，提高机体免疫力。益生素中的有益菌均是良好的免疫激活剂，能有效地提高巨噬细胞的活性，通过产生抗体和提高噬菌作用活性刺激免疫，激发机体体液免疫和细胞免疫，使机体免疫力和抗病能力增强。第三，参与菌群生存竞争，协同机体消除毒素和代谢产物。益生素参与消化道有益菌群与致病菌之间的生存和繁殖空间竞争、时间竞争、定居部位竞争以及营养竞争，限制致病菌群的生存、繁殖。有益菌在消化道内生成致密的膜菌群，形成微生物屏障。一方面，抑制消化道黏膜病原菌，中和毒性产物；另一方面，防止毒素和废物的吸收。第四，改善机体代谢，补充机体营养成分，促进肉兔生长。益生素的有益菌群能在消化道繁殖，促进消化道内多种氨基酸、维生素等一系列营养成分的有效合成和吸收利用，从而促进生长发育和增重。

目前我国的益生素产品众多，剂型多样，如口服糊剂、水溶性粉剂或液剂、直接饲喂的饲料添加剂等。

笔者近年研制的生态素（益生素类产品），在家兔生产中应用，效果良好。其作用有三：第一，防治家兔腹泻。以 $0.1\% \sim 0.2\%$ 的浓度饮水，或 $0.1\% \sim 0.2\%$ 直接喷洒在颗粒饲料上，可有效预防腹泻。当发生腹泻时，口服生态素，大兔 3～5 毫升，小兔 2～3 毫升，每天两次，1～2 天即愈。第二，促进生长，提高饲料利用率。第三，净化兔舍，除臭消毒。以 1%～2% 浓度直接喷洒在兔舍粪沟和兔粪上，可降低臭味。由于有益菌的大量增殖，使有害微生物数量降低。

使用益生素应注意的问题：第一，不能与抗菌药物（抗生素和化学药物）同时使用。第二，笔者试验表明，益生素与大蒜素配合使用效果也不好，但与寡糖配合使用有协同作用。第三，预防效果比治疗效果好，疾病初期比后期好。因此，应预防为主。第四，益生素是活菌制剂，而活菌的活性容易受到物理因素、化学物质、保存条件的影响。保存时间越长，活菌数越少。因此，在使用时一定要看清生产日期和注意保存条件。

172. 寡糖是什么物质？在家兔生产中应注意什么？

寡糖又称低聚糖，是指 2～10 个单糖以糖苷键连接的化合物的总称。这类寡糖本身不具有营养作用，但其到达消化道后段肠道后，能被其中的有益微生物利用，从而促进肠道有益菌群的增殖。因此，营养界将这类寡糖归为微生态生长促进剂类饲料添加剂。目前，在家兔生产中应用的寡糖主要有寡果糖和异麦芽寡糖等。研究表明，在饲料中适量添加寡糖，可以改善家兔的健康状况，防止腹泻，增强免疫功能，促进生长，提高饲料转化效率。

寡糖的作用机理主要是通过调节消化道后部微生物区系来实现的。

促进机体内形成健康微生物菌相：作为肠道双歧杆菌等有益菌的增殖因子，寡糖能被双歧杆菌、乳酸杆菌等有益菌利用，使有益菌大量增殖，而有害菌不能利用。有关专家认为，双歧杆菌具有以下几方面的作用：①防止病原菌和腐败菌的滋生；②合成 B 族维生素；③增强机体免疫力；④分解致癌物质。

间接抑制病原菌：一方面，通过竞争性排斥作用抑制病原菌；另一方面，代谢产物对病原菌的抑制作用。寡糖经有益菌发酵产生的非解离态有机酸（乳酸、醋酸、丙酸、丁酸）具有抗菌作用。大肠埃希氏菌在 pH 为 8 时最易生长，而降低 pH 对其生长有抑制作用。乳酸菌等有益菌分泌的细菌素具有广谱的抗菌作用，乳杆菌能抑制腐败菌的生长，减少胃肠道中产胺。

直接抑制某种肠道病原微生物：在动物胃肠道内，微生物表面的糖蛋白（或菌毛）能够特异性地识别肠道黏膜上皮的寡糖受体，并与之结合。当含有寡糖的饲料进入动物体内后，胃肠道中的致病菌就会与之结合，并随粪便一道排出体外。

笔者利用寡果糖在预防断乳仔兔腹泻方面取得成功。以 0.2% 的浓度添加在饲料中，可有效降低由于低纤维日量导致的幼兔腹泻，并且具有促生长作用。

173. 大蒜素的主要功能是什么？在使用中应注意什么？

大蒜素是近年来发展起来的一种多功能天然饲料添加剂，以其作用广泛、效果显著、无残留、无抗药性、无致变致畸致癌性、低成本等特点而备受养殖行业的青睐。大蒜素是百合科多年生宿根草本蒜中所含的主要生物活性有效成分。作为饲料添加剂使用的大蒜素一般是由人工合成的大蒜油为原料制成的预混料，具有多种功能：

（1）杀菌作用　大蒜素对引起动物疾病的大肠杆菌、沙门氏菌、绿脓杆菌等均有良好的抑制和杀灭作用，特别是对于消化道疾病和一般药物预防效果不显著的疾病（如病毒性疾病）都有效果。

（2）改善饲料的适口性　大蒜素特殊的气味，可起到诱食作用。对于由于适口性较差或由于添加一些预防性药物的饲料，可改善其采食量。对于提高育肥肉兔的采食量，实现多吃快长有较好效果。

（3）提高生产性能　大蒜素不仅能增加动物的采食量，而且能防治多种疾病，提高免疫机能；改善动物体内各系统组织功能，促进胃肠的蠕动和各种消化酶的分泌；提高动物对饲料的消化利用，从而使生产性能提高，降低饲料成本。

（4）改善畜舍环境　大蒜素在酶的作用下可变成大蒜瓣素，以粪尿的形式排出，能够阻止粪便中的有害微生物的繁殖和生长，改善畜舍环境。

笔者以 0.1% 和 0.2% 的浓度在饲料中添加大蒜素，对控制断乳仔兔腹泻有良好效果。两个浓度效果接近，因而，以 0.1% 的添加量即可。对于预防疾病，大蒜素是较理想的抗生素替代品。但不应与益生素类产品同时使用。

174. 什么是甜菜碱？主要功能是什么？

甜菜碱是一种季胺型生物碱，广泛存在于动植物中，尤以甜菜糖蜜中含量最高。目前，养殖业中使用的甜菜碱有两种：一种是从甜菜制糖后的废糖蜜中提取的生物甜菜碱；另一种是用化学合成方法生产的盐酸甜菜碱。其主要功能如下：

（1）作为甲基供体　甜菜碱的分子式中有三个甲基，是有效的甲基供体。甜菜碱作为甲基供体，比氯化胆碱高 2.3 倍，比蛋氨酸高 3.7 倍。甜菜碱是甘氨酸内盐，属于中性物质，不破坏饲料中的维生素。

（2）抗病抗应激作用　甜菜碱具有提高生物细胞抗高温、高盐和高渗透环境的耐受力，调节细胞渗透压平衡，缓解应激反应，增强抗病力。甜菜碱有类似电解质的特征。研究表明，在消化道受病原体侵入的状态下，对猪胃肠道细胞有渗透保护作用。当仔猪因腹泻导致胃肠道失水和离子平衡失调时，甜菜碱能有效地防止水分损失，避免腹泻引起的高血钾症，以维持和稳定胃肠道环境的离子平衡，使受断奶应激的仔猪胃肠道内微生物区系中有益菌占主导地位，有害菌不会大量繁殖，保护消化道内酶的正常分泌及其活力的稳定，改善断奶仔猪消化系的生长发育状况，提高饲料消化利用率，增加采食量和日增重，显著降低腹泻，促进断奶仔猪快速生长。

甜菜碱可缓解由于免疫注射给动物带来的应激，可缓解抗球虫药物对动物肠道的伤害。

（3）提高生产性能。甜菜碱能促进生长激素的分泌，促进蛋白质的合成，减少氨基酸的分解，使机体呈氮正平衡。甜菜碱可以提高肝脏和脑垂体中环磷酸腺苷的含量，从而增强脑垂体的内分泌功能，促进脑垂体细胞合成和释放生长激素、促甲状腺激素等激素，增加机体氮储留，从而促进畜禽生长。

（4）改善畜禽胴体性状。甜菜碱能够促进脂肪分解代谢，抑制脂肪沉积，促进肌肉增长和蛋白质增加，提高瘦肉率，降低背膘厚。

175. 酶制剂的主要功能是什么？使用中应注意哪些问题？

酶是动物机体合成的具有特殊功能的蛋白质，它的主要功能是催化机体内的生化反应，促进机体的新陈代谢。其种类很多，其作用具有专一性。作为饲料添加剂的主要是蛋白酶、淀粉酶、脂肪酶、纤维素酶、植酸酶、果胶酶等，生产中使用的多为复合酶。在家兔日粮中添加酶制剂的作用和依据：

（1）非淀粉多糖影响日粮养分消化率　水溶性非淀粉多糖在麦类饲料中含量较高，其黏度大，在消化道内吸收大量水分，导致食糜黏度增加，影响营养的消化吸收，增加腹泻率。添加饲用复合酶制剂，外源性木聚糖酶摧毁细胞壁，释放细胞内容物淀粉、蛋白质和脂肪，使之充分与消化道内源酶作用，从而提高饲料养分的消化率和吸收率，提高生产性能。

（2）补足幼兔酶源不足　家兔自身分泌淀粉酶、蛋白酶、脂肪酶等内源性消化酶。但幼兔消化机能尚未发育健全，淀粉酶、蛋白酶、脂肪酶分泌量不足。在家兔日粮中添加复合酶制剂，可补充动物体内酶源不足，将饲料中难以消化吸收的蛋白质和淀粉等大分子化合物降解成氨基酸、肽、胨、单糖、寡糖等小分子化合物，增加饲料中的有效成分，促进营养的吸收。同时，还可改变消化道内菌群分布，改善微生物发酵，可以减少由于消化不良而引起的疾病。

（3）消除抗营养因子　大多数谷物中都含有抗营养因子，如蛋白酶抑制因子、单宁、植物凝集素、淀粉酶抑制因子、糖苷、植酸盐、生物碱和非淀粉多糖。这些抗营养因子影响了能量、蛋白质、矿物质和维生素的消化吸收，导致饲料效率下降。在饲料中添加某些微生物蛋白酶，如枯草杆菌蛋白酶，可降解胰蛋白酶抑制因子和植物凝集素，消除其抗营养作用，提高饲料蛋白质的消化率和利用率。

(4) 增强免疫力　家兔日粮中蛋白质在外源蛋白酶的作用下，可能产生具有免疫活性的小肽，从而提高免疫力。

(5) 提高饲料的利用率　家兔对粗纤维在日粮中的含量很敏感，由于体内没有降解纤维素的酶，当日粮中粗纤维含量升高时，不仅加重消化道的负担，而且肠道中的副交感神经兴奋性增加，影响了大肠对粗纤维及其他营养物质的消化吸收，据报道，当粗纤维水平由 12% 增加到 16% 时，饲料转化率相应下降了31.7%。当日粮中添加一定的酶制剂后，一些营养物质的消化率将得到提高。

(6) 降低粪便对环境的污染　淀粉酶、蛋白酶可促进消化大分子和难消化物质，能提高家兔对饲料干物质和粗蛋白的利用能力。尤其是对氮利用能力的提高，使粪便排放量减少，产生氨和硫化氢底物降低，减少对环境的污染。

近年来，国内外关于酶制剂在家兔生产中的研究较多，多数效果明显。笔者将国产兔用酶制剂添加在生长獭兔日粮中，对于提高饲料利用率和生长速度，效果明显。

使用酶制剂应注意的几个问题：酶制剂的种类和生产厂家较多，最好选择兔专用酶制剂，突出纤维酶和蛋白酶；酶是蛋白质，高温将破坏其结构，降低其活性，在制料时应注意；添加量很关键，添加过多和过少都是无益的，应参考前人的试验结果酌情掌握；家兔不同的生理阶段对外源酶的敏感性不同。幼兔阶段效果好，成年兔酶系统发育完善，再添加外源酶制剂效果不明显。

176. 中草药添加剂有什么优势？在肉兔生产中的应用前景如何？

中草药来源于天然的动物、植物或矿物质，其成分很复杂，通常含有蛋白质、氨基酸、糖类、油脂、维生素、矿物质、酶、色素、生物碱、鞣酸、黄酮、苷类等，在饲料中添加除可以补充营养外，还有促进生长、增强动物体质、提高抗病力的作用。中草药是天然药物，与抗生素或化学合成药物相比，具有毒性低、无残留、副作用小、对人类医学用药不影响等优越性。同时，中草药资源丰富、来源广、价格低廉、作用广泛，各地在实践中积累了丰富的经验，研制了很多中草药添加剂的优秀配方，有促生长的、促泌乳的、促发情的，还有抗菌消炎解毒的等。因此，开发中草药添加剂具有重大意义，潜力巨大。

绿色兔业是发展的必然，又好又快是我们追求的目标。而达到这一目标，高效率生产出绿色兔肉，必须使用绿色饲料和绿色饲料添加剂或绿色药物。其中，中草药是不可缺少的。我国中草药资源丰富，各地可就地取材，变废为宝。因此，中草药在我国肉兔生产中具有广阔的前景。

177. 生产中怎样选择兔饲料？

饲料是兔所需营养物质的提供者。其质量的好坏直接影响着兔的生长、发育、生产、产品质量及经济效益。同时，饲料又是传播兔疾病的媒介。肉兔体况体质的变化及疾病的传播都与饲料有着密切的关系。所以，在生产中不能有什么就喂什么饲料，必须进行科学的选择。

（1）根据肉兔的营养需要选择饲料　肉兔的营养需要因其日龄、生理阶段的不同而有差异。只有使营养物质的种类、数量、比例都能满足其需要，才能保证肉兔的健康和正常生长。实践证明，种类单一、营养单一的饲料容易引起肉兔患病，种类齐全、营养全面的饲料使肉兔健康和高产。例如，选用营养丰富、适口性好、新鲜、清洁卫生的饲料喂兔，才会提高肉兔的饲料利用率和生产效益。

（2）根据肉兔的消化特点选择饲料 肉兔是单胃草食动物，饲养肉兔应以植物性饲草为主，这是饲养草食动物的基本原则。兔的咀嚼能力强，小肠相对较长，对食物的消化吸收能力较强。肉兔采食频繁，每天为30～60次。喜欢采食多叶植物，带甜味的饲料、粒料。在能量饲料喜食的顺序是燕麦、大麦、小麦、玉米、高粱，在蛋白质饲料中喜欢苜蓿，不喜欢粉料和动物性饲料。

（3）根据饲料特性选用饲料 目前，我国农村家庭小规模饲养肉兔是以天然青绿饲料为主，再补充适当精料。同一种植物以不同生长阶段所含的营养物质也不相同。一般幼嫩期的青料，水分含量高，干物质含量少。干物质中蛋白质、胡萝卜素含量较高。随着植物生长阶段的渐进，水分渐减，干物质渐增，直到结果后，植物体枯黄，其中干物质提高，但可消化营养物质大减，难消化的粗纤维增多。因此，用于肉兔的青料应以幼嫩期为好。

总之，注意兔用饲料的营养性、消化性、适口性，才能促进饲料的转化率，提高利用率，提高营养效果。

178. 为什么要进行饲料的加工与调制？

试验研究与生产实践证明，对饲料进行加工调制，可明显改善适口性，利于咀嚼。同时，可提高消化率和吸收率，提高生产性能，便于贮藏和运输。

179. 青绿饲料怎样加工调制？

青绿饲料含水分高，宜现采现喂，不宜贮藏运输，必须制成青干草或干草粉，才能长期保存。干草的营养价值取决于制作原料的种类、生长阶段和调制技术。一般豆科干草含较多的粗蛋白，有效能值在豆科、禾本科和禾谷类作物干草间无显著差别。在调制过程中，时间越短养分损失越小。在干燥条件下晒制的干草，养分损失通常不超过20％；在阴雨季节调制的干草，养分损失可达 15％以上，大部分可溶性养分和维生素损失。在人工条件下调节的干草，养分损失仅 5％～10％，所含胡萝卜素多，为晒制的 3～5 倍。

调制干草的方法一般有两种：地面晒干和人工干燥。人工干燥法又有高温和低温两法。低温法是在 45～50℃温度下室内停放数小时，使青草干燥；高温法是在 50～100℃的热空气中脱水干燥 6～10 秒钟，即可干燥完毕。一般植株温度不超过 100℃，几乎能保存青草的全部营养价值。

180. 粗饲料怎样加工调制？

粗饲料质地坚硬，含纤维素多。其中，木质素比例大，适口性差，利用率低，通过加工调制可使这些性状得到改善。

（1）物理处理　就是利用机械、水、热力等物理作用，改变粗饲料的物理性状，提高利用率。具体方法有：

切短：使之有利于肉兔咀嚼，且容易与其他饲料配合使用。

浸泡：在 100 千克温水中加入 5 千克食盐，将切短的秸秆分批在桶中浸泡，24 小时后取出。因而软化秸秆，提高秸秆的适口性，便于采食。

蒸煮：将切短的秸秆于锅内蒸煮 1 小时，闷 2～3 小时即可。这样可软化纤维素，增加适口性。

热喷：将秸秆、荚壳等粗饲料置于饲料热喷机内，用高温、高压蒸汽处理 1～5 分钟后，立即放在常压下使之膨化。热喷后的粗饲料结构疏松，适口性好。肉兔的采食量和消化率均能提高。

（2）化学处理　就是用酸、碱等化学试剂处理秸秆等粗饲料，分解其中难以消化的部分，以提高秸秆的营养价值。

氢氧化钠处理：氢氧化钠可使秸秆结构疏松，并可溶解部分难以消化的物质，而提高秸秆中有机物质的消化率。最简单的方法是将 2％的氢氧化钠溶液均匀地喷洒在秸秆上，经 24 小时即可。

石灰液钙化处理：石灰液具有同氢氧化钠类似的作用，而且可以补充钙质。更主要的是，该方法简便，成本低。其方法是每100千克秸秆用1千克石灰，1～1.5千克食盐，加水200～250千克搅匀配好，把切碎的秸秆浸泡5～10分钟，然后捞出放在浸泡池的垫板上，熟化24～36小时后即可饲喂。

碱酸处理：把切碎的秸秆放入1%的氢氧化钠溶液中，浸泡好后，捞出压实，过12～24小时再放入3%的盐酸中浸泡。捞出后把溶液排放，即可饲喂。

氨化处理：用氨或氨类化合物处理秸秆等粗饲料，可软化植物纤维，提高粗纤维的消化率，增加粗饲料中的含氮量，改善粗饲料的营养价值。

微生物处理：就是利用微生物产生纤维素酶分解纤维素，以提高粗饲料的消化率。

181. 能量饲料怎样加工调制？

能量饲料的营养价值及消化率一般都比较高，但是常常因为籽实类饲料的种皮、颖壳、内部淀粉粒的结构及某些精料中含有不良物质而影响营养成分的消化吸收和利用。所以，这类饲料喂前也应经过一定的加工调制，以便充分发挥其营养物质的作用。

（1）粉碎　这是最简单、最常用的一种加工方法。经粉碎后的籽实便于咀嚼，增加饲料与消化液的接触面，使消化作用进行得比较完全，从而提高饲料的消化率和利用率。

（2）浸泡　将饲料置于池子或缸中，按1∶1～1.5的比例加入水。谷类、豆类、油饼类的饲料经过浸泡，吸收水分，膨胀柔软，容易咀嚼，便于消化。而且，浸泡后某些饲料的毒性和异味便减轻，从而提高适口性。但是，浸泡的时间应掌握好，浸泡时间过长，养分被水溶解造成损失，适口性也降低，甚至变质。

（3）蒸煮　马铃薯、豆类等饲料因含有不良物质不能生喂，必须蒸煮以解除毒性。同时，还可以提高适口性和消化率。蒸煮时间不宜过长，一般不超过20分钟。否则，可引起蛋白质变性和某些维生素被破坏。

（4）发芽　谷实籽粒发芽后，可使一部分蛋白质分解成氨基酸。同时，糖分、胡萝卜素、维生素 E、维生素 C 及 B 族维生素的含量也大大增加。此法主要是在冬春季缺乏青饲料的情况下使用。其方法是，将准备发芽的籽实用 30～40℃的温水浸泡一昼夜，可换水 1～2 次，然后，把水倒掉，将籽实放在容器内，上面盖上一块温布，温度保持在 15℃以上，每天早、晚用 15℃的清水冲洗 1 次，3 天后即可发芽。在开始发芽但尚未盘根以前，最好翻转 1～2 次，一般经 6～7 天，芽长 3～6 厘米时即可饲喂。

（5）制粒　就是将配合饲料制成颗粒饲料。兔具有啃咬坚硬食物的特性，这种特性可刺激消化液分泌，增强消化道蠕动，从而提高对食物的消化吸收。将配合饲料制成颗粒，可使淀粉熟化；大豆和豆饼及谷物中的抗营养因子发生变化，减少对肉兔的危害；保持饲料的均质性，因而可显著提高配合饲料的适口性和消化率，提高生产性能，减少饲料浪费；便于贮存运输，同时还有助于减少疾病传播。

182. 颗粒饲料在加工过程中应注意什么？

（1）原料粉粒的大小　制造兔用颗粒饲料所用的原料粉粒过大会影响肉兔的消化吸收，过小易引起肠炎。一般粉粒直径以 1～2 毫米为宜。其中，添加剂的粒度以 0.18～0.60 毫米为宜，这样才有助于搅拌均匀和消化吸收。

（2）粗纤维含量　颗粒料所含的粗纤维以 12%～14%为宜。

（3）水分含量　为防止颗粒饲料发霉，水分应控制，北方低于 14%，南方低于 12.5%。由于食盐具有吸水作用，在颗粒料中，其用量以不超过 0.5%为宜。另外，在颗粒料中还加入 1%的防霉剂丙酸钙，0.01%～0.05%的抗氧化剂丁基化羟甲苯（BHT）或丁基化羟基氧基苯（BHA）。

（4）颗粒的大小　制成的颗粒直径应为 4 毫米左右，长应为

8～10 毫米，用此规格的颗粒饲料喂兔收效最好。

(5) 制粒过程中的变化　在制粒过程中，由于压制作用使饲料温度提高；或在压制前蒸汽加温，使饲料处于高温下的时间过长。高温对饲料中的粗纤维、淀粉有些好的影响，但对维生素、抗菌素、合成氨基酸等不耐热的养分则有不利的影响。因此，在颗粒饲料的配方中，应适当增加那些不耐高温养分的比例（如维生素），以便弥补遭受损失的部分。

(二) 肉兔的营养需要

183. 什么是营养需要？

肉兔的营养需要是指保证肉兔健康和正常生产性能所需要的营养物质数量，分为维持需要和生产需要两部分。维持需要是指维持肉兔机体的生命活动，如呼吸、血液循环、内分泌、维持机体活动、体温恒定和其他生理活动所需要的营养物质；生产需要主要是指生长、产毛、繁殖等所需要的营养物质需要量。根据所需物质的种类可分为：能量、蛋白质、碳水化合物、脂肪、矿物质、维生素和水等。

184. 肉兔的能量需要有什么特点？

能量是肉兔的重要营养要素，肉兔的一切生理过程包括运动、呼吸、循环、吸收、排泄、繁殖、体温调节等都需要消耗能量来维持。缺乏能量，可导致生长缓慢、繁殖受阻、体组织受损、产品数量及质量降低，严重缺乏会危及生命。

肉兔所需要的能量来源于饲料中的碳水化合物、脂肪和蛋白质。经测定，每克碳水化合物的产热平均值为 17.36 千焦，每克脂肪氧化时放出的热量为 39.5 千焦。每克蛋白质氧化时放出的热量为 23.63 千焦。在饲料中碳水化合物含量高，是兔体能量的主要来源。

肉兔在能量消化利用上有其自身特点，与其他家畜相比，需要能量相对较高。生理状况不同，能量需要不同。生长兔每增重 1

克，需要可消化能 39.75 千焦。每增长 1 克蛋白质需要可消化能 47.71 千焦，每增长 1 克体脂需要可消化能 81.19 千焦。成年兔每千克饲料中需含消化能 8.79～9.2 兆焦，育成兔、妊娠母兔和泌乳期母兔需含可消化能 10.46～11.9 兆焦。

185. 能量水平对肉兔有何影响？

饲养效果与能量水平密切相关。肉兔和其他单胃动物一样，能自动地调节采食量以满足其对能量的需要。不过，肉兔消化道的容量是有一定限度的。因此，其自动调节能力也是有限度的。当日粮能量水平过低时，虽然它能增加采食量，但仍不能满足其对能量的需要，则会导致肉兔的健康恶化，能量利用率降低，生长速度减慢，产肉性能明显下降，体脂分解多导致酮血症，体蛋白分解多而致毒血症。笔者在一兔场发现，泌乳母兔每天自由采食量达到 500 多克，仍然骨瘦如柴，泌乳能力不足，出现一些死亡。解剖发现胃极度扩张，占据整个腹腔的 2/3，内充满食物。分析发现，其能量水平仅仅为 8.37 兆焦/千克；若日粮中能量过高，谷物饲料比例过大，则会出现大量易消化的碳水化合物由小肠进入大肠，从而增加大肠的负担，出现异常发酵。其恶果轻则引起消化紊乱，重则发生消化道疾病。另外，如果日粮中能量水平偏高，肉兔会出现脂肪沉积过多而肥胖。对繁殖母兔来说，体脂过高对雌性激素有较大的吸收作用，从而损害繁殖性能。公兔过肥会造成配种困难等不良后果。控制能量水平，可推迟后备母兔性成熟月龄，然而对其以后的繁殖机能是有益的。因此，要针对不同种类、不同生理状态控制合理的能量水平，保证肉兔健康，提高生产性能。

186. 肉兔对蛋白质的需要有何特点？

蛋白质是一切生命活动的物质基础，其作用不能用其他物质所代替。蛋白质是构成肉兔机体的主要成分，是体组织再生、修复的必需物质，是兔产品的重要原料，还可作为能源物质。

蛋白质的基本单位是氨基酸。兔体需要的氨基酸有 20 种，通常可分为必需氨基酸和非必需氨基酸两类。其中，必需氨基酸有精氨酸、组氨酸、异亮氨酸、蛋氨酸、苯丙氨酸、色氨酸、缬氨酸、亮氨酸、赖氨酸、甘氨酸等11种。养兔实践表明，日粮中赖氨酸、蛋氨酸、精氨酸含量高，其他氨基酸的利用率也高，故在日粮配制中要注意这三种氨基酸的含量。美国推荐肉兔日粮中赖氨酸为 0.65％，蛋氨酸为 0.60％，精氨酸为 0.60％，即可满足肉兔正常的生理要求。

187. 蛋白质水平对饲养效果有何影响？

实践证明，肉兔日粮中的蛋白质水平与饲养效果密切相关。当蛋白质营养不足时，会表现出肉兔骨骼生长受阻、骨骼中水分和脂肪含量增高，钙、磷含量相对下降，内分泌腺体机能失调，抗体的形成减少，微生物代谢失调，出现生长停滞、体重下降、繁殖和生理机能失调等一系列严重后果。在蛋白质不足的情况下，即使饲喂大量富含碳水化合物的饲料也不能解决问题，造成饲料报酬很低，单位产品的饲养成本提高；如果日粮中蛋白质水平超过肉兔的需要，不但造成饲料浪费，还会引起蛋白质在体内积累，造成氮代谢的最终产物如尿素不能及时排除，氨态氮刺激组织，引起肝、肾机能紊乱。因此，在饲养实践中应掌握好肉兔日粮中的蛋白质水平及品质，同时要防止蛋白质的不足和过剩。

在日粮中蛋白质品质较好的情况下，不同生理时期兔对蛋白质的需要量分别为：生长兔 16％，妊娠母兔 15％，哺乳母兔 17％，空怀母兔 14％。

188. 碳水化合物包括哪些物质？肉兔对碳水化合物的需要有何特点？

家兔的一切活动都要消耗能量。碳水化合物是兔体内的主要能量来源，能提供肉兔所需能量的 60％～70％。

碳水化合物包括糖类、淀粉和粗纤维三大类。糖类消化后以葡萄糖的形式被吸收，在体内经糖代谢提供兔生命活动所需要的能量。多余的葡萄糖则转化为糖原贮备起来，或作为合成机体脂肪和非必需氨基酸的原料。同时，糖类也是泌乳母兔合成乳糖和乳脂的重要原料。肉兔所需要用粗纤维来填充胃的容积，虽然肉兔对粗纤维的消化率低，但在饲料中必须含有一定量的粗纤维。因为粗纤维能够构成合理的饲料结构，维持正常的消化生理，能够促进胃肠道的正常蠕动和消化液的分泌，对胃肠道有刺激作用。这样有利于饲料的消化和粪便的排出，防止胃肠道疾病的发生。当日粮中粗纤维含量过低时，兔易发生消化紊乱、腹泻、肠炎、生长迟缓，甚至死亡；量过高时，易加重消化道负荷，且导致肠管副交感神经兴奋性增高，影响大肠对粗纤维的消化，削弱其他营养物质的消化吸收利用。日粮中含有12%～15%粗纤维，可使肠炎的发生率降到最低程度。从生理角度看，粗纤维的水平为6%～12%。生产中常因日粮中含粗纤维低，肉兔为保持纤维量而吃毛。当有15%粗纤维时不发生吃毛现象，也可减少肠毒症发生。但当粗纤维超过20%时，可能引起盲肠梗塞。多年的研究表明，日粮中较合适的粗纤维水平为12%～14%，幼兔可适当低一些，为10%～12%，但决不能低于8%；成年兔可适当高一些，为14%～17%，却不能高于20%。

碳水化合物不足实际上是能量不足。当饲料中碳水化合物不足时，肉兔为维持活动就停止生产，并动用体内储备的糖原和体脂肪用以供能，造成体重减轻、生长停滞和生产力下降。缺乏严重时便分解体蛋白供给最低能量需要，造成肉兔消瘦，抵抗力下降，甚至死亡。

189. 脂肪对肉兔有何作用？肉兔对脂肪需要有何特点？

兔体本身脂肪含量较低，但却需要一定量的脂肪供给。脂肪是构成体组织的重要成分，神经、肌肉、骨骼、血液等组织器官中均含有脂肪，其成分主要是脑磷脂、卵磷脂和胆固醇等，含量稳定，不受饲料、疾病等因素的影响。还有一类脂肪分布于皮下结缔组织和肉兔产品中。在营养上，脂肪是供给肉兔热能和储备能量的主要物质。脂肪含能高，在体内氧化释放的热能是同重量碳水化合物的 2.25 倍，是肉兔贮存能量的最佳形式。贮积的脂肪还具有隔热保温作用、支持保护脏器和关节的作用。在体内脂肪是脂溶性维生素的溶剂，维生素 A、维生素 D、维生素 E、维生素 K 只有溶解于脂肪中才能被吸收并参与代谢。脂肪缺乏将会出现这些维生素的缺乏症。脂肪还可供给肉兔必需的脂肪酸。脂肪酸中的十八碳二烯酸（亚麻油酸）、十八碳三烯酸（次亚麻油酸）和二十碳四烯酸（花生油酸）对肉兔具有重要的作用。因其在兔体内不能合成，必须由饲料中供给，故称之为必需脂肪酸。必需脂肪酸缺乏时，会发生生长发育不良、脱毛和公兔性机能下降等现象。但脂肪添加过量（超过 10%）则会引起腹泻、日增重降低和饲料成本升高等。

肉兔能较好地利用植物性脂肪，消化率为 83.3%～90.7%，对动物性脂肪利用较差。有许多研究认为，兔日粮中加入 5% 以上的牛油，不仅使增重减少，而且导致兔精神不振，屠体脂肪含量增加和蛋白质含量减少。

一般认为，日粮中适宜的脂肪含量为 2%～5%。这有助于提高饲料的适口性，减少粉尘，并在制作颗粒饲料中起润滑作用。仔兔对脂肪的需要特别高，兔乳中含脂肪达 12.2%；生长兔、怀孕兔维持量为 3%，哺乳母兔为 5%。日粮中脂肪含量不足，会导致兔体消瘦和脂溶性维生素缺乏症，公兔副性腺退化，精子发育不良；母兔则受胎率下降，产仔数减少。相反，日粮中脂肪含量过高，则会引起饲料适口性降低，甚至出现腹泻、死亡等。

190. 肉兔需要哪些矿物质？

矿物质是兔体组织和细胞的重要成分，对调节机体内的酸碱平衡和维持正常的渗透压起重要作用；是肉兔正常生命活动所必需的营养物质。矿物质占成年兔体重的 5%。兔体所需的矿物质有钙、磷、镁、钾、钠、氯、硫、铁、铜、钴、硒、锰、锌、钼、碘等。矿物元素根据在体内的含量分别为常量元素和微量元素。占兔体重0.01%以上的元素称为常量元素，包括钙、磷、钠、钾、氯、镁、硫等；占兔体重0.01%以下的元素称为微量元素，包括铁、铜、锌、锰、碘、钴、硒、钼、铬等。

191. 钙和磷的作用是什么？家兔需要量各是多少？

钙和磷为兔体内含量最多的两种元素，是骨骼和牙齿的主要成分。此外，钙在血液凝固中，调节神经、肌肉组织兴奋性及在维持酸碱平衡中起代谢作用；磷以磷酸根的形式参与体内代谢，在高能磷酸键中贮存能参与DNA、RNA以及许多酶和辅酶的合成，在脂类代谢中起重要作用。

钙、磷主要在小肠吸收，吸收量与肠道内浓度成正比。维生素D、肠道酸性环境有利于钙、磷吸收，而植物饲料中的草酸、植酸因与钙磷结合成不溶性化合物而不利于吸收。钙的吸收受日粮中钙、磷及维生素D含量等影响。一般认为，日粮中钙水平为1.0%～1.5%，磷的水平为0.5%～0.8%，二者比例2：1可以保证家兔的正常需要。

钙、磷不足主要表现为骨骼病变。幼兔和成兔的典型症状是佝偻病和骨质疏松症。另外，家兔缺钙还会导致痉挛，母兔产后瘫痪，泌乳期跛行。缺磷主要为厌食、生长不良。

192. 钠、氯、钾的作用是什么？肉兔需要量各是多少？

钠和氯主要存在于细胞外液，而钾则存在于细胞内。三种元素协同作用保持体内的正常渗透压和酸碱平衡。钠和氯参与水的代谢，氯在胃内呈游离状态，和氢离子结合成盐酸，可激活胃蛋白酶，保持胃液呈酸性，具有杀菌作用。钠和氯是食盐的主要成分，具有调味和刺激唾液分泌的作用。

钠和氯在一般植物性饲料中含量很少,若长时间缺乏,会使幼兔消化机能减退,生长迟缓;成年兔食欲不振,被毛粗乱,还可出现异食癖。极度缺乏时,会发生肌肉颤抖、四肢运动失调等症状,最后衰竭而死亡。但食盐用量不可过多,否则会发生食盐中毒。一般用量为饲料的 $0.5\% \sim 1\%$。缺钾时,兔生长停滞,肌肉软弱,产生异食癖等。植物性饲料含钾丰富,一般能满足需要。

193. 镁的作用是什么?肉兔日粮中是否需要添加镁?

肉兔体内 70% 的镁存在于骨骼和牙齿中。镁是多种酶的活化剂,在糖和蛋白质的代谢中起重要作用,能维持神经、肌肉的正常机能。

肉兔对镁的表观消化率为 $44\% \sim 75\%$,镁的主要排泄途径是尿。肉兔缺镁导致过度兴奋而痉挛,幼兔生长停滞,成兔耳朵明显苍白和毛皮粗。当严重缺镁(日粮中镁的含量低于 57 毫克/千克)时,兔发生脱毛现象或"食毛癖",提高镁的水平后可停止这种现象。日粮中严重缺镁,将导致母兔的妊娠期延长;配种期严重缺镁,会使产仔数减少。

正常家兔饲料中每千克饲料含镁 $300 \sim 400$ 毫克。

因此,除了在缺镁地区,一般饲料中不必另外添加镁即可满足肉兔需要。

194. 硫的生理功能是什么?缺乏会出现什么症状?

硫在体内主要以有机形式存在,是含硫氨基酸(蛋氨酸、胱氨酸、半胱氨酸)的重要成分。含硫氨基酸在体内合成体蛋白、被毛及多种激素。

硫缺乏时,兔食欲丧失、多泪、流涎、脱毛,体质虚弱。各种蛋白质饲料均是硫的重要来源。当肉兔日粮中含硫氨基酸不足时,添加无机硫酸盐,可提高肉兔的生产性能和蛋白质的沉积。

195. 铁和铜的生理功能是什么?

铁是血红蛋白、肌红蛋白以及多种氧化酶的组成成分,与血液中氧的运输及细胞内生物氧化过程有着密切的关系。缺铁的典型症状是低色素红细胞性贫血,表现为体重减轻,倦怠无神,黏膜苍白。与其他家畜不同的是,初生仔兔体内可大量贮存铁，即使兔奶中含铁较少，也不至于缺乏。

铜作为酶的成分在血红素和红细胞的形成过程中起催化作用。缺铜会发生与缺铁相同的贫血症。家兔对铜的吸收仅为5%～10%，并且肠道微生物还将其转化成不溶性的硫化铜。过量的钼也会造成铜的缺乏症状，故在钼的污染区，应增加铜的补饲。一般每千克饲料含3～5毫克即能满足需要，而在饲料中添加5～20毫克铜，则饲喂效果更好。近年来研究表明，高铜可作为生长刺激剂，在每千克饲料中添加200毫克铜，不仅使仔兔生长速度明显增加，并可改善饲料利用率。但目前由于高铜的使用，出现了环境污染及对人体健康的危害。所以，不提倡使用高铜饲料。

196. 锌的生理功能是什么？缺乏锌出现哪些症状？肉兔需要多少？

锌作为兔体多种酶的成分而参与体内营养物质的代谢。日粮中锌不足，可导致母兔采食量减少，体重减轻，脱毛，皮炎，胚胎死亡率增高，产仔数减少，繁殖力丧失，并影响公兔精子的发生。据报道，母兔日粮锌的水平为2～3毫克时，会出现严重的生殖异常现象；仔兔吃这样的日粮，2周后生长停滞；当每克日粮含锌50毫克时，生长和繁殖恢复正常。肉兔对锌的需要量大约为每千克饲料50毫克，此时的肉兔生长繁殖正常。

197. 锰的生理功能是什么？肉兔的需要量是多少？

锰是骨骼有机质形成过程中所必需的酶的激活剂。缺锰时，这些酶活性降低，导致骨骼发育异常，如弯腿、脆骨症、骨短粗症。锰还与胆固醇的合成有关，而胆固醇是性激素的前体。所以，缺锰影响正常的繁殖机能。成年兔正常需要量为每千克饲料2.5毫克，生长兔为每千克饲料8毫克。

198. 硒的生理功能是什么？肉兔对硒的需要有什么特点？

硒是谷胱甘肽过氧化物酶的成分。和维生素E具有相似的抗氧化作用，能防止细胞线粒体的脂类氧化，保护细胞膜不受脂类代谢副产物的破坏，对生长也有刺激作用。

兔对硒的代谢与其他动物有不同之处，对硒不敏感。表现在硒不能节约维生素 E，在保护过氧化物损害方面，更多依赖于维生素 E，而硒的作用很小；用缺硒的饲料喂其他动物，会引起肌肉营养不良，而兔无此症状。一般认为，硒的需要量为每千克饲料 0.1 毫克。

199. 碘的生理功能是什么？缺乏或过量时会出现什么症状？

碘是甲状腺素的成分，是调节基础代谢和能量代谢、生长、繁殖不可缺少的物质。缺碘会引起甲状腺亢进，基础代谢率下降，皮肤、被毛、性腺发育不良，胚胎早期死亡、流产，仔兔弱小。兔对碘的需要量尚无确切的数据，一般每千克饲料中最少含碘 0.2 毫克。在饲料中钙、镁含量过高时，常发生缺碘症。过量的碘（250～1 000 毫克/千克）使新生仔兔死亡率增高。鱼肝油、鱼粉以及碘化钾、碘化钠等都是碘的良好来源，使用加碘食盐即可满足需要。碘过量会引起新生兔死亡率提高。

200. 钴的生理功能是什么？缺乏时会出现什么症状？

钴是维生素 B_{12} 的组成成分。肉兔也和反刍动物一样，需要钴在盲肠中由微生物合成维生素 B_{12}。肉兔对钴的利用率较高，对维生素 B_{12} 的吸收也较好。仔兔每天对钴的需要量低于 0.1 毫克。成年兔、哺乳母兔、育肥兔日粮中经常添加钴（0.1～1.0 毫克/千克），可保证正常的生长和消除因维生素 B_{12} 缺乏引起的症状。在实践中不易发生缺钴症。当日粮钴的水平低于 0.03 毫克/千克时，会出现缺乏症。缺钴时，家兔食欲减退、精神不振、生长停滞、消瘦、贫血，妊娠母兔流产，仔兔生命力弱，毛兔产毛量低。

201. 维生素的主要功能是什么？家兔对维生素的需要有何特点？

维生素的主要功能是调节动物体内各种生理机能的正常进

行，参与体内各种物质的代谢。缺乏时，会使机体内正常的新陈代谢紊乱，引起各种不同的维生素缺乏症，导致动物生长缓慢、停滞、生产力下降，甚至死亡。由于家兔是草食动物，有的维生素（如维生素C）可以从青饲料中获得；有的可在盲肠中合成，如B族维生素。在家庭饲养条件下，肉兔常喂大量青绿饲料，一般不会发生缺乏。在舍饲和采用配合饲料喂兔时，尤其是冬、春两季枯草期，青绿饲料来源缺乏，饲粮中需要补充的维生素种类及数量会大大增加。另外，在高生产性能条件下，日粮中不添加合成的维生素制剂，也会出现维生素缺乏。在饲养上主要需要补充的维生素有维生素A、维生素D、维生素E、维生素K、维生素B_1。

202. 维生素A的主要功能是什么？缺乏时会出现什么症状？

维生素A又称抗干眼病维生素，仅存在于动物体内。植物性饲料中不含维生素A，只含有维生素A源——胡萝卜素，在体内可转化为具有活性的维生素A。当维生素A缺乏，可引起夜盲症。长期缺乏会引起永久性失明，出现干眼病、肠炎、流产胎儿畸形等。母兔性周期异常，公兔精液品质下降，幼兔生长缓慢，运动失调，产生视觉障碍。幼兔维生素A正常需要量为每千克体重23国际单位，成年母兔每千克价格体重58国际单位。

203. 维生素D的主要功能是什么？缺乏时会出现什么症状？

维生素D又称抗佝偻病维生素。植物性饲料和酵母中含有麦角固醇，家兔皮肤中含有7-脱氢胆固醇，经阳光或紫外线照射分别转化为维生素D_2和维生素D_3，对肉兔均具有营养作用。

维生素D的主要功能是调节钙、磷的代谢，促进钙、磷的吸收与沉积，有助于骨骼的生长。维生素D不足，机体钙、磷平衡受破坏，从而导致与钙、磷缺乏类似的骨骼病变。肉兔笼养时，应注意补充维生素D。尤其是在冬季，添加量一般为每千克日粮900～1 000国际单位。

204. 维生素 E 的主要功能是什么？缺乏时会出现什么症状？

维生素 E 又称抗不育维生素，维持肉兔正常的繁殖所必需。与微量元素硒协同作用，保护细胞膜的完整性，维持肌肉、睾丸及胎儿组织的正常机能，具有对黄曲霉毒素、亚硝基化合物的抗毒作用。

家兔对缺维生素 E 非常敏感。当其不足时，导致肌肉营养性障碍，即骨骼肌和心肌变性，运动失调，瘫痪，还会造成脂肪肝及肝坏死。繁殖机能受损，母兔不孕，死胎和流产，初生仔兔死亡率增高，公兔精液品质下降。饲喂不饱和脂肪酸多的饲料、日粮中缺乏苜蓿草粉或患球虫病时，易出现维生素 E 缺乏，应增加给量。据试验推荐，每千克体重供给 1.0 毫克 α-生育酚可预防缺乏症。

205. 维生素 K 的主要功能是什么？缺乏时会出现什么症状？

维生素 K 与凝血有关，具有促进和调节肝脏合成凝血酶原的作用，保证血液正常凝固。家兔肠道能合成维生素 K，且合成的数量能满足生长兔的需要，种兔在繁殖时需要增加；饲料中添加抗生素、磺胺类药物，可抑制肠道微生物合成维生素 K，需要量大大增加；某些饲料如草木樨及某些杂草含有双香豆素，阻碍维生素 K 的吸收利用，也需要在兔的日粮中加大添加量。日粮中维生素 K 缺乏时，妊娠母兔的胎盘出血，流产。日粮中 2 毫克/千克的维生素 K 可防止上述缺乏症。

206. B 族维生素主要包括哪些？肉兔需要量如何？

B 族维生素共有 11 种生物化学物质不相同的维生素，较重要的有维生素 B_1（硫胺素）、维生素 B_2（核黄素）、维生素 B_3（泛酸）、维生素 pp（烟酸、尼克酸）、维生素 B_6（包括吡哆醇、吡哆醛、吡哆胺）、生物素、叶酸、维生素 B_{12}（钴胺素）、胆碱等。这些维生素理化性质和生理功能不同，分布相似，常相伴存在。它们以酶的辅酶或辅基的形式参与体内蛋白质和碳水化合物的代谢，对神经系统、消化系统、心脏血管的正常机能起重要作用。

肉兔盲肠微生物可合成大多数B族维生素，软粪中含有的B族维生素比日粮中高许多倍。在兔体合成的B族维生素中，只有维生素B_1、维生素B_6、维生素B_{12}不能满足家兔的需要。因此，肉兔很少产生B族维生素缺乏症。

肉兔对B族维生素的需要量为：每千克饲料中应含维生素B_1 2.5～3.0克，维生素B_2 5毫克，维生素B_3 20～25毫克，烟酸50毫克，维生素B_6 5毫克，维生素B_{12} 10微克，胆碱1 200毫克。如果使用抗生素、磺胺药或患球虫病、肠道病时，则必须加大B族维生素的用量。一般在酵母、谷类、麸皮、青饲料中含有大量的B族维生素。

207. 维生素C的生理功能是什么？家兔对其需要特点如何？

维生素C又叫抗坏血酸、抗坏血病维生素。当缺乏维生素C时，贫血、凝血时间延长，影响骨骼发育和对铁、硫、碘、氟的利用。生长受阻，新陈代谢障碍。家兔体内能合成满足生长需要的维生素C。对幼兔和高温、运输等逆境中的家兔应注意补充。

208. 水的生理功能是什么？为什么要强调自由饮水？

水是肉兔赖以生存的重要因素，家兔体内所含的水约占其体重的70％。水是消化吸收的介质，家兔体内各种消化液均含有水分。水在胃肠道内可刺激胃液分泌，稀释肠液，使消化的营养物质易于吸收；水参与细胞内、外的化学作用，促进新陈代谢；水是调节体温的重要物质，炎热时通过出汗，利用水分的蒸发消耗热能，降低体温；水作为关节、肌肉和体腔的润滑剂，对组织器官具有保护作用。缺水会导致食欲减退或废绝，消化作用减弱，抗病力下降，体内蛋白质和脂肪的分解加强，氮、钠、钾排出增加，代谢紊乱，代谢产物排出困难，血液浓度及体温升高，使生产力遭受严重破坏。造成仔兔生长发育迟缓，增重减慢（谢晓红，1995），母兔泌乳量降低。当体内损失20％的水时，即可引起死亡。家兔具有根据自身需要调节饮水量的能力。因此，应保证家兔自由饮水，且供水时应保证水的卫生，符合饮用水标准和保持适宜的温度。

饮水对仔兔补饲阶段日采食量及生长发育的影响见表12和表13。

表 12　饮水对仔兔补饲阶段日采食量的影响

日龄	饮水组饮水量 （克）	对照组饮水量 （克）	饮水组较对照组 增加采食量的比率（%）
21～22	3.9	2.6	50.0
23～24	9.9	5.9	67.8
25～26	19.5	9.4	107.4
27～28	28.8	10.5	174.3
29～30	42.5	10.8	293.5
31～32	52.7	12.2	332.0
33～34	56.4	13.0	333.8

表 13　饮水对仔兔生长发育的影响

组别	21～35 日龄		
	窝增重（克）	个体增重（克）	平均日增重（克）
饮水组	2 957.0	435.5	31.1
对照组	950.0	137.9	9.9

209. 肉兔的需水量是多少?

肉兔的需水量一般为采食干物质量的 1.5～2.5 倍，每日每只每千克体重的肉兔需水量为 100～120 毫升。当然，肉兔的饮水量还与季节、体温、年龄、生理状态、饲料类型等因素有关。炎热的夏季饮水量增加；青绿饲料供给充足，饮水量减少；幼兔生长发育快，饮水量相对比成年兔多，哺乳母兔饮水量更多。冬季最好饮温水，以免引起胃肠炎。

肉兔的需水量随年龄、季节、环境温度、生理状态、饲料特性等不同而有差异。环境温度对家兔采食量的影响见表14。

表 14　环境温度对家兔采食量的影响

环境温度 （℃）	相对湿度 （%）	采食量 （克/天）	料重比	饮水量 （克/天）
5	80	184	5.02：1	336
8	70	154	4.41：1	268
30	60	83	5.22：1	448

家兔不同生理状态下每天的需水量见表 15。

表 15　家兔不同生理状态下每天的需水量

类　　　型	日需水量（升）
妊娠或妊娠初期母兔	0.25
妊娠后期母兔	0.57
种公兔	0.28
哺乳母兔	0.60
母兔＋7 只仔兔（6 周龄）	2.30
母兔＋7 只仔兔（7 周龄）	4.50

210. 肉兔的维持需要有何特点？

维持需要是指家兔不进行任何生产所需要的最低营养水平。只有在满足家兔的最低需要后，多余的营养物质才用于生产。从生理上讲，维持需要是必要的；从生产上讲，这种需要是一种无偿损失，而且在生产中很难使家兔的"维持需要"处于绝对平衡状态，只是把空怀母兔以及非配种用的成年公兔看成处于"维持营养"状态。家兔的维持需要受品种、年龄、体重、性别、饲养水平、活动量及环境条件等因素的影响。幼龄兔维持需要高于壮年和老龄兔；公兔高于母兔。活动量越大，维持需要越大；生产力越高，维持需要量越小。家兔处于不运动，以及最高、最低临界温度的中界温度区（15～25℃）时维持需要最低。

211. 肉兔维持的能量需要是多少?

家兔的维持能量需要是以基础代谢的能量需要为基础,然后加上自由活动的能量需要。试验证明,基础代谢与家兔代谢体重(体重 0.75 次方)成正比,即 $aW^{0.75}$。公、母兔的基础代谢能量需要分别为(0.237 0±0.018 5)兆焦和(0.208 7±0.005 9)兆焦。由于家兔的活动量大,维持需要约为基础代谢的 2 倍,即 $2aW^{0.75}$。a 为每千克代谢体重($W^{0.75}$)的需要量,W 为家兔的体重。据报道,3 千克重的成年兔,喂给 8.79~9.20 兆焦/千克的消化能,才能满足其维持需要。

212. 肉兔维持的蛋白质需要是多少?

为了维持正常的生命活动,体内蛋白质处于动态平衡,不断更新。因此,家兔即使不喂蛋白质,从粪尿中仍排出稳定数量的氮。粪氮称为代谢氮,尿氮称为内源氮。维持蛋白质的需要应为代谢氮和内源氮的总和。试验证明,内源氮与能量需要呈一定的比例关系,即每焦耳净能需 2 毫克内源氮。而且,代谢氮与内源氮也有一定的比例关系,即代谢氮为内源氮的 60%。经推算,每千克活重维持时可消化粗蛋白质的需要量为 1.7~2.2 克。美国 NRC 推荐家兔日粮中蛋白质含量为 12% 即可满足维持的需要。

213. 繁殖母兔的营养需要有何特点?

种母兔若长期处于低营养水平,可导致卵巢正常机能受阻,使种母兔不能正常发情、排卵。妊娠母兔处于低营养水平对胎儿和母体均有影响。在营养不足时,胎儿对营养物质的摄取有优先权。为了保证胎儿的营养需要,妊娠母兔就要动用母体的贮备。因此,在低营养水平条件下妊娠母兔一般都很瘦,尤其是怀孕后期,严重营养缺乏会导致胎儿死亡;相反,营养水平过高不仅不经济,而且对繁殖也造成不良影响。生产实践中,常常出现体膘过肥的家兔不育就是这个原因。种母兔体况过肥,卵巢被脂肪浸润因而卵泡发育受到阻碍,引起发情无规律或不发情,配种延迟，甚至造成母兔不能繁殖。在繁殖母兔生产过程中的配种准备期、妊娠期和泌乳期，应根据不同阶段的生产任务、生理特点、营养要求组织合理的饲养，给予适量的营养物质，才能繁殖出量多质好的仔兔。

214. 母兔配种准备期的营养需要有何特点？

配种准备期的繁殖母兔有两种：一是初产母兔（青年后备母兔），二是经产母兔。前者母兔本身处于发育阶段，其营养需要重点是保证其健康、按期发情、配种，提高配种受胎率，消除不孕。该阶段营养水平视其体况而定，一般按维持需要水平，对体况差的可稍高于维持水平。经产母兔的营养需要主要是用于母兔恢复体况，恢复正常的繁殖机能。一般保持七八成膘为宜，营养水平按维持需要。

215. 母兔妊娠期的营养需要是多少？

妊娠期的母兔体内物质和能量代谢发生变化，引起母兔对营养物质的需要显著增加。试验证明，妊娠母兔在整个妊娠期代谢率平均增长 11%～14%，妊娠后 1/4 可增加 30%～40%，且后期贮存养分为泌乳做准备。又由于胎儿的生长发育前期慢、后期快，初生重的 70%～90% 是在妊娠后期生长的。因此，母兔在妊娠前期的能量和蛋白质的需要比维持需要提高 0.3 倍，后期提高 1倍。有试验证明，妊娠母兔喂给 10.46～12.13 兆焦/千克消化能的配合饲料，生产性能表现良好。对矿物质钙、磷、锰、铁、铜、碘及维生素 A、维生素 D、维生素 E、维生素 K 等的需要量均有增加。据美国推荐，妊娠母兔日粮中应保持的钙最低水平为0.45%。在生产实践中，可用同一日粮，前期限量，后期增量。也可按妊娠期的营养需要另行配制日粮。

216. 母兔泌乳期的营养需要是多少？

乳腺形成乳时所需的各种原料，均由血液供应，而血液中的原料最终来源于饲料中的营养物质。因此，泌乳母兔的营养需要取决于母兔体重、仔兔数量、泌乳量、乳成分及乳的合成效率。

试验证明，母兔每千克活重平均产乳 35 克，在所有的哺乳动物中母兔乳最浓，为牛奶的 2.5 倍。即干物质含量最高（26.4%），蛋白质含量 10.4%，乳脂 12.2%，矿物质 2.0%，能量 8.4～12.6 兆焦/千克，乳糖含量较低为 1.8%。因此，母兔泌乳时对营养物质的需要较高，能量和蛋白质的需要是维持的 4 倍。由于需要的消化能高，势必要降低饲粮中粗纤维水平，会破坏家兔正常的消化生理。因此，为了满足能量的供给，应尽量提高饲粮的消化能水平，一般为 10.88～11.3 兆焦/千克，同时提高饲粮的适口性，还应注意在饲喂颗粒饲料的同时加喂青绿饲料。泌乳母兔的日粮中，粗蛋白质水平应不低于 18%。兔乳中含有大量的矿物质和维生素，特别是钙、磷、钠、氯和维生素 A、维生素 D 等。因此，泌乳母兔对其需要量也增加。另外，由于泌乳过程中泌乳量、乳成分的变化，在实践中应注意泌乳母兔营养需要的阶段性、全价性和连续性。

217. 种公兔的营养需要特点是什么？

公兔的配种能力表现在体格健壮、性欲旺盛、精液品质良好等方面，这些均与营养有关。试验证明，种公兔若长期处于低营养水平，会使促性腺激素分泌量减少，或睾丸间质细胞对促性腺激素反映能力低而影响精子的形成，使其繁殖力下降。但营养水平过高，会使公兔体膘过肥，性欲下降甚至不育。为保持较好的精液品质，一般公兔能量需要应在维持需要的基础上增加 20%，蛋白质的需要与同体重的妊娠母兔相同。同时，还要注意矿物质和维生素的需要。如钙、磷与精液的品质有关，钙磷比例应为 1.5～2：1。除此之外，还要注意锌和锰的补充。维生素 A、维生素 C、维生素 E 与公兔繁殖机能有密切关系。因此，在繁殖季节，要注意日粮中的能量、蛋白质水平，可加入动物性蛋白质饲料，保证青绿饲料的供应。

218. 肉兔生长的一般规律如何？

生长是从断奶到性成熟的生理阶段。此阶段家兔机体进行物质积累、细胞数量增加和组织器官体积增大，从而整体体积增大，重量增加。绝对生长呈现慢一快一慢的规律，相对生长则由幼龄的高速度逐渐下降。在增重内容方面，水分随年龄的增长而降低，脂肪随年龄的增长而增加，蛋白质和矿物质沉积起初最快，随年龄的增加而降低，最后趋于稳定。因此，应根据家兔的生长规律在家兔生长的各个发育阶段，给予不同的营养物质。如生长早期注意蛋白质、矿物质和维生素的供给，满足骨骼、肌肉的生长所需；生长中期注意蛋白质的供给；生长后期多喂些碳水化合物丰富的饲料，以供沉积脂肪所需。

219. 肉兔生长的能量、蛋白和矿物质需要有何特点？

幼兔在生长阶段能量代谢非常旺盛，其对能量的需要根据增重中脂肪和蛋白质的比例而定。沉积的脂肪越多，能量需要就越多。家兔在 3～4 周龄时生长非常迅速，随年龄增长而增加体重，所增加的体重中脂肪比蛋白质多，因而每单位增重所需要能量也多。试验证明，生长兔每增重 1 克脂肪需 0.081 2 兆焦的消化能。每增重 1 克蛋白质需要 0.047 7 兆焦消化能。扣除维持需要，用于生长的消化能的利用率为 52.2%。据报道，每千克配合饲料中含有 10.46 兆焦的消化能则可满足兔快速生长的需要。

生长兔蛋白质的需要随体重的增加而增加，供应量为维持需要的 2 倍。美国 NRC 研究推荐，生长兔日粮中 16% 的蛋白质可满足正常的需要。但同时要求赖氨酸和其他几种必需氨基酸的含量满足需要。

矿物质占生长兔体重的 3%～4%，生长兔正处于骨骼生长期，对矿物质需要较多，特别是钙、磷。生长兔体内代谢非常强烈，必须充分供给维生素，以保证物质代谢的正常进行，促进其生长。维生素 D 参与钙、磷的代谢，也不能缺少。生长兔对维生素 A 特别敏感，缺乏时可引起生长停止，发育受阻，患夜盲症，对疾病抵抗力低。

220. 肥育兔的营养需要有何特点？

　　肥育是指在家兔屠宰前，进行催肥饲养，提高屠宰率和肉品品质。肥育家兔对能量需要因年龄、体重、增重速度和肥育阶段而不同。幼龄家兔和育肥前期每单位增重所需能量较少，需要的饲料也少，而蛋白质、矿物质和维生素较多。随着年龄增长和育肥期的进展，单位增重所需能量增多，而对蛋白质和矿物质等需要相对减少。国外多数商用颗粒饲料的脂肪含量均在2%～4%。肥育家兔日粮中需要含有少量脂肪，这样可以改善饲粮的适口性，促进营养物质的消化吸收。在兔日粮中添加动物性油脂，可能会产生不良的影响。近年来，许多研究表明，在兔日粮中添加5%的牛油，不仅其体重减轻，而且精神不振，屠体脂肪含量增加，蛋白质含量降低；其次，要注重矿物质和维生素的供给，需要量应超过生长家兔，否则对肥育不利。例如，钙不足常是增重不快的原因之一，磷和食盐与家兔的食欲有关，维生素B族与碳水化合物代谢有关，其中，生物素对脂肪合成起作用。因此，在日粮中要保证矿物质和维生素的含量。另外，由于形成体脂的主要原料是碳水化合物，因此在家兔肥育期应多喂含有可溶性碳水化合物的饲料，如薯类、禾谷类及其副产品等。

（三）肉兔的饲养标准

221. 何为饲养标准？

　　饲养标准是根据养兔生产实践中积累的经验，结合物质和能量代谢试验的结果，科学地规定出不同种类、品种、年龄、性别、体重、生理阶段、生产水平的家兔每天每只所需的能量和各种营养物质的数量，或每千克日粮中各营养物质的含量。饲养标准具有一定的科学性，能客观地反映家兔不同生长时期和不同生理状况的营养需要，是家兔生产中配制饲料配方、组织生产的科学依据。但是，家兔的饲养标准中所规定的需要量是许多试验的平均结果,不完全符合每一个个体的需要。如肉用兔、毛用兔、皮用兔的饲养标准不同,同一类型品种的兔,由于处于生长、维持、妊娠、泌乳、育肥等不同生理状态其饲养标准也各异。因此,饲养标准不是一成不变的。随着科学的进步、品种的改良和生产水平的变化,需要不断修订、充实和完善,且在使用时应因地制宜,灵活应用。

222. 我国建议家兔的营养供给量是多少?

目前,我国尚未有统一的家兔的饲养标准。现将丁晓明、杨文正等建议的家兔营养供给量列入表 16。

表 16 我国建议的家兔营养供给量

营养指标	生长兔		妊娠兔	哺乳兔	成年产毛兔	生长肥育兔
	3~12 周龄	12 周龄后				
消化能（千焦/千克）	12.2	11.29~10.45	10.45	10.87~11.29	10.03~10.87	12.12
粗蛋白质（%）	18	16	15	18	14~16	16~18
粗脂肪（%）	2~3	2~3	2~3	2~3	2~3	3~5
钙（%）	0.9~1.1	0.5~0.7	0.5~0.7	0.8~1.1	0.5~0.7	1.0
总磷（%）	0.5~0.7	0.3~0.5	0.3~0.5	0.5~0.8	0.3~0.5	0.5
赖氨酸（%）	0.9~1.0	0.7~0.9	0.7~0.9	0.8~1.0	0.5~0.7	1.0
胱氨酸＋蛋氨酸（%）	0.7	0.6~0.7	0.6~0.7	0.6~0.7	0.6~0.7	0.4~0.6
精氨酸（%）	0.8~0.9	0.6~0.8	0.6~0.8	0.6~0.8	0.6	0.6
食盐（%）	0.5	0.5	0.5	0.5~0.7	0.5	0.5
铜（毫克/千克）	15	15	10	10	10	20
铁（毫克/千克）	100	50	50	100	50	100
锰（毫克/千克）	15	10	10	10	10	15
锌（毫克/千克）	70	40	40	40	40	40
镁（毫克/千克）	300~400	300~400	300~400	300~400	300~400	300~400
碘（毫克/千克）	0.2	0.2	0.2	0.2	0.2	0.2
维生素 A（国际单位）	6 000~10 000	6 000~10 000	6 000~10 000	8 000~10 000	6 000	8 000
维生素 D（国际单位）	1 000	1 000	1 000	1 000	1 000	1 000

资料来源:中国农业科学,1991,24（3）。

肉兔不同生理阶段饲养标准见表 17。

表 17　肉兔不同生理阶段饲养标准

指标	生长肉兔		妊娠兔	泌乳兔	空怀兔	种公兔
	断奶至 2 月龄	2 月龄 至出栏				
消化能 （兆焦/千克）	10.5	10.5	10.5	10.8	10.5	10.5
粗蛋白（%）	16.0	16.0	16.5	17.5	16.0	16.0
总赖氨酸（%）	0.85	0.75	0.8	0.85	0.7	0.7
总含硫氨基酸 （%）	0.60	0.55	0.60	0.65	0.55	0.55
精氨酸（%）	0.80	0.80	0.80	0.90	0.80	0.80
粗纤维（%）	14.0	14.0	13.5	13.5	14.0	14.0
中性洗涤纤维 （NDF,%）	30.0～ 33.0	27.0～ 30.0	27.0～ 30.0	27.0～ 30.0	30.0～ 33.0	30.0～ 33.0
酸性洗涤纤维 （ADF,%）	19.0～ 22.0	16.0～ 19.0	16.0～ 19.0	16.0～ 19.0	19.0～ 22.0	19.0～ 22.0
酸性洗涤木质素 （ADL,%）	5.5	5.5	5.0	5.0	5.5	5.5
淀粉（%）	≤14	≤20	≤20	≤20	≤16	≤16
粗脂肪（%）	2.0	3.0	2.5	2.5	2.5	2.5
钙（%）	0.60	0.60	1.0	1.1	0.60	0.60
磷（%）	0.40	0.40	0.60	0.60	0.60	0.40
钠（%）	0.22	0.22	0.22	0.22	0.22	0.22
氯（%）	0.25	0.25	0.25	0.25	0.25	0.25
钾（%）	0.80	0.80	0.80	0.80	0.80	0.80
镁（%）	0.03	0.03	0.04	0.04	0.04	0.04
铜（毫克/千克）	10.0	10.0	20.0	20.0	20.0	20.0
锌（毫克/千克）	50.0	50.0	60.0	60.0	60.0	60.0

指标	生长肉兔		妊娠兔	泌乳兔	空怀兔	种公兔
	断奶至 2月龄	2月龄 至出栏				
铁（毫克/千克）	50.0	50.0	100.0	100.0	70.0	70.0
锰（毫克/千克）	8.0	8.0	10.0	10.0	10.0	10.0
硒（毫克/千克）	0.05	0.05	0.1	0.1	0.05	0.05
碘（毫克/千克）	1.0	1.0	1.1	1.1	1.0	1.0
钴（毫克/千克）	0.25	0.25	0.25	0.25	0.25	0.25
维生素 A （国际单位/千克）	6 000	12 000	12 000	12 000	12 000	12 000
维生素 D （国际单位/千克）	900	900	1 000	1 000	1 000	1 000
维生素 E （毫克/千克）	50.0	50.0	100.0	100.0	100.0	100.0
维生素 K_3 （毫克/千克）	1.0	1.0	2.0	2.0	2.0	2.0
维生素 B_1 （毫克/千克）	1.0	1.0	1.2	1.2	1.0	1.0
维生素 B_2 （毫克/千克）	3.0	3.0	5.0	5.0	3.0	3.0
维生素 B_6 （毫克/千克）	1.0	1.0	1.5	1.5	1.0	1.0
维生素 B_{12} （微克/千克）	10.0	10.0	12.0	12.0	10.0	10.0
叶酸 （毫克/千克）	0.2	0.2	1.5	1.5	0.5	0.5
尼克酸 （毫克/千克）	30.0	30.0	50.0	50.0	30.0	30.0
泛酸 （毫克/千克）	8.0	8.0	12.0	12.0	8.0	8.0

指标	生长肉兔		妊娠兔	泌乳兔	空怀兔	种公兔
	断奶至2月龄	2月龄至出栏				
生物素（微克/千克）	80.0	80.0	80.0	80.0	80.0	80.0
胆碱（毫克/千克）	100.0	100.0	200.0	200.0	100.0	100.0

资料来源：李福昌，山东省地方标准《肉兔饲养标准》。

223. 美国 NRC 推荐的家兔营养需要量是多少？

表 18　美国 NRC 推荐的家兔营养需要量

营养指标	生长兔（4～12周龄）	哺乳兔	妊娠兔	维持期兔	仔兔
粗蛋白质（%）	15	18	18	13	17
蛋氨酸＋胱氨酸（%）	0.5	0.6	—	—	0.55
赖氨酸（%）	0.6	0.75	—	—	0.7
精氨酸（%）	0.9	0.8	—	—	0.9
苏氨酸（%）	0.55	0.7	—	—	0.6
色氨酸（%）	0.18	0.22	—	—	0.2
组氨酸（%）	0.35	0.43	—	—	0.4
异亮氨酸（%）	0.6	0.7	—	—	1.25
缬氨酸（%）	0.7	0.85	—	—	0.8
亮氨酸（%）	1.05	1.25	—	—	1.2
可消化纤维（%）	12	10	12	13	12
粗纤维（%）	14	12	14	15～16	12
消化能（兆焦/千克）	10.46	11.3	10.46	9.2	10.46
代谢能（兆焦/千克）	10.04	10.88	10.04	8.87	10.08
脂肪（%）	3	5	3	3	3
钙（%）	0.5	1.1	0.8	0.6	1.1
磷（%）	0.3	0.8	0.5	0.4	0.8
钾（%）	0.8	0.9	0.9	—	0.9
钠（%）	0.4	0.4	0.4	—	0.4
氯（%）	0.4	0.4	0.4	—	0.4

（续）

营养指标	生长兔（4～12周龄）	哺乳兔	妊娠兔	维持期兔	仔兔
镁（%）	0.03	0.04	0.04	—	0.04
硫（%）	0.04	—	—	—	0.04
钴（毫克/千克）	1.0	1.0	—	—	1.0
铜（毫克/千克）	5.0	5.0	—	—	5.0
锌（毫克/千克）	50	70	70	—	70
锰（毫克/千克）	8.5	2.5	2.5	2.5	8.5
碘（毫克/千克）	0.2	0.2	0.2	0.2	0.2
铁（毫克/千克）	50	50	50	50	50
维生素A（国际单位/千克）	6 000	12 000	12 000	—	10 000
胡萝卜素（毫克/千克）	83	83	83	—	83
维生素D（国际单位/千克）	900	900	900	—	900
维生素E（毫克/千克）	50	50	50	50	50
维生素K（毫克/千克）	0	2	2	0	2
维生素C（毫克/千克）	0	0	0	0	0
硫胺素（毫克/千克）	2	0	0	0	2
核黄素（毫克/千克）	6	0	0	0	4
吡哆醇（毫克/千克）	40	0	0	0	2
维生素B$_{12}$（毫克/千克）	0.01	0	0	0	—
叶酸（毫克/千克）	1.0	0	0	0	—
泛酸（毫克/千克）	20	0	0	0	—

224. 德国推荐的家兔混合料营养标准是多少？

表 19　德国推荐的家兔混合料营养标准

营养指标	肥育兔	繁殖兔
消化能（兆焦/千克）	12.14	10.89
粗蛋白质（%）	16～18	15～17
粗脂肪（%）	3～5	2～4
粗纤维（%）	9～12	10～14
赖氨酸（%）	1.0	1.0
蛋氨酸＋胱氨酸（%）	0.4～0.6	0.7

营养指标	肥育兔	繁殖兔
精氨酸（%）	0.6	0.6
钙（%）	1.0	1.0
磷（%）	0.5	0.5
食盐（%）	0.5～0.7	0.5～0.7
钾（%）	1.0	1.0
镁（毫克/千克）	300	300
铜（毫克/千克）	20～200	10
铁（毫克/千克）	100	50
锰（毫克/千克）	30	30
锌（毫克/千克）	50	50
维生素 A（国际单位/千克）	8 000	8 000
维生素 D（国际单位/千克）	1 000	800
维生素 E（毫克/千克）	40	40
维生素 K（毫克/千克）	1.0	2.0
胆碱（毫克/千克）	1 500	1 500
烟酸（毫克/千克）	50	50
吡哆醇（毫克/千克）	400	300
生物素（毫克/千克）	—	

225. 法国推荐的家兔营养需要量是多少？

表 20　法国推荐的家兔营养需要量

营养指标	生长兔（4～12 周龄）	泌乳兔	妊娠兔	成年兔（包括公兔）	肥育兔
消化能（兆焦/千克）	10.47	11.30	10.47	10.47	10.47
粗蛋白质（%）	18	18	15	13	17
粗纤维（%）	14	12	14	15～16	14
粗脂肪（%）	3	3	3	3	3
蛋氨酸＋胱氨酸（%）	0.5	0.6	—	—	0.55
赖氨酸（%）	0.6	0.75	—	—	0.7
精氨酸（%）	0.9	0.8	—	—	0.9
苏氨酸（%）	0.55	0.7	—	—	0.6
色氨酸（%）	0.18	0.22	—	—	0.2
组氨酸（%）	0.35	0.43	—	—	0.4

营养指标	生长兔（4～12周龄）	泌乳兔	妊娠兔	成年兔（包括公兔）	肥育兔
异亮氨酸（%）	0.6	0.7	—	—	0.65
缬氨酸（%）	0.7	0.85	—	—	0.8
亮氨酸（%）	1.50	1.25	—	—	1.20
苯丙氨酸＋酪氨酸（%）	1.2	1.4			1.25
钙（%）	0.5	1.1	0.8	0.6	1.1
磷（%）	0.3	0.8	0.5	0.4	0.8
钾（%）	0.8	0.9	0.9	—	0.9
钠（%）	0.4	0.4	0.4	—	0.4
氯（%）	0.4	0.4	0.4	—	0.4
镁（%）	0.03	0.04	0.04	—	0.04
硫（%）	0.04	—	—		0.04
钴（毫克/千克）	1.0	1.0	—	—	1.0
铜（毫克/千克）	5.0	5.0	—	—	5.0
锌（毫克/千克）	50	70	70	—	70
锰（毫克/千克）	8.5	2.5	2.5	2.5	8.5
碘（毫克/千克）	0.2	0.2	0.2	0.2	0.2
铁（毫克/千克）	50	50	50	50	50
维生素A（国际单位/千克）	6 000	12 000	12 000	—	10 000
胡萝卜素（毫克/千克）	0.83	0.83	0.83	—	0.83
维生素D（国际单位/千克）	90	90	90	—	90
维生素E（毫克/千克）	50	50	50	50	50
维生素K（毫克/千克）	0	2	2	0	2
维生素C（毫克/千克）	0	0	0	0	0
维生素B_1（毫克/千克）	2	0	0	0	2
维生素B_2（毫克/千克）	6	—	0	0	4
维生素B_6（毫克/千克）	40	—	0	0	2
维生素B_{12}（毫克/千克）	0.01	0	0	0	—
叶酸（毫克/千克）	1.0	—	0	0	—
泛酸（毫克/千克）	20	—	0	0	—

226. Lebas 推荐的肥育家兔的营养需要是多少？

表 21　Lebas 推荐的集约饲养肥育家兔的营养需要

营养成分	含量	营养成分	含量	营养成分	含量
消化能（兆焦/千克）	10.4	精氨酸（%）	0.9	钴（毫克/千克）	0.1
代谢能（兆焦/千克）	10.0	苯丙氨酸（%）	1.2	氟（毫克/千克）	0.5
脂肪（%）	3.0	钙（%）	0.5	维生素 A（国际单位/千克）	6 000
粗纤维（%）	14	磷（%）	0.3	维生素 D（国际单位/千克）	900
难消化纤维素（%）	11	钠（%）	0.3	维生素 B_1（毫克/千克）	2
粗蛋白质（%）	16	钾（%）	0.6	维生素 K（毫克/千克）	0
赖氨酸（%）	0.65	氯（%）	0.3	维生素 E（毫克/千克）	50
含硫氨基酸（%）	0.6	镁（%）	0.03	维生素 B_2（毫克/千克）	6
色氨酸（%）	0.13	硫（%）	0.04	维生素 B_6（毫克/千克）	2
苏氨酸（%）	0.55	铁（毫克/千克）	50	维生素 B_{12}（毫克/千克）	0.01
亮氨酸（%）	1.05	铜（毫克/千克）	5	泛酸（毫克/千克）	20
异亮氨酸（%）	0.6	锌（毫克/千克）	50	尼克酸（毫克/千克）	50
缬氨酸（%）	0.7	锰（毫克/千克）	8.5	叶酸（毫克/千克）	5
组氨酸（%）	0.35	碘（毫克/千克）	0.2	生物素（毫克/千克）	0.2

资料来源：国外畜牧学——草食家畜，1989（4）。

（四）肉兔的日粮配合

227. 饲料配合的基本原则是什么？

（1）要以肉兔的饲养标准为依据　配合饲料时，首先应根据肉兔品种、年龄、生理阶段选择适当的饲养标准。这是提高配合饲料实用价值的前提，是使配合饲料满足营养需要、促进生长发育、提高生产性能的基础。在选择饲养标准时，要尽量选用本地区和国内的标准，实在没有时再参考国外和其他地区的标准。

（2）所参考的饲料成分及营养价值表要与所选用的饲料相符　因为地理环境和气候条件的不同，不同产地的饲料在营养成分含量上是有差异的。所以，在饲料配合时，应尽量参考与所用饲料产地相符的饲料营养成分及营养价值表。

（3）因地制宜，充分利用当地资源以提高经济效益　要尽量选用本地产、数量大、来源广、营养丰富、质优价廉的饲料进行配合，以减少运输消耗，降低饲料成本。

（4）由多种饲料组成　饲料的多样化可起到营养互补的作用，有利于提高配合饲料的营养价值。一组好的配合饲料，在配料组成上不应少于3～5种。

（5）考虑饲料的适口性　要选用适口性好、易消化的饲料。兔较喜欢带甜味的饲料，喜食的次序是青饲料、根茎类、潮湿的碎屑状软饲料（粗磨碎的谷物、熟的马铃薯）、颗粒料、粗料、粉末状混合料。在谷物类中，喜食的次序是燕麦、大麦、小麦、玉米。

（6）要符合兔的消化生理特点　兔是草食动物，饲料中应有相当比例的粗饲料。精、粗比例要适当，粗纤维含量为 12%～15%，应注意青饲料的搭配一般为体重的 10%～30%。

（7）饲料的体积应与兔消化道容积相适应　兔的采食量是有限的，大容积的配合饲料不利于肉兔的采食和消化吸收营养物质。例如，一只哺乳母兔，每天需要采食 3 千克鲜草或 800 克干草才能产 200 克兔奶；一只体重 1 千克的幼兔进行育肥，每天增重 35 克所需要的营养，要采食 700～800 克青草。无论成年母兔或幼兔，它们的消化器官都是容纳不下这样多的饲料的。因此，饲料容量是配合肉兔饲料时应重视的一个实际问题。

（8）考虑饲料的特性　某些饲料除了具有营养作用外，还有一些特性，如有毒有害物质含量、适口性和加工特点等。因此，在饲料配合时可考虑饲料的这些特性，以避免对兔的采食及消化代谢产生的影响。

228. 设计配方必须具备哪些资料？

设计配方，需要具备三套资料：

（1）肉兔饲养标准　饲养标准是进行饲料配方设计的原则和依据。在进行配方设计前，应根据饲料原料情况和饲养对象选择合适的饲养标准。

（2）饲料营养价值表　应具备当地常用饲料成分和营养价值表。这是计算饲料营养含量的依据。

（3）饲料的价格　在进行饲料配制时，必须考虑饲料原料价格。由于不同地区同一原料的来源不同，价格差别较大，所以在选择原料时，必须进行质量价格比的比较。在满足营养需要、符合使用条件和范围的基础上，选择质优价廉的饲料原料，才能配制出最优成本配方，获得最佳经济效益。

229. 饲料配方设计有哪些方法？

饲料配方方法很多，它是随着人们对饲料、营养知识的深入，对新技术的掌握而逐渐发展的。最初人们使用较为简单易理解的对角线法、试差法，后来发展为联立方程法、比价法等。近年来，随着计算机技术的发展，人们开发出了功能越来越完全、使用越来越简单、速度越来越快的计算机专用配方软件，使配方越来越合理。但对于一般家庭兔场，还是以试差法为主。

230. 怎样利用试差法设计饲料配方？

利用试差法具体设计饲料配方，主要有以下步骤：

（1）确定营养标准　以给妊娠母兔设计配方为例，根据不同饲养标准，结合本地实际，拟采用如下营养标准（表22）。

表22　妊娠獭兔的营养需要

营养素	消化能（兆焦/千克）	粗蛋白	粗纤维	钙	磷	食盐	赖氨酸	蛋氨酸＋胱氨酸
含量	10.45	16	14	0.5	0.3	0.3	0.6	0.5

（2）确定适宜的饲料原料　根据当地情况，拟选用苜蓿草粉、玉米、大麦、豆饼、鱼粉、食盐、蛋氨酸、赖氨酸、骨粉、石粉、0.5％维生素和微量元素獭兔专用预混料，并查出其营养含量（表23）。

表 23　所选饲料主要营养成分

原　料	价格（元/千克）	粗蛋白（％）	消化能（兆焦/千克）	粗纤维（％）	钙（％）	磷（％）	赖氨酸（％）	蛋氨酸＋胱氨酸（％）
苜蓿草粉	1.20	11.49	5.81	30.49	1.65	0.17	0.06	6.41
麸皮	1.0	15.62	12.15	9.24	0.14	0.96	0.56	0.28
玉米	1.50	8.95	16.05	3.21	0.03	0.39	0.22	0.20
大麦	1.20	10.19	14.05	4.31	0.10	0.46	0.33	0.25
豆饼	3.60	42.30	13.52	3.64	0.28	0.57	2.07	1.09
鱼粉	5.20	58.54	15.75	0.0	3.91	2.90	4.01	1.66
骨粉	1.20				23	12		
石粉	0.06				38			

（3）进行日粮初配　根据饲养经验或现成配方，按能量和蛋白需要初步确定各种原料的大致比例，并计算能量和粗蛋白水平，与营养标准进行比较。生长獭兔的饲粮中各种饲料的大致比例一般为：优质牧草30％～50％，谷物籽实类能量饲料30％～40％，蛋白质饲料15％～25％，矿物质饲料及各种添加剂1％～3％（表24）。

表 24　日粮初配营养水平

原　料	配比（％）	消化能（兆焦/千克）	粗蛋白（％）
苜蓿草粉	40	2.32	4.60
麸皮	10	1.33	1.72
玉米	25	4.01	2.24
大麦	14	1.96	1.43
豆饼	8	1.08	3.38
鱼粉	1.5	0.24	0.88
合计	98.5	10.94	14.25
与标准比较		＋0.49	－1.75

一般初配时，配方中不考虑矿物质饲料，所以总量应小于100％，以便留出最后添加钙磷矿物质、食盐和维生素、微量元素、氨基酸等添加剂所需要的空间，能量、蛋白质饲料原料一般占总比例的98％～99％。

（4）配方调整　使消化能和粗蛋白含量符合饲养标准规定量。进行能量、蛋白调整的方法是降低配方中某一饲料原料的比例，同时增加另一饲料原料的含量，二者增减数相同。即用一定比例的一种饲料原料替代另一种饲料原料。计算时，先求出每替代1％时，饲粮能量和蛋白的改变程度，然后结合初配方中求出的营养含量与标准值的差值，计算出应该替代的百分数。

上述初配日粮的营养水平计算后与标准比较，能量稍高于标准（0.49兆焦/千克），而粗蛋白含量低于标准（1.75％），可用能量稍低而蛋白较高的豆饼替代部分能量较高而蛋白较低的玉米，豆饼蛋白含量为42.30％，玉米蛋白含量为8.95％，每代替1％，蛋白净增0.33％。因此，减少5％的玉米，增加5％的豆饼即可提高蛋白含量0.33×5＝1.65，而能量下降（16.05－13.52）×0.05＝0.13兆焦/千克，与要求蛋白、能量即可接近。调整后的结果见表25。

表25　调整后的日粮营养水平

原　料	配比（％）	消化能（兆焦/千克）	粗蛋白（％）	粗纤维（％）	钙（％）	磷（％）	赖氨酸（％）	蛋氨酸＋胱氨酸（％）
苜蓿草粉	40	2.32	4.6	12.20	0.66	0.07	0.024	0.164
麸皮	10	1.33	1.72	1.02	0.02	0.11	0.062	0.031
玉米	20	3.21	1.79	0.64	0.01	0.08	0.044	0.04
大麦	14	1.96	1.43	0.56	0.01	0.06	0.046	0.035
豆饼	13	1.76	5.50	0.47	0.04	0.07	0.269	0.142
鱼粉	1.5	0.24	0.88	0	0.06	0.04	0.06	0.025
合计	98.5	10.82	15.92	14.80	0.80	0.43	0.50	0.43
与标准比较		0.37	－0.08		0.30	0.13	－0.10	－0.07

从结果看，消化能和粗蛋白含量与标准比较，分别相差

0.37兆焦/千克和0.08%，基本符合要求，粗纤维含量与标准相差0.80%，也在差异允许范围之内。

（5）微量成分调整 主要指钙、磷、食盐、氨基酸含量，添加微量元素、维生素。如果钙、磷不足，可用常量矿物质添加，如石粉、骨粉、磷酸氢钙等。食盐不足部分使用食盐补充，上表中钙、磷含量能满足獭兔需要。赖氨酸、蛋氨酸不足，使用人工合成的L-赖氨酸和DL-蛋氨酸进行补充，微量元素和维生素添加可使用獭兔专用的饲料添加剂补充，食盐不足另外补充。

（6）最终配方形成 见表26。

表26 妊娠母兔饲料配方及主要营养指标

原 料	配比（%）	营养指标	含量
苜蓿草粉	40	消化能（兆焦/千克）	10.82
麸皮	10	粗蛋白（%）	15.92
玉米	20	粗纤维（%）	14.80
大麦	14	钙（%）	0.80
豆饼	13	磷（%）	0.43
鱼粉	1.5	赖氨酸（%）	0.6
食盐	0.3	（蛋＋胱）氨酸（%）	0.5
微量元素	0.5	食盐（%）	0.3
维生素	0.5		
赖氨酸	0.10		
蛋氨酸	0.07		

231. 可否介绍几个较成熟的育肥肉兔饲料配方？

①配方一（%）：玉米20；小麦麸17；食盐0.5；球净0.25；兔乐0.25；花生秧30；大豆粕11.2；甘薯藤粉11；花生仁饼9.6；蛋氨酸0.1；赖氨酸0.1（注：球净为抗球虫药物，兔乐为兔专用预混料，均为河北农业大学山区研究所研制，下同）。

②配方二（%）：玉米21.2；小麦麸19；食盐0.5；球净0.25；兔乐0.25；花生秧30；大豆粕21.8；玉米秸粉7。

③配方三（%）：玉米 24；小麦麸 7.4；食盐 0.5；球净 0.25；兔乐 0.25；花生秧 30；大豆粕 21.2；骨粉 0.2；大麦皮 16。

④配方四（%）：玉米 20；小麦麸 15；食盐 0.5；球净 0.25；兔乐 0.25；花生秧 36；大豆粕 6.2；花生仁饼 11.2；蛋氨酸 0.1；赖氨酸 0.1；苜蓿草粉 10.4。

⑤配方五（%）：玉米 21.2；小麦麸 22.5；食盐 0.5；球净 0.25；兔乐 0.25；花生秧 30；大豆粕 14.7；花生仁饼 4；大豆秸粉 6.5。

⑥配方六（%）：玉米 21.2；小麦麸 17；食盐 0.5；球净 0.25；兔乐 0.25；花生秧 35；大豆粕 5.1；花生仁饼 8.5；蛋氨酸 0.1；赖氨酸 0.14；槐树叶粉 12。

⑦配方七（%）：玉米 22；小麦麸 13；食盐 0.5；球净 0.25；兔乐 0.25；大豆粕 12.7；花生仁饼 8.8；骨粉 0.5；苜蓿草粉 10；甘薯藤粉 32。

⑧配方八（%）：玉米 25.4；小麦麸 21；食盐 0.5；球净 0.25；兔乐 0.25；大豆粕 10.5；花生仁饼 9；骨粉 1；苜蓿草粉 16.2；豆秸 16。

⑨配方九（%）：玉米 24；小麦麸 11.4；食盐 0.5；球净 0.25；兔乐 0.25；大豆粕 11.2；花生仁饼 6；骨粉 0.7；苜蓿草粉 15；大麦皮 30.7。

⑩配方十（%）：玉米 31.6；小麦麸 12.7；食盐 0.5；球净 0.25；兔乐 0.25；大豆粕 13.5；花生仁饼 8.8；骨粉 0.7；苜蓿草粉 16.2；花生皮 15.5。

232. 可否介绍几个较实用的妊娠母兔饲料配方？

①配方一（%）：兔乐 0.25；玉米 22；大豆粕 11；食盐 0.5；菜籽饼 4；骨粉 0.6；甘薯藤粉 30；花生秧 10.45；小麦麸 17.2；花生仁饼 4。

②配方二（%）：兔乐 0.25；玉米 35；大豆粕 11；食盐 0.5；

菜籽饼 4；骨粉 0.8；花生秧 20.45；小麦麸 4；花生仁饼 4；玉米秸粉 20。

③配方三（％）：兔乐 0.25；玉米 22；大豆粕 7；食盐 0.5；菜籽饼 3；骨粉 0.5；花生秧 18.45；小麦麸 16.3；花生仁饼 4；大麦皮 28。

④配方四（％）：兔乐 0.25；玉米 21.8；大豆粕 8.45；食盐 0.5；菜籽饼 4；骨粉 1；花生秧 21；小麦麸 11；花生仁饼 4；青干草 18；苜蓿草粉 10。

⑤配方五（％）：兔乐 0.25；玉米 24；大豆粕 7.45；食盐 0.5；菜籽饼 3；骨粉 0.6；花生秧 15；小麦麸 7.2；花生仁饼 4；大麦皮 30；槐树叶粉 8。

⑥配方六（％）：兔乐 0.25；玉米 23；大豆粕 10.45；食盐 0.5；菜籽饼 4；骨粉 0.8；小麦麸 10；花生仁饼 4；苜蓿草粉 10；甘薯藤粉 37。

⑦配方七（％）：兔乐 0.25；玉米 24；大豆粕 8；食盐 0.5；菜籽饼 4；骨粉 1；小麦麸 18.8；花生仁饼 4；苜蓿草粉 12.45；大豆秸粉 27。

⑧配方八（％）：兔乐 0.25；玉米 22；大豆粕 8.45；食盐 0.5；菜籽饼 4；骨粉 1；小麦麸 7.8；花生仁饼 4；苜蓿草粉 10；大麦皮 25；青干草 17。

⑨配方九（％）：兔乐 0.25；玉米 22；大豆粕 10.45；食盐 0.5；菜籽饼 4；骨粉 1；小麦麸 7.8；花生仁饼 4；青干草 18；甘薯藤粉 20；槐树叶粉 12。

⑩配方十（％）：兔乐 0.25；玉米 25；大豆粕 13；食盐 0.5；菜籽饼 4；骨粉 1.5；小麦麸 7.3；花生仁饼 4；槐树叶粉 12.45；玉米秸粉 32。

233. 可否介绍几个效果较好的泌乳母兔饲料配方？

①配方一（％）：小麦麸 23；大豆粕 7.45；食盐 0.5；兔乐 0.25；花生秧 26.8；玉米 22；甘薯藤粉 8；花生仁饼 8；菜籽饼 4。

②配方二（%）：小麦麸 24；大豆粕 5.45；食盐 0.5；兔乐 0.25；花生秧 32；玉米 20；花生仁饼 10；菜籽饼 4；大豆秸粉 4。

③配方三（%）：小麦麸 20；大豆粕 7.45；食盐 0.5；兔乐 0.7；花生秧 32；玉米 20；花生仁饼 6；菜籽饼 4；大麦皮 10。

④配方四（%）：小麦麸 13.8；大豆粕 9；食盐 0.5；兔乐 0.25；花生秧 31；玉米 20.45；花生仁饼 5；菜籽饼 4；青干草 6；苜蓿草粉 10。

⑤配方五（%）：小麦麸 8；大豆粕 9.25；食盐 0.5；兔乐 0.25；玉米 20；花生仁饼 5；菜籽饼 4；花生秧 24；大麦皮 21；槐树叶粉 8。

⑥配方六（%）：小麦麸 12；大豆粕 16；食盐 0.5；兔乐 0.25；玉米 23.25；花生仁饼 4；菜籽饼 4；苜蓿草粉 12；甘薯藤粉 28。

⑦配方七（%）：小麦麸 9.8；大豆粕 12；食盐 0.5；兔乐 0.25；玉米 20.45；花生仁饼 3；菜籽饼 4；苜蓿草粉 35；大豆秸粉 15。

⑧配方八（%）：小麦麸 8；大豆粕 12；食盐 0.5；兔乐 0.25；玉米 20.45；花生仁饼 4；菜籽饼 4；苜蓿草粉 10；大麦皮 29.2；青干草 10；骨粉 1.6。

⑨配方九（%）：小麦麸 10；大豆粕 11.2；食盐 0.5；兔乐 0.25；玉米 20.45；花生仁饼 8；菜籽饼 4；青干草 8；骨粉 0.5；蛋氨酸 0.1；甘薯藤粉 25；槐树叶粉 12。

⑩配方十（%）：小麦麸 8.4；大豆粕 15；食盐 0.5；兔乐 0.25；玉米 22.45；花生仁饼 8；菜籽饼 4；骨粉 1.3；蛋氨酸 0.1；槐树叶粉 14；玉米秸粉 26。

五、肉兔健康饲养和
繁殖技术

（一）肉兔的生活习性和生理特点

234. 肉兔的祖先是我国野外生存的野兔吗？

现今人们饲养的各种家兔，都是由野兔驯化和培育而来。在分类学上，人们将野兔分为两类：一类称穴兔（rabbits），另一类为旷兔或兔类（hares）。经考证，分布在我国各地的9种野兔全部属于旷兔（hares），都不是肉兔的祖先。也就是说，肉兔的祖先是野生穴兔。

穴兔和旷兔在生活习性、繁殖特性、解剖特点等方面有很大的差异。比如，穴兔会打洞，旷兔不能；穴兔的繁殖力很强，旷兔繁殖力较低；穴兔容易驯化，而旷兔的驯化很难；穴兔的染色体44条，旷兔48条，它们之间用常规技术杂交是不能成功的。

235. 肉兔的夜行性对饲养管理有何意义？

肉兔具有昼伏夜行的特性，家兔的夜行性是在野生时期形成的。野生兔体格弱小，御敌能力差，在当时的生态条件下，被迫白天穴居于洞中，夜间外出活动与觅食，久而久之，形成了昼伏夜行的习性。家兔至今仍保留其祖先野生穴兔的这一特性。表现为夜间活跃，白天较安静，除觅食时间外，常常在笼子内闭目睡眠或休息，采食和饮水也是夜间多于白天。据测定，在自由采食的情况下，家兔在晚上的采食量和饮水量占全日量的70%以上。根据兔的这一习性，应当合理地安排饲养管理日程，白天尽量减少对兔子的干扰，晚上要供给足够的饲草和饲料，并保证饮水。

236. 肉兔受到惊吓会产生什么后果？饲养管理中应注意什么？

野生穴兔是一种弱小的动物，胆小怕惊。肉兔尽管在人工条件下生活，但其胆小怕惊的特性经常可以见到。比如，动物（犬、猫、鼠、鸡、鸟等）的闯入、闪电的掠过、陌生人的接近、突然的噪声（如鞭炮的爆炸声、雨天的雷声、动物的狂叫声、物体的撞击声、人的喧哗声）等，都会使兔群发生惊场现象。使兔精神高度紧张，在笼内狂奔乱窜，呼吸急促，心跳加快。如果这种应激强度过大，不能很快恢复正常的生理活动，将产生严重后果：妊娠母兔发生流产、早产；分娩母兔停产、难产、死产；哺乳母兔拒绝哺喂仔兔，泌乳量急剧下降，甚至将仔兔咬死、踏死或吃掉；幼兔出现消化不良、腹泻、胀肚，并影响生长发育，也容易诱发其他疾病。故有"一次惊场，三天不长"之说，国内外也曾有肉兔在火车鸣笛、燃放鞭炮后暴死的报道。因此，在建兔场时应远离噪声源，谢绝参观，防止动物闯入，逢年过节不放鞭炮。在日常管理中动作要轻，经常保持环境的安静与稳定。饲养管理要定人、定时，严格遵守作息时间。

237. 根据肉兔喜清洁、爱干燥的特性，在饲养管理中应注意什么？

家兔对疾病的抵抗力较低，特别是在雨季和兔舍潮湿的情况下，很难饲养。这是因为潮湿的环境利于各种病原微生物及寄生虫滋生繁衍，易使家兔感染疾病。特别是疥癣病和幼兔的球虫病，往往给兔场造成极大的损失。此外，生产中还发现，有的兔场兔的脚皮炎比较严重，这除了与家兔的品种（大型品种易发此病）、笼底板质量等有关外，笼具潮湿是主要的诱发因素之一。平时注意观察不难发现，家兔休息时是喜欢卧在较为干燥和较高的地方，从这一点上也反映出家兔喜干怕湿的习性。根据家兔的这一特性，在建造兔舍时应选择地势干燥的地方，禁止在低洼处建筑兔场。平时保持兔舍干燥，控制自动饮水器滴水漏水，尽量不向兔舍内倒水，少用水冲洗地面和粪沟，及时清理粪尿等。

238. 根据肉兔群居性差和同性好斗的特性，日常管理中应注意什么？

群居性是一种社会表现，家兔虽有群居性，但很差。尤其是性成熟之后的公兔很难"和平共处"。群养时，相同或不同性别的成年兔经常发生互相争斗现象，特别是公兔群养或者是新组成的兔群，互相咬斗现象更为严重。因此，管理上应特别注意。性成熟之后的后备兔和育肥兔要单笼饲养，成年兔要一兔一笼。

239. 肉兔为什么爱磨牙？怎样防止它们啃咬笼具？

家兔的第一对门齿是恒齿，出生时就有，永不脱换，而且不断生长。如果处于完全生长状态，上颌门齿每年生长 10 厘米，下颌门齿每年生长 12.5 厘米。由于其不断生长，家兔必须借助采食和啃咬硬物不断磨损，才能保持其上、下门齿的正常咬合。这种借助啃咬硬物磨牙的习性，称为啮齿行为。在养兔生产中，应注意以下几点：

第一，给兔提供磨牙的条件。如把配合饲料压制成具有一定硬度的颗粒饲料，或在兔笼内投放一些树枝等。

第二，注意笼具选材。尽量使用家兔不爱啃咬的材料或咬不动的材料。同时，尽量做到笼内平整，不留棱角，使兔无法啃咬，以延长兔笼的使用年限。

240. "兔子嘴里长出象牙来"是怎么回事？

生产中经常发现，兔子嘴里长出长长的牙齿。有的是上门齿长出，有的是下门齿长出，有时候是上下门齿都长出。人们形象地称之为"兔子嘴里长出象牙来"，但不清楚是怎么回事。很多人认为与饲料有关，或缺乏钙磷，或饲料中的粗纤维不足。到底是怎么回事呢？

研究表明，这是一种遗传性疾病，属于牙齿错位，由于上颌骨或下颌骨的畸形造成的。正常情况下，上下门齿相互咬合，相互磨擦，相互制约，以保持牙齿的适宜的长度。当上颌骨或下颌骨出现畸形时，门齿的生长方向发生改变，使上下门齿不能良好地对接而造成徒长。研究表明，在得不到磨损的情况下，上门齿年可长 10 厘米，下门齿可以长 12.5 厘米。在近亲交配较严重的小规模兔场，这种现象比较多见。因此，牙齿错位与饲料中的钙磷和粗纤维没有直接关系。

当发现牙齿长出口腔（牙齿错位）后，用克丝钳子将畸形牙齿夹断。因为过长的牙齿影响兔子的采食。此后牙齿继续生长，过一段时间再夹断一次。一直到该兔子达到出栏体重作为商品肉兔进行出售。严格地讲，该兔子的父母也应被淘汰，因为它们是牙齿错位隐性基因的携带者。

241. 穴居有何优缺点？怎样利用肉兔的穴居性？

穴居性是指肉兔具有打洞穴居、并且在洞内产仔的本能行为。只要不人为限制，肉兔一接触土地，打洞的习性立即恢复，尤以妊娠后期的母兔为甚，并在洞内理巢产仔。在自然条件下，兔子在洞内产仔生活确实存在阴暗、潮湿、通风不良、无法管理等弊端。但是，地下洞穴也具有黑暗、安静、温度稳定、干扰少等优点，适合肉兔的生物学特性。有条件的地方，人工建造洞穴供母兔产仔。母兔在地下洞穴产仔，其母性增强，仔兔成活率提高。在笼养条件下，要为繁殖母兔尽可能地模拟洞穴环境做好产仔箱，并置于最安静和干扰少的地方。同时，在建造兔舍和选择饲养方式时，还必须考虑到肉兔的穴居性，以免由于选择的建筑材料不合适，或者兔场设计考虑不周到，使肉兔在舍内乱打洞穴，造成无法管理的被动局面。

242. 为什么肉兔耐寒怕热？

家兔是恒温动物，正常体温一般为 $38.5 \sim 39.5℃$。家兔被毛浓密，汗腺不发达，较耐寒冷而惧怕炎热。家兔最适宜的环境温度为 $15 \sim 25℃$，临界温度为 $5℃$ 和 $30℃$。也就是说，在 $15 \sim 25℃$ 的环境中，其自身生命活动所产生的热量即可满足维持正常体温的需要，不需另外消耗自身营养，此时家兔感到最为舒适，生产性能最高。在临界温度以外，对家兔是有害的。特别是高温的危害性远远超过低温。在高温环境下，家兔的呼吸、心跳加快，采食减少，生长缓慢，繁殖率急剧下降。在我国南方一些地区出现"夏季不育"的现象，就是由于夏季高温使公兔睾丸生精上皮变性，暂时失去了产生精子的能力。而这种功能的恢复需要较长时间（一般是45～60天，如果热应激强度过大，恢复的时间更长，特别严重时将不可逆转）。在河北地区，尽管夏季也可以配种受胎，但夏季和秋季的繁殖率很低。生产中还可发现，如果夏季通风降温不良，有可能发生肉兔中暑死亡现象，尤以妊娠后期的母兔严重。

相对于高温，低温对肉兔的危害要轻得多。在一定程度的低温环境下，家兔可以通过增加采食量和动员体内营养来维持生命活动和正常体温。但是，冬季低温环境也会造成生长发育缓慢和繁殖率下降，饲料报酬降低，经济效益下降。

243. 出生仔兔对温度有何要求？

仔兔在母兔内温度高而稳定。由于妊娠期短，仔兔先天发育不良，尤其是不具有体温调节能力。出生后裸体无毛，对温度的要求较高，窝温应达到30～32℃。因此，保温防冻是提高仔兔成活率的关键。

244. 怎样利用肉兔嗅觉灵敏性进行饲养管理？

肉兔鼻腔黏膜内分布很多味觉感受器，通过鼻子可分辨不同的气味，辨别异己、性别。比如，母兔在发情时阴道释放出一种特殊气味，可被公兔特异性地接受，刺激公兔产生性欲；当把一只母兔放到公兔笼子内时，公兔并不是通过视觉识别，而是通过鼻闻识别。如果一只发情的母兔与一只公兔交配后马上放到另一只公兔笼子里，这只公兔不是立即去交配，而是去攻击这只母兔。因为这只母兔带有另一只公兔的气味，使这只公兔误认为是公兔进入它的"领土"；母兔识别自己的仔兔也是通过鼻子闻出来的。当寄养仔兔时，应尽量避免被保姆兔识别出来。可通过让两部分小兔的充分混合，气味相投，混淆母兔的嗅觉；或在被寄养的仔兔身上涂上这只母兔尿液，母兔就误认为这是它的孩子而不虐待被寄养的仔兔。

245. 怎样利用肉兔味觉灵敏性进行饲养管理？

在肉兔的舌面布满了味觉感受器——味蕾，不同的区域分工明确，辨别不同的味道。一般来说，在舌头的尖部分布大量的感受甜味的味蕾，而在舌根部则布满了感受苦味的感受器。家兔的舌头很灵敏，对于饲料味道的辨别力很强。在野生条件下，兔子有根据自身喜好选择饲料的能力，而这种能力主要通过位于舌头上的味蕾实现的。兔子对于酸、甜、苦、辣、咸等不同的味道有不同的反应。实践证明，兔子爱吃具有甜味的和草苦味的植物性饲料，不爱吃带有腥味的动物性饲料和具有不良气味（如发霉变质的、酸臭味）的东西。在平时，如果添加了它们不喜爱的饲料，有可能造成拒食或扒食现象。在国外，一些养兔企业为了增加兔子的采食量和便于颗粒饲料的成形，往往在饲料中添加一定的蜂蜜或糖浆。如果在饲料中加入一定的鱼粉等具有较浓腥味的饲料，兔子不爱吃，有时拒食。对于必须添加的而且兔子不爱吃的饲料，应该由少到多逐渐增加，充分拌匀。必要时，可加入一定的调味剂（如甜味剂）。

246. 怎样利用肉兔听觉灵敏性进行饲养管理？

家兔的耳朵对于声音反应灵敏。兔子具有一对长而高竖的耳朵，酷似一对声波收集器，可以向声音发出的方向转动，可以判断声波的强弱、远近。在野生条件下，穴兔靠着灵敏的耳朵来掌握"敌情"。人们所说兔子胆小怕惊是因为耳朵灵敏的缘故。公羊兔两耳长、大、下垂，封盖了耳穴，对外界反应迟钝，对声音失去灵敏性，看似胆大。耳朵灵敏对于野生条件下兔子的生存是有利的，但是过于灵敏对于日常的饲养管理带来一定的困难，需要我们时刻注意，防止噪声对兔子的干扰。同时，我们可以利用这一特点，通过饲养人员和兔子的长期接触、"对话"，使它们与饲养人员之间建立"感情"，通过特殊的声音训练，建立采食、饮水等条件反射。据报道，在兔舍内播放轻音乐，可使家兔采食增加，消化液分泌增强，母兔心情温顺，泌乳量提高。

247. 怎样利用肉兔视觉特点进行饲养管理？

家兔的眼睛对于光的反应较差。家兔的两个眼睛长在脸颊的两侧，外凸的眼球，使他不转头便可看到两侧和后面的物体。也就是说，家兔的视觉很广。家兔有单眼视区、双眼视区和双眼盲区。单眼视区就是一侧眼睛可以看到的区域。双眼视区是指两个眼睛均可看到的区域。而双眼盲区是两个眼睛均看不到的区域。其单眼视区超过180°，但由于鼻梁的阻隔，其看不到鼻子下面的物体，即所谓的"鼻下黑"。家兔对于不同的颜色分辨力较差，距离判断不明，母兔分辨仔兔是否为自己的孩子，不是通过眼看而是依赖鼻闻。同样，对于饲槽内的饲料好坏的判断不是通过眼睛而是通过鼻子和舌头。根据这一点，在仔兔寄养时，选择不同品种间互相寄养，可以避免血统的混淆。

248. 肉兔的草食性主要体现在哪几个方面？

家兔属于单胃食草性动物，以植物性饲料为主，主要采食植物的根、茎、叶和种子。家兔消化系统的解剖特点，决定了家兔的草食性。上唇纵向裂开，门齿裸露，适于采食地面的矮草，亦便于啃咬树枝、树皮和树叶；兔的门齿有6枚，上颌大门齿2枚，其后各有一枚小门齿，下颌门齿2枚，其上下颌门齿呈凿形咬合，便于切断和磨碎食物。兔门齿与臼齿之间无犬齿，仅有较宽的齿间隙，是草食动物的基本特征之一。臼齿咀嚼面宽，且有横脊，适于研磨草料。兔的盲肠极为发达，其中含有大量微生物，起着牛羊等反刍动物瘤胃的作用。

249. 肉兔对食物有何选择性？

首先，喜欢吃植物性饲料而不喜欢吃动物性饲料。考虑营养需要并兼顾适口性，配合饲料中动物性饲料所占的比例不能太大，一般应小于5%，并且要搅拌均匀。在饲草中，家兔喜欢吃豆科、十字花科、菊科等多叶性植物，不喜欢吃禾本科、直叶脉的植物如稻草之类。喜欢吃植株的幼嫩部分。据测定，在草地上放养的兔子生长速度较快，日增重20克以上，同类草采割回来饲喂，生长速度则较慢，日增重仅为10克。

其次，喜欢吃粒料而不喜欢吃粉料。多次试验证明，在饲料配方相同的情况下颗粒饲料的饲喂效果要好于湿拌粉料的饲喂效果。饲喂颗粒饲料，生长速度快，消化道疾病的发病率降低，饲料的浪费也大大减少。据测定，兔对颗粒饲料中的干物质、能量、粗蛋白质、粗脂肪的消化率都比粉料高。颗粒饲料由于受到适温、高压的综合作用，使淀粉糊化变形，蛋白质组织化，酶活性增强，有利于兔肠胃的吸收，可使肉兔的增长速度提高18％～20％。因此，在生产上应积极推广应用颗粒饲料。

第三，喜欢采食含有植物油的饲料。植物油具有芳香气味，是一种香味剂，可以吸引兔子采食。同时，植物油中含有家兔体内不能合成的必需脂肪酸，有助于脂溶性维生素的补充与吸收。国外一般在配合好的饲料中补加2％～5％的玉米油，以改善饲粮的适口性，提高采食量和增重速度。

第四，喜欢吃有甜味的饲料。肉兔味觉发达，通过舌背上的味蕾可以辨别饲料的味道，具有甜味的饲料适口性好，家兔喜欢采食。由此可见，喂给家兔的饲料最好带有甜味。国外普遍的做法是在配合饲料中添加2％～3％的糖蜜饲料。国内目前生产糖蜜饲料的厂家很少，但可以利用糖厂的下脚料或在配合饲料中添加0.02％～0.03％的糖精。

250. 肉兔为什么吃自己的粪便？其生理意义如何？

家兔排出两种粪便：一种是我们平时所见到的粪球，即硬粪；另一种是我们平时很少见到的软粪。软粪多在夜间排出，立即被兔子吞食。软粪黑而小，与小绿豆粒差不多，圆球形，多个圆球连在一起成串，软粪有黏膜包裹，内容物呈半流体状态。据测定，软粪的营养价值与盲肠内容物相似，远远高于硬粪。故认为是盲肠内容物直接形成软粪而排出，未经后肠的再次消化吸收。硬粪和软粪中营养成分对比见表 27、表 28 和表 29。

表 27　硬粪和软粪中主要营养含量（%）

粪别	能量（兆焦/千克）	干物质	粗蛋白	粗脂肪	粗纤维	灰分	无氮浸出物
硬粪	18.2	52.7	15.4	3.0	30.0	13.7	37.9
软粪	19.0	38.6	34.0	5.3	17.8	15.0	27.7

表 28　硬粪和软粪干物质中主要矿物质含量（%）

粪别	钙	磷	硫	钾	钠
硬粪	1.01	0.88	0.32	0.56	0.12
软粪	0.61	1.40	0.49	1.49	0.54

表 29　硬粪和软粪干物质中 B 族维生素含量（微克/克）

粪别	烟酸	核黄素	泛酸	维生素 B_{12}
硬粪	39.7	9.4	8.4	0.9
软粪	139.1	30.2	51.6	2.9

关于家兔食软粪的行为国内外早有报道。其实家兔也吃硬粪，发生在白天。一般采食半小时后开始。食粪的多少与生理状态和营养水平有关。以泌乳母兔和妊娠母兔食粪最多，空怀母兔较少。全价营养的条件下食粪较少，而营养不全或饲料供应不足时食粪较多。

食粪具有重要的生理意义。通过食粪，很多营养得到补偿，尤其是全价微生物蛋白、B 族维生素和具有生理活性的微量元素；通过食粪，营养物质得到多次循环利用，并使一些平时不能被消化的营养物质得到释放，预防和缓解了一些营养缺乏症。通过吃硬粪，不仅可提供一些营养物质，由于硬粪中含有较多的粗纤维，对于预防腹泻有一定的作用。吃粪是健康家兔的正常生理现象，应该创造安静的环境，保证其正常吃粪的顺利进行。

251. 肉兔为什么爱扒食？怎样预防扒食？

在野生条件下，家兔凭借着发达的嗅觉和味觉选择自己喜爱的饲料。特别是用前爪挖掘地下植物的块根块茎用于充饥。由于扒食性的存在，提高了其在恶劣环境条件下的生存能力。在人工饲养下，家兔失去了自己寻找食物的自由，仅仅依靠人工饲喂满足自己营养需要。但是，它们对所提供饲料的反应不同。对于不喜欢的饲料，轻则少吃，重则拒吃，甚至扒食，造成浪费。生产中发现，一些兔场家兔扒食现象非常严重，据调查，在以粉料形式饲喂兔子的兔场，50％以上存在扒食现象；在饲喂颗粒饲料的兔场，20％～30％存在扒食现象。造成的浪费是非常可观的。一旦形成扒食的恶习，以后将难以调教。

当出现扒食现象时，首先应分析产生扒食的原因。是饲料配合不合理还是有异味，或饲料混合不均匀。为了防止家兔挑食，应合理搭配饲料，并进行充分的搅拌。对于有异味的饲料（如添加的药物、动物性饲料等），除了粉碎和搅拌以外，必要时加入调味剂。饲喂不同种类的饲料时（如混合粉料和多汁饲料），应分别饲喂。若将它们混在一起饲喂，兔子先挑选适口性好的多汁饲料，并将其他饲料扒出。

252. 经常给肉兔"改善生活"好吗？

人如果经常吃一种食物容易产生厌食之感，需要不断调剂食谱，改善生活。是否肉兔也需要不断"改善生活"呢？

兔对经常采食的饲料有一种偏爱，一旦更换其他饲料，难以很快适应。这种习性称作惯食性。事实上，在突然改变饲料的情况下，即便兔子采食量不减少，其胃肠的消化也不能适应，很快出现消化不良，粪便变形，甚至出现腹泻或肠炎。产生这种现象的原因在于家兔消化酶的分泌和发达盲肠内的微生物结构。家兔盲肠内的微生物种类、数量和比例与饲料类型有关。当某种饲料饲喂一段时间，家兔的消化系统就适应了这种饲料类型，包括酶的分泌和肠道微生物类群。如果饲料突然改变，家兔消化道酶的分泌，特别是盲肠内微生物不能马上适应改变的饲料类型，原有的微生物区系被打破，微生物结构失调，导致消化道疾病。据此，在日常饲养管理中，一定要注意家兔的这一特性，一般不能轻易改变饲料。如果必须改变，应逐渐过渡。特别是当饲料原料变化比较大的时候更应如此。

253. 肉兔盲肠对营养的消化特点如何？

盲肠内含有丰富的微生物，主要对进入盲肠内的未被胃肠消化吸收的植物纤维进行分解，这种分解主要通过细菌分泌的纤维素酶来实现的。兔对纤维素的消化率说法不一，而且相差悬殊。这主要是由于粗纤维种类和来源不同所致。据资料介绍，兔对不同饲料的粗纤维的消化率不同：卷心菜 75％，胡萝卜 65.3％，秸秆 22.7％，木屑 22％。尽管兔对饲料中粗纤维的消化率不高，但它能有效利用饲草中的蛋白质。比如，兔对苜蓿干草粉蛋白质的消化率为 75％，与马相似，远远高于猪（不足 50％）。兔对低质量的饲草所含蛋白质的利用率高于其他单胃家畜，兔可在高纤维饲料中充分有效地利用非纤维成分。

254. 低纤维饲料为什么容易引起兔子腹泻？

实践表明，家兔患消化系统疾病较多，而且家兔一旦发生腹泻或肠炎很难救治，死亡率极高。饲料中粗纤维含量不足是造成消化机能失调的主要原因。

关于低纤维日粮引起腹泻的原因，美国著名的养兔专家Patton教授提出的后肠过度负荷学说受到多数人的认可。饲喂低纤维、高能量和高蛋白日粮，使过量的碳水化合物在小肠内没有完全被消化吸收而进入盲肠。由于过量的非纤维性碳水化合物造成了一些产气杆菌（如大肠杆菌、魏氏梭菌等）的大量繁殖和过度发酵，破坏了盲肠内正常的微生物区系和盲肠的正常内环境。那些具有致病作用的产气杆菌在发酵碳水化合物的过程中产生大量的毒素，被肠壁吸收，并使肠壁受到破坏，肠黏膜的通透性增高，大量的毒素被吸收进入血液，造成全身性中毒。由于肠道的过度发酵，产生小分子有机酸，使后肠内渗透压增高，大量水分子进入肠道。又由于毒素的刺激，肠壁蠕动加快，造成急性腹泻，继而转化成肠炎。因此，日粮中粗纤维不仅仅提供一定的营养，更重要的是，粗纤维对维持肠道内正常消化机能起到举足轻重的作用。很多国内外养兔者试图通过提高营养水平（降低纤维，提高能量和蛋白比例）来促进兔子的生长，结果令人失望。不仅不能加速增长，在短短的几天内发生腹泻和肠炎，造成大批死亡。而对于发生腹泻的兔群，仅仅增加粗饲料（投喂粗饲料，让其自由采食）而不投喂任何药物，患兔逐渐恢复健康。由此可见，粗纤维在维持家兔正常的消化机能方面发挥了其他营养所不可代替的作用。

255. 其他什么原因也容易引起兔子腹泻？

除了低纤维以外，家兔对很多理化因素的刺激都有敏感的反应，如饮食不卫生、饲料突变、腹壁受凉、霉菌毒素等。

饮食不卫生引起腹泻和肠炎是一种普遍现象，比如笼舍污浊潮湿、饲料和饮水被污染等。在卫生不良的兔场会出现这样的现象，饲料中添加药物，腹泻病就得到一定控制，而一旦停药，立即复发。由此可见保持卫生的重要性。

生产中因饲料突变导致消化道疾病更是多见。特别是在从外地刚刚引种的兔场、饲料原料变更或饲料配方调整的情况，稍不注意会导致重大的伤亡。在其他动物生产中，饲料变更也会对动物产生一定的影响，但其影响的程度远远没有对兔的影响大。关于饲料变更造成消化机能紊乱的机制，还是与家兔盲肠的微生物的活动有关。在正常情况下，家兔盲肠微生物的数量和种类是相对固定的，特定的饲料与特定的菌群相适应，一旦打破这种适应和平衡，就会出现问题。而这种变更的重要指标是纤维素的含量。一般来说，粗纤维由低向高变更，对兔的影响不是太大；相反，由高向低变更，会出现消化机能紊乱。因此，在生产中时刻注意饲料对兔的影响。一般来说，为了安全，在变更饲料时，要有一定的过渡期或将饲料中的粗纤维适当调高。

受凉导致腹泻多发生于仔兔和幼兔。尤其是较冷凉的季节，兔子卧于温度较低的地面上、采食带有冰碴的料、饮用冰碴水等情况。肠壁受到冷刺激后，蠕动速度加快，加速肠道内容物向后推送，小肠内的营养物质没有得到充分的消化和吸收便进入盲肠，给盲肠内平时处于劣势的大肠杆菌、魏氏梭菌等病原微生物的活动创造了机会，它们数量的增加，微生物的比例发生变化，这种异常发酵产生一些有毒产物，使家兔中毒而出现肠炎。

256. 饲料中是否需要添加非蛋白氮？

反刍家畜有发达的瘤胃，其微生物可以利用非蛋白氮（NPN）合成自身蛋白，而后瘤胃微生物进入真胃和肠道，被消化吸收。反刍家畜饲料中添加尿素已在生产中广泛应用，但作为单胃动物的家兔发达的盲肠存在着与反刍家畜瘤胃微生物发酵过程类似的机制，也可以利用一点尿素。饲料中加入尿素后，首先在胃中被随饲料进入的微生物分泌的尿素酶及胃液中的尿素酶所分解，形成氨（NH_3）。后者被胃壁吸收，进入血液。在肝脏中合成尿素。一部分尿素通过肾脏随尿液排出体外，一部分随血液运送至盲肠壁的毛细血管，通过盲肠黏膜分泌到盲肠，被盲肠内微生物分泌的尿素酶分解成氨，并被微生物利用，合成自身蛋白。在兔子吞食自身粪便时，微生物蛋白在胃肠中消化吸收和利用。

尿素添加比例，不同的试验结果不同，一般从 0.5% 到 2.5% 不等。多数试验表明，以尿素占风干日粮的 1% 左右为宜。

添加尿素也有得出相反的结论。笔者曾在不同蛋白水平条件下添加 1% 的尿素饲喂育肥肉兔，其效果都不如对照组。因此说，兔子利用尿素有很多限制因素，比如年龄、基础日粮蛋白含量、能量水平和硫氮比等。仔兔盲肠中的微生物区系尚未健全，不可添加尿素；当日粮中的蛋白水平较高时，也无需添加尿素。只有饲料中的蛋白含量在 14% 以下时，添加尿素才有些作用；

微生物利用尿素同时需要足够的碳源、一定的硫氮比和一定的铜参与。应该指出，家兔利用尿素的效率是很有限的，添加尿素只是低蛋白日粮的补充手段，不可以尿素作为家兔日粮的主要氮源。

257. 肉兔可否利用无机硫？

饲养实践发现，在兔的日粮中加入一定的硫酸盐（如硫酸铜、硫酸钠、硫酸钙、硫酸锌、硫酸亚铁等）和硫磺，对增重均有促进作用。同位素示踪表明，经口服硫酸盐可被家兔利用，合成胱氨酸和蛋氨酸。这种无机硫向有机硫的转化，与家兔盲肠微生物的活动及家兔食粪是分不开的。

试验表明，家兔口服硫酸盐形式的硫，在食粪的情况下被大量的吸收到血液中，还可在肝脏和肾脏中积聚。在肝脏中，这种硫的同位素有29％以硫酸盐的形式存在，有71％以胱氨酸和蛋氨酸的形式存在。在禁止食粪的家兔中，有85％的硫以硫酸盐的形式存在，只有15％以胱氨酸和蛋氨酸形式存在。

含硫氨基酸是必需氨基酸，而且蛋氨酸是限制性氨基酸。利用家兔盲肠微生物可以利用无机硫的特点，加入一定的无机硫，以代替价格昂贵的含硫氨基酸。试验发现，对于因含硫氨基酸不足所造成的食毛症，在饲料中加入一定的石膏、芒硝、硫磺和生长素（主要是硫酸盐），可使病情得到控制。

因此，在一定条件下添加少量的无机硫对于肉兔是有益的。

258. 肉兔的年龄性换毛有什么规律？

兔毛有一定的寿命，到一定时期老毛逐渐脱落，并被新毛所代替，这个过程称作换毛。家兔的换毛有年龄性换毛和季节性换毛两种。

年龄性换毛是指幼兔生长到一定时期被毛脱落，被换成新的被毛的现象。这种随着年龄进行的换毛，在家兔的一生中仅有两次：第一次换毛约在生后 30 日龄开始到 100 日龄结束；第二次换毛约在 130 日龄开始到 190 日龄结束。

观察皮用兔，如力克斯兔（獭兔）的年龄性换毛，对于确定屠宰日龄和提高兔皮的毛皮质量具有十分重要的意义。在良好的饲养管理条件下，力克斯兔的第一次年龄性换毛可于 3～3.5 月龄时结束，此时能形成较完美的毛被，但皮张厚度不足，韧性差。如果此时屠宰，皮张在柔制过程中容易破损，做成的服装不耐摩擦，影响使用价值。因此，应在第二次年龄性换毛结束后进行屠宰，一般应掌握在 5～6 月龄。

年龄性换毛也受到非年龄性因素的一定影响。比如营养水平。如果营养状况良好，提供足够的兔毛生长所需要的营养素，如蛋白质、必需氨基酸，特别是含硫氨基酸和维生素等，年龄性换毛持续的时间短，换毛迅速。反之，营养不良，不仅换毛开始的时间较晚，而且持续的时间长。

259. 肉兔的季节性换毛有什么特点？

所谓季节性换毛，是指完成两次年龄性换毛之后的家兔，每年春、秋两次的换毛。当幼兔完成两次年龄性换毛之后，就进入了成年的行列，以后的换毛按照季节进行。春季换毛期在 3～4 月份，秋季的换毛期在 8～9 月份。换毛的早晚和换毛持续时间的长短受到多种因素的影响。如不同地区的气候差异、家兔年龄、性别和健康状况以及营养水平等，都会影响家兔的季节性换毛。家兔季节性换毛早晚受日照长短的影响较大。当春天到来时，日照渐长，天气渐暖，家兔便脱去"冬装"换上"夏装"，完成换毛；而秋季日照渐短，天气渐凉，家兔便脱去"夏装"换上"冬装"，完成秋季换毛。

家兔换毛有一个过程，即兔毛纤维的生长有一定的生长期。也就是说，兔毛不是无限期生长的。不同家兔的毛纤维生长期不同。标准兔毛（肉兔或皮肉兼用兔）和短毛（力克斯）兔的兔毛生长期只有 6 周，6 周后毛纤维即达到标准的长度，此后不再生长。

应当指出的是，家兔的换毛是复杂的新陈代谢过程。在换毛期间，为保证换毛过程的营养需要，家兔需要更丰富的营养物质。家兔换毛期间对外界气温条件变化适应能力差，易患感冒。此时应加强饲养管理，给以丰富的蛋白质饲料和优质饲草。在家兔的季节性换毛期间，特别是在秋季的换毛期间，对种兔的繁殖性能影响很大，应引起足够的重视。

（二）肉兔的饲养方式

260. 肉兔饲养有哪几种方式？

肉兔的饲养方式有三种：笼养、圈养（栅养）和生态放养。

笼养是将肉兔放在笼子里饲养，是目前国内外规模型兔场普遍采取的养殖方式；圈养是将一群肉兔放在一个圈舍内饲养，是过去老百姓养兔多采取的养殖方式；生态放养是将肉兔投放山场、草地或林地等大自然环境中饲养，是未来的一种发展趋势。

261. 笼养肉兔有什么优缺点？

笼养是规模化肉兔养殖的必然，是目前或未来养兔的主流。按照笼具放置的位置分为室内笼养和室外笼养；按照笼具的层数分为单层、双层和多层笼养；按照笼具的固定方式分为移动式、固定式和组装固定式等。无论哪种笼具，笼养具有如下优点：通风透光、干燥卫生、管理方便；患兔便于隔离，疾病便于控制；饲养密度大，设备的利用率高，适于规模化、集约化养殖；有利于选种选配和兔群整体质量的提高。其缺点：设备费用高，一次性投入大；由于饲养密度大，给小环境的控制带来诸多不便，往往会诱发群发性疾病；兔子终生被"囚禁"在较小的空间内生活，活动的自由度小，影响其繁殖能力和寿命，也容易患"笼养病"（如脚皮炎、肥胖性不孕等）。

262. 圈养肉兔有什么优缺点？

圈舍养兔是指在室内或室外筑墙成圈，或以铁网栅栏围墙代替砖墙，将一定的肉兔（种兔或商品兔）放入圈舍，使其在有限的范围内自由群体活动。

圈舍围墙的高度以防止兔子逃跑为宜。过高不仅造成浪费，而且不方便管理。一般高度在 100 厘米左右。

圈舍地面非常关键。由于兔子具有穴居性，打洞是它们的本能。为了防止随意打洞，地面要用砖石砌好或用水泥地面。

地面平养使粪尿污染环境，沾污兔体，不利于卫生和防疫。最好在地面以上 20～30 厘米处架起漏粪踏板，既降低每天打扫卫生的劳动强度，又便于清洁卫生。

圈舍大小不一，一般一群饲养母兔不超过 10 只，饲养育肥兔不超过 30 只为宜。群体过大，相互干扰严重，影响饲养效果。墙体要用砖石材料，而且墙基应该加深，以防野兽侵袭和家兔挖洞逃走。至于兔舍大小，可根据养兔多少而定。

圈养的优点是投入较少，简便易行，兔子的活动量较大，有利于保持健康。但清理粪便需要投入较多的劳动，平时容易发生相互咬斗现象；一旦个别发病没有及时隔离，很容易全群传染。种兔群养，公兔的体力消耗严重，容易造成早衰。一旦一只患病，其他种兔通过交配而传染的可能性增加。这是一种较传统的养殖方式，适合刚刚起步的小型家庭兔场。

263. 什么叫生态放养？有什么优缺点？

生态放养是在较大的自然环境中（如山场、荒坡、草场、林地等）投放一定的肉兔，让其在自然环境中自由生活，自由采食野生植物性饲料，自由结合繁衍后代。

由此可以看出，生态放养和散养是两个概念。前者只提供适宜的放养环境，其他干预很少，基本上是生活在自由空间；后者是给肉兔提供一个较大的、带有隔离设施的场地，在人工提供的条件下相对自由生活。但其饲料和饮水由人工提供，场地只是一个活动空间。

从另一个角度看，生态放养实际上是野兔驯化的逆行，即家兔野养。

生态放养的优点：给肉兔提供一个自由生活的自然环境，自由采食自然饲料，没有污染，生产的产品全部达到有机食品标准，不需要多少人工、饲料和器具。自然净化作用，不需要消毒。在没有传染性疾病发生的情况下，兔子的生存环境好，体质健康。

生态放养的缺点：需要优越的放养场地；肉兔生产难以进行人工干预；由于一年四季气候变化和饲料供应的变化较大，肉兔的生长发育和繁殖有明显的季节性；天敌不容易掌控，疾病不容易预防；一旦发生传染性疾病，难以迅速扑灭。商品肉兔的捕捉有一定的难度。

264. 怎样科学生态放养肉兔？

肉兔生态放养是一新生事物，没有成熟的经验和模式，正在探索。笔者认为，应注意以下问题。

第一，放养场地要有足够的空间、丰富的可食植物性资源、躲避环境、合格而易取的水源。

第二，由于季节的交替，在冬季和早春，气候寒冷，饲料资源匮乏，为了提高生态放养的生产效率和经济效益，应该适当补充人工饲料。

第三，为了提供更优越生存环境，将一个生态放养场地划分若干个放养小区，每个小区 50～100 亩*。可增设围网，也可不设。在每个小区内，建造简易棚舍，其下面人工建造地下产仔窝。在饲料缺乏季节，定时在固定棚舍下面人工补充饲料，作为自然饲料的有效补充。

第四，放养密度适宜。要根据资源情况确定放养密度。基本原则是宁可资源有余，决不过牧。

第五，要投放健康的种兔。最初投放肉兔的月龄在 3 月龄以上。此时已经度过球虫病的易感期，投放前进行兔瘟疫苗加强免疫，预防疥癣病。此后，在天然的生存环境下，可以抵抗一般常见疾病。

---

* 亩为非定计量单位，1 公顷＝15 亩。

第六，育肥兔的捕捉不可使用狗和猎枪，最好是网捕或诱捕。对于捕捉的种兔和体重不足 2.5 千克的生长兔，要无伤害地放回。

第七，加强看护，防止野狗闯入和飞禽的猎取，还要预防人为伤害和偷捕。

（三）肉兔的繁殖技术

265. 肉兔的繁殖力强体现在哪些方面？

肉兔是目前家养哺乳动物中繁殖力最强的家畜。其繁殖力强主要体现在以下五个方面：

（1）性成熟早　一般小型品种性成熟年龄为 3～4 月龄，中型品种为 4～5 月龄，大型品种为 5～6 月龄。

（2）妊娠期短　一般来说，肉兔的妊娠期约为 1 个月（30～32 天）。

（3）一胎多仔　一般情况下，肉兔的胎产仔数 7～8 只，一些品种和配套系的胎产仔数在 10 只（如艾戈），个别品种每胎产仔数达到 10 只以上（如德国花巨兔）。

（4）产后发情　在营养和健康正常的情况下，肉兔产后即可发情配种，其受胎率是较高的。

（5）一年四季均可繁殖　只要提供适宜的温度、营养等条件，没有明显的季节性繁殖差异。

由于以上五点，在集约化生产条件下，1 只母兔每年可繁殖 8～9 窝，每窝产 8～9 只，成活 6～7 只，一年可育成 50～60 只仔兔。著名的高产动物——猪与兔相比，也望尘莫及！

266. 母兔的子宫有何特点？

母兔的子宫与一般家畜不同，两个子宫完全独立，无子宫角和子宫体之分，左、右各一个子宫，各自有一个子宫颈，分别开口于阴道基部。两子宫颈间有间膜固定。由于是两个完全独立的子宫，受精卵不能由一个子宫角向另一个子宫角移动。母兔子宫长约 7 厘米，人工授精时应注意输精管不可插入过深至一侧子宫颈口内，导致仅一侧子宫受孕，另一侧子宫空怀。

267. 家兔的刺激性排卵有何意义？

兔属于诱发（刺激）排卵的动物，母兔发情时卵泡即使成熟，也不自发排出卵子，必须经过公兔交配刺激后 10～12 小时方可排卵，否则母兔卵巢上的卵泡经 10～16 天后就自然退化，逐渐被机体吸收。实践证明，采取人工强制交配的方法或给母兔注射人绒毛膜促性腺激素（HCG）等诱排激素，可促进母兔排卵。掌握这一排卵特点，可合理安排生产。

家兔的刺激性排卵给人工授精带来很大的麻烦。不像其他畜禽那样，在适当的时候输精即可受孕。家兔人工授精的时候，必须经过刺激才行。这种刺激或是用结扎输精管的公兔交配，或注射一些促排卵的激素或药物。但是，如果使用结扎输精管的公兔，必须饲养较多的公兔，造成饲养成本的提高。因此，生产中普遍使用人工合成的激素（如促排卵 3 号）。实际工作中，促排卵激素的质量是人工授精受胎率的关键。

268. 怎样知道母兔发情了？

性成熟之后的母兔，卵巢中的卵泡相继发育，卵泡液中释放出雌性激素，到达一定程度后，使其生殖器官、精神状态、行为等出现一系列的变化，称作发情。发情的表现主要是：食欲减退或短期内停止采食，精神兴奋不安，活泼好动，在笼内蹦跳不止，有时用后肢拍打底板，用下颌摩擦笼具。发情盛期的母兔有时可见爬跨同笼的母兔或其仔兔。当与公兔放在一起时，主动向公兔调情，爬跨公兔或向公兔身上撒尿。当公兔追逐爬跨时，主动配合交配。外阴黏膜出现一系列的变化，包括颜色、肿胀和湿润情况。

一般来说，每天早晨喂兔时观察，凡是精神兴奋而食欲不振，头一天晚上喂的料没有采食或采食不净的母兔，绝大多数为发情。此时再将母兔取出，检查外阴即可。

269. 母兔口服己烯雌酚催情有坏处吗？与自然发情有无区别？

己烯雌酚是人工合成的非甾体雌激素类药物，其药理作用有以下几点：第一，促使雌性动物性器官发育；第二，促使子宫内膜增生和阴道上皮角化；第三，增强子宫收缩，提高子宫对催产素的敏感性；第四，小剂量刺激而大剂量抑制垂体前叶促性腺激素及催乳激素的分泌；第五，抗雄激素作用。医学上主要用于妇女雌激素分泌不足，以及乳腺癌和前列腺癌的辅助治疗。在动物生产中，有人使用它提高发情率和出现明显的发情征状，以便母畜接受交配。但由于其基本不能改变卵巢活动和促进卵泡发育，因此对母兔的受胎率没有明显影响。

发情是健康种母兔的正常生理现象，是卵巢内卵泡发育导致机体出现一系列的外部表现。自然发情后配种一般受胎率是很高的。但是，如果人工干预其发情，特别是使用像己烯雌酚这样的激素类药物，只能促进其发情和接受交配，但不能提高受胎率，反而对机体产生有害作用。比如，影响心脏和肝脏功能，对消化系统产生不良影响。激素在体内的残留影响其肌肉品质，更严重的是对食入该兔肉的消费者身体造成不良影响。因此，建议不要使用该激素类药物催情，以养好种兔，搞好营养平衡，促其自然发情最好。盲目使用激素类药物，是有百害而无一利的。

270. 为什么用了催情散母兔只发情不受孕？

很多兔场出现母兔长期不发情的现象，因此希望借助药物进行催情。市面上也确实出售"纯中药制剂——催情散"。很多人反映，用了催情散母兔2天就发情，普遍接受交配，但配种后很少受孕，这是怎么回事？

据笔者了解，市面上所谓的纯中药催情散，多数是中药加雌激素。使用后母兔很快发情：外阴红肿，有强烈的交配欲望。但是，仅仅有大量的外源雌激素，而卵巢没有成熟的卵泡，不能达到自然发情时各种激素的平衡状态。因此，尽管发情母兔接受交配，也没有卵泡破裂和卵子的排出，当然不能妊娠。即便有妊娠的，其数量也寥寥无几。

生产实践表明，即便母兔没有发情，只要强行交配，也会有大约 30％的母兔受孕。为什么使用催情散的受孕率还不如强行交配？

笔者认为，使用催情散的受孕率之所以不如强行交配，是由于大量的外源雌激素破坏了体内正常激素的释放，打破了激素之间的平衡，造成激素短期紊乱所致。因此，建议养兔场给母兔催情，不要依赖药物。

健康的母兔在适宜的条件下自然发情是必然的规律。应该在保证母兔健康和改善环境上下功夫。

271. 生产中怎样对肉兔进行催情处理？

很多人试图通过药物或激素刺激母兔发情，以便达到发情的目的，结果事与愿违。根据笔者多年的实践经验，生产中以营养催情和光照催情效果最好。

（1）营养催情　保持种兔的适宜的体况，达到不肥不瘦的种用体况。在此基础上，小规模兔场尽量增加青绿多汁饲料，规模化兔场在饲料中增加维生素 A 和维生素 E，效果良好。

（2）光照催情　光照对于家兔的性活动有重大影响。长光照有利于发情，短光照抑制发情。因此，在配种前 6～7 天，给欲配种的母兔增加光照，使光照时间每天达到 16 小时，光照强度 60 勒克斯，效果良好。

272. 母兔受孕后外阴黏膜的颜色有无变化？

母兔外阴黏膜的颜色和湿润程度，是判断其是否发情和确定配种时机的重要依据。在正常情况下，母兔在休情期（没有发情的时候）外阴黏膜颜色苍白而干燥；发情初期，黏膜颜色呈粉红色，肿大而湿润；发情中期，黏膜颜色大红色，高度水肿和湿润；发情后期，黏膜颜色呈现黑紫色，逐渐萎缩；此后又恢复到休情期的状态。生产中根据外阴黏膜的颜色确定交配时机，即"粉红早，黑紫迟，大红配种正当时"。但是，母兔在怀孕期，由于外界环境的刺激和体内激素分泌的影响等原因，出现不规则的变化。有时外阴红肿，有时干燥萎缩。因此，对于已经配种的母兔，不能以外阴黏膜的颜色判断是否应该配种。首先，应该进行摸胎检查，准确判断是否怀孕，然后决定是否放对配种；否则，对怀孕母兔采取强行配种；将导致母兔流产等不良后果。

273. 母兔的发情周期有何特点？

对于母兔的发情周期目前有两种说法：一种认为母兔不存在发情的周期性。母兔如没有排卵的诱导刺激，卵巢内成熟的卵子不能排出也就不能形成黄体，对新卵泡的发育不会产生抑制作用。因为卵巢内经常存在着成熟的卵泡，因此任何时间均可配种受胎。另一种认为母兔的发情存在重复性，只要卵巢内有一批卵泡发育成熟，母兔就会出现发情征状。

多年的观察研究表明，母兔的发情周期是不固定的，受到环境因素影响很大，尤其是天气、温度、光照和营养。如果阳光充足，温度适宜，营养良好，母兔发情周期很短，持续时间较长；如果天气突然变化（如刮风、下雨、下雪、阴天、大雾等不良天气），正在处于发情的母兔很快结束发情。

在正常情况下，母兔卵巢内经常有许多处于不同发育阶段的卵泡，体内的雌激素水平有高有低，母兔的发情征状就有明显与不明显。即使有时母兔不出现发情征状，若进行强制配种也能使母兔有受胎的可能。可根据这一特点合理安排生产。

274. 何谓性成熟？肉兔性成熟的影响因素有哪些？

肉兔生长发育到一定时期，生殖器官发育基本完成，公兔睾丸能产生具有受精能力的精子，母兔卵巢能产生成熟的卵子，开始具有繁殖后代的能力，即为性成熟。肉兔的性成熟随品种、性别、饲养管理水平以及遗传因子等因素的不同而有差异。一般小型品种的母兔性成熟年龄为3～4月龄，中型品种为4～5月龄，大型品种为5～6月龄。母兔性成熟早于公兔，通常同品种的母兔性成熟比公兔早1个月左右；相同品种或品系、饲养条件优良、营养状况好的性成熟比营养差的要早半个月左右；一般早春出生的仔兔随着气温逐渐升高，日照变长，性成熟比晚秋和冬季出生的仔兔要早 1 个月左右。

275. 何谓适龄配种？种兔的初配标准是什么？

肉兔达到性成熟后，虽然已具备配种繁殖能力，但因机体其他组织器官仍处于发育阶段，过早配种繁殖不仅会影响公、母兔本身生长发育，而且受胎率低，产仔数少，仔兔初生体重小，母兔乳汁少，仔兔成活率低。但是，配种过迟，不仅降低种兔的利用率，而且容易造成母兔的久配不孕。

在生产中确定肉用种兔的初配年龄，主要根据体重和月龄两个标准来定。只要其中之一达到标准，即可进行初种。在正常饲养管理条件下，公、母兔体重达到该品种标准体重 70％时，就可开始配种繁殖。一般情况下，小型品种初配年龄为 4～5 月龄，体重 2.5 千克左右；中型品种 5～6 月龄，体重 3 千克左右；大型品种 7～8 月龄，体重 4 千克左右。另外，公兔的初配年龄应比母兔晚 1 个月左右。

276. 何谓适时配种？适时配种的标准是什么？

适时配种是指在母兔发情状态最好的时刻配种，这是提高母兔配种受胎率的关键。

适时配种的依据是检查母兔发情状态，一般通过外阴黏膜观察判断。母兔在不同的发情期，外阴黏膜的颜色、肿胀及湿润程度是不同的。休情期：一般苍白、萎缩、干燥；发情初期：潮红、稍肿胀和稍湿润；发情中期：外阴黏膜呈现大红色，高度肿胀和湿润；发情后期：外阴黏膜逐渐变成黑紫色，肿胀和湿润状态减退。根据生产经验，母兔在发情中期配种受胎率和产仔数最高。发情中期配种就称作适时配种。正如人们所说："粉红早，黑紫迟，大红配种正当时"。

277. 母兔发情和配种受胎率受何因素制约？有何规律？

生产中发现，母兔配种受胎率较高的几个时期：第一，在发情中期配种受胎率最高；第二，母兔产后 12～24 小时配种，受胎率较高，过早和过晚都影响受胎率；第三，母兔在泌乳期间发情不明显，尤其在泌乳高峰期出现不完全发情，配种受胎率较低。但是，在泌乳的早期（10～12 天）配种受胎率较高，此后急剧下降；第四，仔兔断乳一般 3 天左右，母兔普遍发情，配种后受胎率较高。

此外，根据生产经验，母兔在一天中的不同时间配种，效果也有所不同。一般日出、日落前后 1 小时种兔性活动最为强烈，此时配种受胎率高。另外，配种应在喂食后 1～2 小时后进行。尤其对公兔限制饲养时更应注意，否则会因公兔忙于采食而不同母兔接触，或因母兔受公兔恐吓而拒绝交配。

278. 配种方法有哪几种？什么叫自由交配？有何利弊？

肉兔的配种繁殖方法有三种：自由交配、人工控制（辅助）交配和人工授精。

所谓自由交配，即将公、母兔按一定比例混养在一起，任其配种。这种配种方法的优点是方法简便，省工省力，配种及时，还能防止漏配。其缺点是无法进行选种选配；极易造成近亲繁殖，品种退化，所产仔兔体质不佳，兔群品质下降；公兔配种频率高，易造成体质下降，受胎和产仔率低，使种用年限缩短，同时也容易传播疾病。采用此法应不断检查种兔，及时隔离患病兔，定期轮换公兔，特别注意公、母兔的血缘关系，避免近交。

279. 什么叫复配？怎样进行操作？

复配是指一只母兔在一个发情期与同一只公兔交配两次。由于家兔属于刺激性排卵动物，交配次数增加，可以刺激母兔排出更多的卵子。因此，复配可以提高母兔的受胎率和产仔数。

复配的操作分为两种：一种是常规复配法，是公兔和母兔交配之后，立即将母兔取走。相隔一定时间（一般为 4 小时左右），再将这只母兔放入同一只公兔的笼内，进行第二次交配。配种结束之后，将母兔再取走，并做好记录。一种是短时复配法。就是公兔和母兔第一次交配结束之后，并不把母兔取走，而是等几分钟到十几分钟，让该公兔和母兔再次交配一次之后，再将母兔取走。根据笔者与法国专家的交谈，该方法与常规复配法效果相似，其优点是减少了一次捕捉母兔的程序，提高了劳动效率。

复配对于提高受胎率和产仔数有较好效果，尤其是适合纯种繁殖时采用。

280. 什么叫双重配？怎样进行？

双重配是指一只母兔在一个发情期，与两只公兔各交配一次。其方法和原理与复配相同。

双重配的操作如下：当母兔发情之后，将该母兔放入预先安排的一只公兔笼中配种，配种结束之后，将其取走。隔一定时间（一般半小时以后，4小时以内），安排该母兔与另外一只公兔配种。

双重配的好处是：第一，可以提高受胎率和产仔数，其效果往往优于复配。因为当一只公兔的精液品质不良时，增加配种次数对于提高受胎率和产仔数效果不明显，而双重配可以克服这一问题；第二，提高仔兔的生活力。因为双重配不是一只公兔，可以是一个品种。这样等于进行杂交繁殖，获得了杂种优势。

注意的问题：双重配一定要有一定的相隔时间。如果这只母兔与一只公兔交配结束之后，马上放入另外一只公兔笼中配种，这只公兔误认为是"公兔"进入它的领域而立即对"来犯者"进行攻击，片刻之后再进行配种程序，这样会在一定程度上影响配种效果，也影响母兔的受配状况。

281. 什么叫人工控制交配？有何利弊？

目前我国多数兔场，尤其是家兔兔场，普遍采用人工控制交配法。即当母兔正常发情时，按照选配计划，将发情母兔引荐给选定的种公兔，进行放对配种。此法与自由交配法相比，有如下优点：可有计划地进行选种选配，避免近亲繁殖和混配乱配，有利于兔群品质的提高；可准确了解配种日期，控制公兔配种强度，延长种兔使用年限，同时还可以保持兔体健康，避免疾病的传播。但人工控制交配费工费力，劳动强度大，需要有一定经验的饲养人员勤观察，及时发现母兔发情并安排配种。

282. 什么叫人工授精？其优点和缺点各是什么？

人工授精是借助一定的器械采集公兔精液，再借助一定的器械将公兔精液输入母兔阴道的一种配种方法。它是一种比较先进、经济、科学的配种技术。采用人工授精技术，可发挥优秀种公兔的作用，提高公兔的配种效能。一只公兔一次采集的精液经适当的稀释后可给8～20只发情的母兔输精，全年1只种公兔可负担100只以上母兔的配种，大大减少种公兔的饲养数量，降低饲养成本，从而显著提高其经济效益。

经稀释、保存的精液便于运输，可使母兔的配种不受地区限制。人工授精技术结合同期发情技术，可满足许多发情母兔的需要，使其能适时配种，有利于配种管理及以后的繁殖护理工作。

人工授精技术的操作为无菌操作，公、母兔不直接接触，可防止传染病及减少生殖器官的传播。同时，人工授精对于集约化、工厂化生产，可大大节约人力、物力和财力资源。

采用人工授精的方法，需要有采精、输精的设备和精液品质检查仪器。还要对所采精液进行有效的稀释。人工授精需要一定的设备和技术，适于规模较大的兔场和有组织的良种推广。一般来说，配种受胎率不如自然发情配种受胎率高。

283. 人工授精技术有哪些关键技术环节？

人工授精包括：采集精液、精液品质检查、精液的稀释与保存、诱导排卵和输精等几个关键步骤。每个步骤都很重要。

（1）采集精液 采集精液是第一步。精液采不出来或采集出来后受到不良环境的影响，此精液无法使用。

（2）精液品质检查 精液品质检查是决定该精液是否可用、如何使用的关键一步。如果不进行精液的品质检查，配种效果将无法判断。定期进行精液品质检查是人工授精工作不可缺少的环节。

（3）精液的稀释　精液的稀释不仅可以扩大精液量，增加输精头数，而且通过适当的抗菌成分、营养成分等的添加，可以改善精子的生存环境，提高受胎率。

（4）诱导排卵　诱导排卵是家兔人工授精不可缺少的环节。受胎率在很大程度上取决于诱导排卵的效果。激素的选择、用量的大小、注射的时机等都很重要。

（5）输精　输精是最后一个操作环节，要求规范、细致、准确。此项技术掌握不好将前功尽弃。

284. 采集精液使用什么工具？怎样进行？

采集精液的方法有阴道内采集法、电刺激采精法和假阴道采精法。最为常用的是假阴道采精法。下面介绍笔者研制的简易采精器：由外壳、内胎和集精杯三部分组成。

外壳：为内径 1.8～2.0 厘米、长度为 6 厘米的半硬质橡胶管。这种外壳比镀锌铁皮、聚丙烯塑料管、竹筒等为材料制作的外壳使用方便，对兔无损伤，效果好。外壳不必钻注水孔和加压孔，只要将两端磨平，没棱角即可。

内胎：以直径 3.0～3.3 厘米的人用避孕套代替。

集精杯：以外径与外壳内径相适应的专用集精杯或以青霉素小瓶代替均可。

（1）采精器的安装　在安装前，要认真检查假阴道的各个部件，有无破损。外壳要用清水洗净，再用肥皂水清洗，然后用清水冲洗，最后用生理盐水冲洗一遍。集精杯先用肥皂水反复清洗，再用清水洗净，最后用生理盐水洗一遍。将洗净消毒的内胎放入壳内，将避孕套盲端剪去一截，先将内胎一端翻转于外壳一端，并用胶圈固定。提起内胎的另一端，往内胎和外壳之间的夹层灌水（温度 45℃左右），直至灌满，再将内胎的另一端翻转于同侧外壳上，用胶圈固定即可。最后，将集精杯安装于假阴道一端，使另一端口处呈 Y 形，假阴道即安装成。将消过毒的温度计插入阴道中测温，待温度为 39～40℃时便可采精。

（2）采精操作　种公兔必须经训练才能采精。挑选体质健壮、性功能旺盛的种公兔，实行公母兔隔离饲养，并饲喂品质优良的配合饲料，经常接近公兔，训练公兔的胆量，使其不因怕人而逃避；定期叫公兔与母兔接触，但不准交配，以提高公兔的性活动机能。这样经过数日之后，选一只发情母兔作台兔放入公兔笼中，让公兔爬跨。待公兔爬跨后，将公兔推下，反复 2～3 次，以提高公兔性欲，增加采精量。操作者一手抓住母兔耳朵及颈部皮肤，一手握住采精器伸到母兔腹下，使假阴道开口端稍低，集精杯端稍高，其倾斜角度与公兔阴茎挺出的角度一致。当公兔阴茎顺利进入假阴道，公兔阴茎前后抽动数秒钟后，向前一挺，后肢蜷缩，向一侧倒去，并伴随"咕"的一声叫，即表示已经射精。操作者应立即将假阴道口端抬高，使精液流入集精杯，并迅速从母兔腹下抽出，竖直采集器，取下集精杯，并将粘在内胎口端的精液引入集精杯，加盖并贴上标签，待检查或稀释处理。

285. 精液的品质检查有哪些项目？

进行精液品质检查时，应在 18～25℃ 的室温下，并在采精后立即进行。主要检查的内容包括射精量、色泽、气味、pH、精子密度、活力和形态等。

（1）射精量　指公兔一次射出精液的数量，可直接从有刻度的集精杯上读出。集精杯上无刻度时，须倒入带刻度的小量筒内读数。正常成年公兔每次射精量约为 1 毫升左右，与品种、体形、年龄、营养状况、采精技术和采精频率等因素有关。

（2）色泽和气味　正常颜色为乳白色或灰白色，浓浊而不透明，精子密度越大浓浊度越明显。凡红色、绿色、黄色的颜色为不正常，均不可用，应查明原因。正常精液应无臭味。

（3）pH　正常精液 pH 为 6.6～7.6，用精密 pH 试纸测定。pH 过高、过低均属不正常，不宜使用。如果 pH 偏高，可能是公兔生殖器官有疾患。

（4）精子活力　精子活力的强弱是影响母兔受胎率及产仔数

的重要因素。一般情况下，精子活力越强，受胎率越高，产仔数越多。所以，精子活力是评定公兔种用价值的重要指标之一。其方法是：取一干燥、清洁的载玻片，取一滴精液于载玻片上，加盖片后，置于显微镜下，放大 200～400 倍观察。若精子 100% 呈直线前进运动，其活力为 1；若 90% 呈直线运动，活力为 0.9；依此类推，如视野内无一精子作直线运动，其活力为 0。公兔新鲜精子的活力一般为 0.7～0.8。为保证较高的受胎率，用于输精的常温精液的精子活力要在 0.6 以上，冷冻精液精子活力要在 0.3 以上。

（5）精子密度　指单位体积内精子的数量，也是评定精液品质的重要指标。测定方法有两种：一种是估测法：依据精子间隙大小评定。凡显微镜视野下所观察精子之间几乎无任何间隙者，其密度定为"密"；凡视野下所观察精子之间有能容纳 1～2 个精子的间隙，其密度为"中"；凡视野下所观察精子之间有能容纳 3 个及 3 个以上之间隙，其密度定为"稀"。另一种为计数板测定法：借助于血细胞计数板精确计算出单位体积精液中精子数量的方法。具体操作如下：①取血细胞计数板，推上盖片，于显微镜下观察，使之清晰可见 1 毫米^2 面积上 25 个中方格；②取白细胞吸管，吸取公兔精液到"0.5"刻度处，并拭去吸管外壁精液；③再吸取 3% 氯化钠溶液至"11"刻度处；④以拇指、食指分别按住吸管两端，充分振荡混合，然后弃去吸管尖端谨慎地放在计数板与盖玻片之间的空隙边缘，使吸管中之稀释精液自然地被吸入并充满计数室；⑤在计数板 25 个中方格中以五点取样法（即 4 个角和中央），选取 5 个中方格，依次计算出每个中方格内 16 个小方格的精子数。计算时，以精子头部为准。凡精子头部压在方格边线者，采取"数上不数下，数左不数右"的原则，以免遗漏或重复计数，最后求出 5 个中方格的精子数；⑥计算精子密度。5 个方格内精子数×5（换算成 25 个中方格内精子数）×10（计算室高为 0.1 毫米，面积 1 毫米^2，乘以 10 即为 1 毫米^3 的精子数）×1 000（换算成 1 毫升精液精子数）×（稀释倍数）。

为了准确测定精子密度，应连续取样，测定 2 次，求其平均数。如两次数据差距较大，应检测 3 次。该方法费工费时，在生产中很难每次一一测定，故适于对种公兔定期检测。

（6）精子形态　主要检查畸形精子数占精子总数的比率，即畸形率。畸形精子是指形态异常的精子，如有头无尾、有尾无头、双头、双尾、大头、小尾、尾部卷曲等。

检查方法：做一精液抹片，自然干燥后，用红（蓝）墨水或伊红染色 3～5 分钟冲洗并凉干后，显于 400～600 倍显微镜下观察不同视野 500 个精子中的畸形精子数。正常精液中精子畸形率不超过 20％。

286. 精液怎样稀释？

稀释精液的目的在于增加精液量，增加输精数，提高优良公兔利用率。同时，稀释液中某些成分还具有营养作用和缓冲保护作用，起到延长精子寿命、防止杂菌污染的作用。

常用的稀释法有以下几种：①0.9％生理盐水，可用注射用生理盐水；②5％葡萄糖溶液，可用注射用 5％葡萄糖溶液；③鲜牛奶，加热至沸，维持 15～20 分钟，凉至室温后用 4 层纱布过滤；④11％蔗糖溶液：取蔗糖 11 克，加蒸馏水 100 毫升，搅拌，使其充分溶解，再用滤纸过滤，蒸汽或煮沸消毒 10 分钟，凉至室温后待用。

为了抗菌、抑菌，可在稀释液中加抗生素。一般每 100 毫升加入青、链霉素各 10 万单位。

稀释方法：一般稀释倍数为 3～4 倍。若高倍稀释，应分 2次稀释。稀释应掌握"三等一缓"的原则。即等温（30～35℃）、等渗（0.986％）和等值（pH6.6～7.6）。缓慢将稀释液沿管壁注入精液中，并轻轻摇匀，配制稀释液的用品、用具严格消毒，抗生素在用前添加，精液稀释后再进行一次检测。如活率变化不大，可立即输精；否则，应查明原因，并重新采精、稀释。为了提高受胎率，应尽量缩短从采精到输精的时间。

287. 精液的液态保存如何进行？

精液的液态保存，按保存温度不同可分常温保存（15～25℃，一般能保存1～2天）和低温保存（0～5℃，可保存数日）。液态保存的稀释液有以下几种：①糖卵黄保存液：每100毫升5%～7%葡萄糖液中加入新鲜卵黄0.8～1毫升，加入青、链霉素各10万单位，用消毒的玻棒搅匀备用；②鲜奶或10%奶粉保存液：先煮沸、过滤，凉至室温，再加抗生素；③奶卵黄保存液：在奶或10%的奶粉中加入新鲜卵黄；④多成分保存液：三羟甲基氨基甲烷3.028克，柠檬酸钠1.676克，葡萄糖1.252克，蒸馏水85毫升，卵黄15毫升，青、链霉素各10万单位。

保存技术：先将精液稀释，缓慢降至室温，进行分装。在每一分装精液表面最好盖一层中性液体石蜡，以隔绝空气。封口后，外包1厘米厚纱布放置于5～10℃环境中，使之在1～2小时内缓慢降温。最后存放在冰箱或放入有冰块的广口瓶中，保存温度为0～5℃。在没电的条件下，可利用水井或地窖保存，外包塑料以防水、防潮、防尘。用水井保存时，用绳将其悬吊在离水面约30厘米处，一般可存活1～2天。

288. 怎样进行诱发排卵？

母兔是诱发排卵动物，排卵在交配或性刺激后约10小时开始。为此，在给母兔输精前，应先诱发排卵处理，才能达到受精怀胎的目的。常用的方法有：①促排卵素2号（LRH-A$_2$）或（LRH-A$_3$）：溶解在灭菌生理盐水中，根据兔体重大小，肌内注射或静脉注射3～7微克；②人绒毛膜促性腺激素：溶解在适量的灭菌生理盐水中，每只用量50单位，耳缘静脉注射；③黄体生成素：每只10～20单位，一次静脉注射；④黄体生成素释放激素类似物，肌内注射5微克；⑤1%醋酸铜静脉注射1～1.5毫升；⑥用结扎输精管的公兔交配：挑选性欲旺盛的公兔，在腹下鼠蹊部的左、右两侧开口，从精囊中分离出输精管进行结扎。使用前，要先排出前1～2次射出的含有受精能力的精子。

289. 输精使用什么工具？怎样操作？

（1）输精器　常用的为兔用输精器或羊用输精器；也可用卡介苗注射器，前端安一段导尿管；笔者用玻璃滴管，口端套0.5～1厘米长的气门芯，使用方便。

（2）输精时间　根据笔者试验，注射诱导排卵药物后2小时、0小时（即注射药物时同时输精）和注射药物前2小时输精，受胎率差异不显著，而输精前或后4小时以上注射药物，其效果均不好，前（后）2小时的效果好。因此，为简化操作程序，减少捉兔次数，减轻对母兔的不良刺激，以注射诱排药物和输精同时为好。

（3）输精量　通常一次输入稀释后的精液0.2～1毫升，输入活精子数0.1亿～0.2亿个。

（4）精子活力　鲜精或液态短期保存的精液精子活力在0.6以上，冷冻精液的精子活力不低于0.3。

（5）输精操作方法　通常有四种方法。

倒提法：由两人操作，助手一手抓住母兔耳朵及颈皮，一手抓住臀部皮肤，使其头部朝下，尾巴向上。输精员左手食指和中指夹住母兔尾根并往外翻，使其外阴充分暴露，右手持输精器，缓慢将输精器插入阴道深部。

倒夹法：由一人操作。输精员坐在一高低适中的矮凳上，使母兔头朝下，轻轻夹在两腿之间，左手提起兔的尾巴，右手持输精器输精。

仰卧法：即将母兔放在一平台上，操作者左手握紧兔耳及颈皮，使之翻过身，腹部朝上，臀部着地，右手持输精器输精。

爬卧法：由助手保定母兔呈伏卧状，输精员左手提起尾巴，右手持输精器输精。

290. 输精应注意哪些问题？

第一，要严格消毒，无菌操作。输精器在吸取精液前，要先用 35～38℃的稀释液或清洗液，冲洗 2～3 次；然后，再吸入定量的精液为母兔输精。一只输精管只给一只母兔输精一次，用完冲洗消毒干燥待用。输精前，要将母兔外阴用生理盐水棉球擦净。

第二，由于母兔尿道开口在阴道的中部腹侧，故输精管应先沿阴道的背部插入下部，越过尿道口，再转向正下方。

第三，如遇母兔努责，应暂停输精，待其安静后再输。

第四，输精器插入深度 7～8 厘米后即可将精液输入阴道深处。在输精之前，可先抽动输精器几次，输精深度可根据母兔大小而定。其深度不可过深，以防插入一侧子宫颈，造成一侧子宫怀孕或损伤阴道壁。

第五，精液输入后，一手轻捏其外阴部，另一手缓慢将输精管抽出。

第六，凡采精及输精的有关器皿，用后要立即冲洗干净，并分别置于通风、干燥处备用。

291. 一只母兔在一个发情期内配种几次较好？

各兔场采取的措施不同，主要取决于兔场的家兔品种、饲料、营养和管理水平。如果兔场整体水平很好，母兔的受胎率和产仔数都很高，那么，母兔在一个发情期配种一次即可。增加配种次数导致产仔数过多，也是一种浪费。但是，如果兔场平时受胎率和产仔数都不高，可以增加配种次数来提高这两项指标。根据笔者经验，每增加一次配种，可提高受胎率 5 个百分点，增加产仔数 0.5～1 个。但是，配种次数过多也是没有必要的。最多配种 4 次。

由于我国以家庭养兔为主体，环境控制能力有限。特别是夏季高温影响，对种公兔睾丸的生精能力造成严重破坏。因此，夏季和秋季配种受胎率很低。在严重的情况下，这种影响会延长到 10 月底。对于夏季受到高温影响的兔场，增加配种次数是降低空怀率和增加产仔数的有效措施。根据笔者经验，选用青年种公兔代替老年种公兔配种，配种效果要好一些。

配种次数如何分布，是一个值得探讨的问题。笔者与法国专家探讨这一问题时，法国也采取"复配"的方式，以提高受胎率和产仔数。他们是让公、母兔连续交配2次。也就是说，当母兔发情时，将其放入公兔笼内配种。交配成功之后并不马上拿走母兔，而是待公兔再次与母兔交配一次后再取走母兔。而我国一些兔场往往是上午和下午各给母兔配种一次。法国做法的好处是减少一次捕捉母兔，不仅降低劳动量，更主要的是减少对母兔的应激。

292. 母兔的妊娠有何特点？

妊娠是指母兔从受精开始，经胚胎、胎儿发育所经历的一系列复杂生理变化，到产出母体的生理过程。母兔的妊娠期约为1个月（29～34天），妊娠期的长短因肉兔的品种、年龄、营养水平以及胎儿的数量和发育情况等不同而产生差异。一般大型肉兔、老龄兔、胎儿少、营养和健康状况良好的母兔妊娠期稍长。

母兔妊娠后，表现为发情周期停止。另外，全身的变化也比较明显。母兔新陈代谢旺盛，食欲增进，采食量增加，消化能力提高；营养状况得到改善，毛色润泽、光亮，性情温顺，行为谨慎、安稳，后期腹围增大；散养的母兔开始打洞，做产仔准备。

293. 怎样进行妊娠诊断？

在肉兔繁殖工作中，妊娠诊断尤其是早期妊娠诊断是提高母兔繁殖力的重要措施之一。在母兔配种后，应尽早进行妊娠诊断，以便对妊娠母兔分类管理，保证其顺利生产，并对未孕母兔给予及时配种。已丧失种用价值的，应坚决予以淘汰。

在生产中，检查母兔是否妊娠的方法常用的有以下三种：

复配法：母兔配种5～6天后，把母兔送到公兔笼内，如母兔已经妊娠，则会拒绝交配。但在生产中有时会出现假孕现象。

称重法：称重时间在母兔配种后的7～14天内进行2～3次，

体重明显增加者初步判断为妊娠。称重是在早晨饲喂前空腹时进行。

摸胎法：一般在母兔配种后 8～10 天进行，最好是在早晨饲喂前空腹进行。将母兔放在一平面上兔头朝向操作者，左手抓住耳朵及颈皮，使之安静。右手的大拇指与其他四指分开呈八字形，手心向上，伸到母兔后腹部自前向后触摸，未孕的母兔后腹部柔软，妊娠母兔可能摸到似肉球样、可滑动的、花生米大小的胚泡。

目前国内外普遍采取摸胎法，其简便、可靠。摸胎时，应注意以下几个问题：

第一，8～10 天的胚泡大小和形状易与粪球相似，应注意区别。粪球表面硬而粗糙，无弹性和肉球样感觉，分散面较大，并与直肠宿粪相接。

第二，妊娠时间不同，胚泡的大小、形状和位置不一样。妊娠 8～10 天，胚泡呈圆形，似花生大小，弹性较强，在腹后中上部，分布较集中；13～15 天，胚泡仍是圆形，似小枣大小，弹性强，分布在腹后中部；18～20 天，胚泡呈椭圆形，似小核桃大小，弹性变弱，在腹中部；22～23 天呈长条形，可触到胎儿较硬的头骨，位于腹中下部，范围扩大；28～30 天，胎儿的头体分明，长 6～7 厘米，充满整个腹腔。

第三，不同品种、不同胎次，胚泡也不同。一般初产兔胚泡稍小，位置靠后上；经产兔胚泡稍大，位置靠下；大型兔胚泡较大，中小型兔胚泡小些，而且腹壁较紧，不宜触摸，应特别注意。

第四，注意与子宫瘤和肾脏的区别。子宫瘤虽有弹性，但增长速度慢，一般为 1 个。当肿瘤有多个时，大小一般相差悬殊，与胚胎不一样。大型兔，特别是膘性较差时，肾脏周围的脂肪少，肾脏下垂，初学者容易误将肾脏与 18～20 天的胚胎相混。

第五，摸胎最好空腹进行，平面不应太光滑，也不再有锐物。应在兔安静状态下进行，如兔挣扎，应立即停止操作，待平静后再摸。如一时诊断不清，可请有经验的人指导；或过几天待胚胎增大后再摸，切忌用力硬捏。一旦确定妊娠，便按妊娠兔管理，不宜捕捉或摸胎。

294. 母兔为什么出现假妊娠？

假妊娠是指母兔在受刺激后排卵而未受精，但排卵后由于黄体产生并分泌孕酮，使乳腺激活膨胀泌乳，子宫增大，类似妊娠但没有胎儿。假妊娠的持续期为 16～17 天，由于没有胎盘激素的支持，黄体自行退化，孕酮分泌减少或终止，从而结束假妊娠现象。假妊娠母兔拒绝配种，到假妊娠末期母兔表现出临产行为，如衔草做窝、拉毛营巢、乳腺发育并分泌少量奶汁等。产生假妊娠的原因主要是公兔无效交配或母兔相互爬跨而引起。秋季公兔的精液品质不良，母兔容易出现假孕。为了预防假孕，可采取复配或双重配，并对拟参加配种的种公兔进行精液品质的检查，选择精液品质优良的公兔配种。

295. 怎样知道母兔快产了？

胎儿在母体内发育成熟之后，由母体内自然正常排出体外的生理过程叫分娩。这是由于母兔在妊娠期间，子宫不断膨大，促使子宫肌对雌激素和催产素的敏感增强。

母兔在分娩前数天的预兆比较明显，在外观上表现为：乳房肿胀，有的可挤出乳汁，食欲减退，有时绝食，外阴部肿胀湿润，阴道黏膜潮红充血。母兔在产前要拉毛做窝，一般在分娩前10～12 小时就用嘴将胸腹部乳房周围的毛拉下营巢。在笼养条件下的种兔，一般在妊娠第 28 天，将消过毒的产箱放在母兔笼内，里面放些柔软、干燥的垫草，让母兔熟悉环境，防止母兔将仔兔产在巢外。

296. 母兔分娩应注意什么？

母兔在分娩时，表现精神不安，四爪刨地，顿足，弓背努责，排出胎水并呈犬卧姿势，然后排出仔兔。母兔边产仔边将仔兔脐带咬断，同时吃掉胎衣，舔干仔兔身上的血迹和黏膜。分娩结束后，一般都发生口渴现象，会跳出产箱找水喝。因此，要事先准备好清洁的温水或淡盐水、米汤、糖水等，让母兔喝足水，以防母兔因口渴找不到水喝而吃掉仔兔。产仔结束时，管理人员应检查所生仔兔的数量，取出死仔兔，整理窝巢，检出弄脏的污毛、污草，垫上干净的垫草，放回母兔拉下的毛及仔兔。

母兔产仔多在夜间，但育成品种在白天产仔的也不少见。如发现在白天产仔，应把笼子盖上，避免日光直射；母兔分娩时要保持环境安静，禁止陌生人围观，避免动物闯入和大声喧哗。一般来说，拉毛早、泌乳早，拉毛多、泌乳多，母性好的母兔拉毛早，拉毛也多。但育成品种和初产母兔多不拉毛。可在妊娠的30～31天人工辅助拉毛或诱导拉毛。即把母兔放置好，腹部朝上，将其部分乳头周围的毛拔去一部分，放在产箱内铺好，以启发母兔自己拉毛。对产前没有拉毛的母兔，在产后应人工辅助拉毛，以刺激乳腺发育，促进乳腺泌乳。

297. 兔子正常产仔需要护理吗？

有很多人咨询：母兔产仔是否需要护理？有人给母兔打针（阿米卡星），有的外阴涂碘伏消毒，也有人说口服消炎药，还有人说什么也不用管。到底怎么做才好？生产中对于接产的理解有很大偏差，因此管理措施五花八门。根据笔者经验，认为干预越多，对母兔影响越大，效果越差。在野生条件下，兔子总是自然分娩，效果很好。原因很简单：作为一个生物种群，能进化到今天，说明其对环境有足够的适应能力。换句话说，只要你给它提供适宜的环境条件，自己管理自己是最科学的。

那么，给母兔提供什么环境条件呢？即接产做哪些工作呢？妊娠的第28天，将清洗消毒的产仔箱放入母兔笼，内放置适量的柔软干燥的垫草；保持环境安静，禁止陌生人的接近和动物的闯入；保持有足够清洁的饮水；保证环境温度适宜（冬季提前进入产房，其他季节在兔舍内即可）。以上工作做好了，饲养员基本上完成了任务。

是否需要打针、喂药？不同的兔场采取的措施不同。关键还是看兔场的具体条件和情况。如果兔场的卫生条件很好，环境干燥清洁，踏板和产仔箱卫生和表面没有毛刺，母兔健康，以往很少发生母兔乳房炎等疾病，这样的兔场没有必要给母兔用药。常言说得好：是药三分毒。不仅药物本身对家兔有影响，投药过程中捕捉母兔对其应激产生的副作用不可低估！尤其是在临产前和产仔后，精神高度紧张，对任何非常规的管理都是很敏感的。

但是，对于环境卫生条件较差、管理水平不高和经常发生乳房炎的兔场，可酌情用药。一般口服复方新诺明，每次半片，每天两次，连用 3 天。

298. 怎样进行诱导分娩？

家兔虽为多胎动物，但产仔时间较短，一般持续时间为20～30 分钟。母兔一般都会顺利分娩，不需助产。有下列情况之一者均可采取诱导分娩：母兔超过预产期而不产仔；母兔有食仔恶癖，需要在人工监护下产仔；寒冷季节为防止夜间产仔而造成仔兔冻死，需调整到白天产仔。遇到这种情况可采用诱导分娩技术。其具体步骤如下：

（1）拔毛　将待产母兔轻轻取出，置于干净而平整的地面或操作台上，左手抓住母兔的耳朵及颈部皮肤，使其腹部向上，右手拇指和食指及中指捏住乳头周围的毛，一小撮一小撮地拔掉。拔毛面积为每个乳头周围 12～13 厘米^2，即以每个乳头为圆心，以 2 厘米为半径画圆，拔掉圆内的毛即可。

（2）吮乳　先选择产后 5～10 天的仔兔一窝，仔兔数为 5 只以上，发育正常无疾病，6 小时之内没有吃过奶。将这窝仔兔连其巢箱一起取出，把待催产并拔过毛的母兔放在产箱里，轻轻保定母兔，防止其跑出或蹬踏仔兔。让仔兔吃奶 3～5 分钟，然后将母兔取出。

（3）按摩　将干净的毛巾用温水浸泡，拧干后覆在手上，伸到母兔腹下，轻轻按摩 0.5～1 分钟，手感母兔腹内变化。

（4）观察及护理　将母兔放在已准备好的干净产仔箱里，铺好垫草，观察母兔表现。一般 6～12 分钟即可分娩。如果天气寒冷，可将仔兔口鼻处黏液清理掉，用干毛巾擦干身上的羊水。分娩结束后，清理血毛及污物，换上干净的垫草，整理巢箱，将拔下的兔毛盖在仔兔身上，将产箱放在温暖处，给母兔备好饮水，将母兔放回原笼，让其安静休息。

299. 诱导分娩应注意哪些问题？

首先，诱导分娩是母兔分娩的辅助手段，是在迫不得已的情况下才采用，不应不分情况随意采用。因诱导分娩过程对母兔是一种应激，而且第一次的初乳被其他仔兔所吮吸，这样对其母仔都有一定的影响。

第二，诱导分娩前必须查看配种和妊娠检查记录，母兔的妊娠期确实已达 31 天以上，并摸胎核实怀胎数少者，可在 30 天诱导分娩。

第三，诱导分娩是通过仔兔吮吸乳汁刺激，反射性地引起脑垂体后叶释放催产素，而作用于子宫肌，使之节律性收缩，与胎儿相互作用而发生分娩。因此，仔兔吮乳时间不应少于 3 分钟，也不宜超过 5 分钟。仔兔日龄不宜过大，以防对乳头的刺激太强。仔兔数宜在 5～8 只，以停奶 6 小时为宜。按摩时，应注意卫生和按摩强度，不可用力按摩。以轻轻上托腹肌和按摩腹壁及乳头，刺激子宫肌和胎儿的运动。

第四，诱导分娩见效快，有时仔兔吃奶刚刚结束便开始分娩，有的在按摩时便开始产仔。而且，产程比自然分娩的时间短，必须加强护理，特别是在寒冷季节。

300. 母兔产后如何护理？

母兔分娩后，会跳出产箱找水喝。这时，应将产仔箱取出，清点仔兔，扔掉死胎、弱胎及污物，称重记数，并换上新鲜垫草。如母兔产仔过多或乳汁不足，可进行适当的调整。将过多的仔兔转移到产仔较少而乳汁又充足的哺乳母兔那里。将转移的仔兔身上涂以寄养母兔的乳汁或该母兔所生仔兔的尿，以防寄养母兔不哺乳。另外，对母兔要饲喂适口性好、容易消化的饲草，要注意观察母兔的采食、精神状况及所排粪尿是否正常，发现问题要及时治疗。

301. 影响繁殖力的主要因素有哪些？

除品种、季节、年龄和营养因素外，主要因素是公兔或母兔本身的问题。

（1）公兔方面的原因

睾丸发育不完全：两侧睾丸缺乏弹性、缩小、硬化和生殖上皮活性下降等，均会影响精子的形成和品质。

单睾或隐睾：一侧或两侧睾丸未降入阴囊，或患有睾丸炎、附睾炎，使生殖上皮变性等，均会影响正常精子的形成。

其他疾病：患密螺旋体病、脚皮炎或咬生殖器官等，均可引起局部发炎、奇痒、疼痛等症状，影响公兔的性欲与配种。

高温疾病和高温天气：高温疾病和环境温度过高是生产中造成公兔不育的主要原因。当温度超过30℃时，公兔睾丸生殖上皮受到破坏，往往导致睾丸萎缩，性欲减退，畸形精子数增加，精液品质急剧下降，并将逐渐失去生精能力。有的精子活性下降到0.1以下，甚至全部是死精子或出现无精症。而改善环境，重新形成有活力的精子至少需要40～50天，有的长达3个月之久。

年龄：24月龄的公兔精子日产量最大，36月龄后逐渐减少。

交配频率：肉兔产生精子的能力很旺盛，一只壮年公兔每天采精1次，连续43周，对其性欲、精液产量和受精率无不良影响。如果在同一天内连续采精，前3～4次的精液有受精能力，以后的就不行了。

缺乏维生素：长期缺乏维生素，特别是维生素A和维生素E等，均可引起生殖上皮萎缩，导致性欲下降，精子数量和质量明显下降。

光照：适宜的光照时间为 8～12 小时，过于黑暗和光照 16 小时以上都会使睾丸重量和精子产量明显下降。

（2）母兔方面的原因

不育和不孕：母兔不发情或配种后不妊娠均称为不育或不孕。造成这种现象的原因是多方面的。有的是先天性的，如生殖器官畸形，卵巢或子宫发育不全，影响卵泡的发育和成熟，妨碍精子和卵子结合；有的是机能性的，如卵巢机能障碍，多是由于不正确使用激素（用量过大）或大量食入含有类激素物质，使体内激素分泌失调而导致不孕；有的是营养性的，即营养缺乏或营养过盛所致，母兔营养不良，特别是长期缺乏蛋白质、维生素 A、维生素 E 及微量元素等，易造成死胎、畸形或不孕。如母兔过于肥胖，卵巢表面脂肪沉积，使卵泡发育受阻，造成不孕；还有的是由于生殖器官或其他疾病所引起，如螺旋体病、子宫炎、输卵管炎、卵巢囊肿、阴道炎、梅毒、子宫肿瘤、李氏杆菌病、沙门氏菌病等。

假孕：母兔经交配或人工授精后，并未受精，或者虽然受精但在附植前后死亡，将会出现假孕现象。它和真怀孕后的反应一样，卵巢形成黄体，分泌激素，抑制卵细胞成熟，子宫上皮细胞增殖，子宫增大，乳腺发育，乳房胀大，不发情，不接受配种等。在正常妊娠时，到第 16 天后，黄体得到胎盘分泌的激素支持而继续存在，抑制母兔发情，维持妊娠安全。但假孕时，由于没有胎盘存在，在 16 天左右黄体退化，于是母兔假孕结束，表现临产行为，如衔草、拉毛营巢，乳腺甚至分泌出一点乳汁。假孕一般持续 16～18 天，结束时极易受胎。

造成母兔假孕的原因是排卵后没有受精，如子宫炎、阴道炎、公兔精液不良、配种后短期高温或营养过盛（尤其是能量过高）、母兔发情后没有及时配种，造成母兔之间的互相爬跨，甚至人对母兔的抚摸、梳理等刺激，都可引起母兔的排卵。为减少假孕的发生，要养好种公兔，采取复配和双重配种等措施。

化胎：指胚胎在子宫里早期死亡，逐渐被子宫吸收。生产中有时发现，母兔配种后8～10天摸胎，确诊已经妊娠，但时隔数日却摸不到胚胎，并一直未见流产和产仔。

引起化胎的原因很多：一是由于精卵本身的质量差；二是由于母体内环境不适合胎儿发育；三是由于外界环境的作用。如近亲交配、饲料中长期缺乏维生素A、维生素E及微量元素等营养，母体过于肥胖或过于瘦弱，妊娠前期高温气候，公兔精液品质差，母兔生殖道慢性炎症，种兔年龄老化，饲料发霉，妊娠期服药过多等，均可导致胚胎的早期死亡。

流产：母兔妊娠中断，排出未足月的胎儿叫流产。母兔流产前一般不表现明显的征兆，或仅有一般的精神和食欲的变化，常常是在兔笼中发现产出的未足月的胎儿，或者仅见部分遗落的胚盘、死胎和血迹，其余的已被母兔吃掉。有的母兔在流产前可见到拉毛、衔草、做窝等产前征兆。

母兔流产的原因很多，比如机械损伤（摸胎、捕捉、挤压），惊吓（噪声、动物闯入、陌生人接近、追赶等），用药过量或长期用药，误用具有缩宫作用的药物或激素，交配刺激（公母混养、强行配种以及用试情法作妊娠诊断），疾病（患副伤寒、李氏杆菌病或腹泻、肠炎、便秘等），遗传性流产（近亲交配或具有致死基因的重合），营养不足（饲料供给量不足、膘情太差、长期缺乏维生素A、维生素E及微量元素等），中毒（如妊娠毒血症、发霉饲料中毒、有机磷农药中毒）。在生产中，以机械性、精神性及中毒性流产最多。如果发现母兔流产，应及时查明原因并加以排除。

有流产先兆的病兔可用药物进行保胎，常用的药物是黄体酮15毫克，肌内注射。对于流产的母兔应加强护理，为防止继发阴道炎和子宫炎而造成不孕，可投喂磺胺或抗生素类药物，局部可用0.1％高锰酸钾溶液冲洗。让母兔安静休息，补喂高营养饲料，待完全康复后再配种。

死产及木乃伊：母兔产出死胎称死产；若胎儿在子宫内死亡，并未流出或产出，而且在子宫内这一无菌的环境里水分等物质逐渐被吸收，最终钙化，而形成木乃伊。胎儿死亡原因很多，总的来说分产前死亡（即妊娠中后期，特别是妊娠后期死亡）和产中死亡，而产后死亡是另一回事。产中死亡多为胎位不正或胎儿发育过大，产期过长，仔兔在产道内受到长时间挤压而窒息；产前死亡的原因比较复杂，如母兔营养不良，胎儿发育较差，母体组织分解而造成毒血症，造成胎儿死亡；妊娠期患病、高烧及大量用药；机械性造成胎儿损伤。此外，种兔年龄过大，死胎率增加。

由于胎儿过大，产期延长而造成胎儿窒息死亡，多发生于怀胎数少的母兔，以第一胎较多。公兔长期不用，所交配的母兔产仔数往往较少。为防止胎儿过度发育造成难产或死产，应限制怀仔数较少的妊娠母兔的营养水平和饲料供给量。若 31 天不产仔，应采取催产技术。其他原因造成的死产应有针对性地加以预防。

302. 提高肉兔繁殖力应从哪几个方面入手？

（1）严格选种　在选留种兔时，既要注重其生产性能的高低，更要注意其繁殖性能的高低。如果繁殖性能不好，生产性能再高，利用价值也不大。所以，在选种时必须把繁殖性能作为重要指标。要选择那些性欲强、生殖器官发育良好、睾丸大而匀称，精子活力高、密度大，不过肥、过瘦的优秀青壮年兔作种用。及时淘汰单睾、隐睾、卵巢或子宫发育不全，及患有生殖器官疾病的公、母兔。对受胎率低、产仔少、母性差、泌乳性能不好、有繁殖障碍的种兔，不能用于配种繁殖。

（2）合理配种　要提前安排好配种计划，要根据需要和预计年产仔兔的数量，具体安排好每只母兔的年产胎次，排出配种、妊娠、断奶的时间表，并做好相应的准备工作。可采用复配和双重配技术。复配，就是母兔在一个发情期内与同一只公兔交配两次或多次，每次间隔 4 小时左右。双重配，就是一只母兔在一个发情期内与两只公兔交配，一般间隔 10～15 分钟。复配和双重配均可提高受胎率和产仔数。可采用频密繁殖、半频密繁殖或二者相结合的方法，并制订和落实相应的管理措施。要掌握好配种"火候"及时配种，尽量做到胎胎不空。对种公兔既要合理使用，又要加强保护。公兔精液品质是母兔能否怀胎的关键，公兔过度配种，精子生成跟不上，精子密度下降，畸形率上升，会影响配种效果。公兔长期不配种，会使积存在附睾中的精子衰老和死亡，同样也会影响配种效果。合理使用的方法是：一天配种以 1：10～12 为宜，这样公兔既不会使用过度，又不会长期闲置不用。另外，公兔睾丸对高温极其敏感，在高温季节应加强对公兔的保护，防止高温刺激；配种时，应做到老不配、弱不配、病不配。老年兔生理机能逐渐衰退，性欲衰退尤为明显，而且有害基因的外显率明显提高。瘦弱的母兔激素分泌少，卵细胞发育不正常，故均不宜配种。患病种兔，特别是患睾丸炎、阴道炎、子宫内膜炎等病的种兔，不能配种；要大力推广使用人工授精技术。

（3）加强饲养管理　在饲养方面，要根据种公兔的体况和配种任务合理搭配饲料，保证青饲料的供应，尤其是注重蛋白质的质量和维生素、微量元素的添加。以上营养的贫乏会使公兔体况过瘦，影响性器官的发育，导致精液品质降低。相反，过剩饲养会使公兔体况过肥，性功能减退，精液品质下降，甚至无性欲；母兔的营养水平不宜过高，也不宜过低。体况过肥和过瘦都会影响发情和排卵。妊娠母兔应根据胎儿发育的不同阶段满足其需要，妊娠早期营养水平过高，会增加胚胎死亡率。妊娠后期胎儿生长快，营养需要相应增加。哺乳期的母兔负担重，消耗大，要充分满足其营养需要。

在管理方面，要创造一个清洁卫生、透光、通风、干燥、舒适安静、冬暖夏凉的环境。种兔笼大小要适宜，应有一定的活动空间，要一兔一笼饲养。公、母兔的笼位要隔开，以免影响性欲。母兔胆小易惊，妊娠母兔尤甚，严重的惊扰是造成流产和死胎的主要原因。所以，一定要为妊娠母兔提供一个安静的环境。母兔对光照虽不苛求，但光照不足会明显影响繁殖机能。一般以每天光照 14～16 小时为宜。

（4）合理用药　对于药物的使用要严格控制，尽量少用药或不用药。须用药时，应控制用药量和用药时间，不可长期用药和超量用药。药物饲料添加剂和营养性饲料添加剂也应严格控制用量。配种前，尽量不投药和不注射疫苗，以免影响配种效果。

（5）避免近亲繁殖　近亲繁殖易产生死胎、畸形仔兔和使后代生活力降低，在肉兔生产中切忌近亲交配。要建立种兔档案，做好配种繁殖记录，并做到定期更新种兔。

（四）肉兔饲养管理的基本原则

303. 是定时定量好？还是少喂勤添好？

肉兔采食有多餐习性，一天可采食 30～40 次。生产实践中，肉兔的饲喂方式一般分为三种：即自由采食、定时定量和混合饲喂。自由采食就是在料槽和水槽中常有饲料和饮水，任由兔自由采食，饲喂的饲料多为颗粒料。这种采食方法节省劳力，适用于大型养殖场的颗粒料。定时定量饲喂则是规定每天饲料的数量、饲喂时间和饲喂次数，使肉兔形成固定的采食习惯，有利于消化液的分泌和饲料的消化。这种饲喂方式适合个体专业户的饲养。由于肉兔所处的生理发育阶段不同，饲喂制度应根据情况做相应安排，不可轻易改变。一般来讲，成年兔每天的饲喂次数为 3～4 次，青年兔 4～5 次，幼兔 5～6 次。给料量要相对稳定，不能忽多忽少。因兔在夜间采食量大，应注意夜间饲料的供给，特别是在炎热的夏季更要特别注意晚上饲料的充足供应。混合饲喂就是青粗饲料自由采食，精饲料或颗粒饲料定量供给。这种饲喂方式多见于农村少量饲养，应掌握先喂草、后喂料的原则。

采取何种饲喂方式，取决于每个兔场的具体情况，不可生搬硬套。

304. 为什么改变饲料要逐渐过渡?

兔的采食习惯、消化酶的分泌以及大肠内微生物的种类和比例,在一定时期内与一定的饲料相适应。所以,无论饲料配方、类型还是饲喂制度,都不可突然改变。更换饲料要逐渐进行,使兔有一个适应和习惯的过程。春季枯草期向夏季丰草期的过渡、秋季向冬季、仔兔料向中兔料、新购兔饲料的异地过渡,一般需要1周左右的时间。如果过渡不当,会引起食欲下降或贪食过多,造成胃肠疾病。严重的应激刺激还会引起兔的强烈不适而导致死亡。

305. 家兔喂料如何合理分配?

兔有昼伏夜出的生活习性,夜间采食及饮水量占昼夜总量的60%以上,夏季则可达75%以上。在饲养管理中必须考虑这一特性,加强夜饲。大型兔场最好夜间有人值班,小型兔场则应注意添足夜间用草、料、水。俗话说,"早晨要早,中午要少,晚上喂饱,夜间加草"。按照这个基本原则分配每天的饲料,就会取得较理想的饲喂效果。

306. 为什么强调自由饮水?

水虽不能提供能量,其作用却不亚于其他营养物质。兔的需水量和体重、生理状态(如哺乳、空怀)、季节以及日粮组成有关,其饮水量大致为:每采食1千克干物质需水2.0~2.3千克,或饮水量占体重的10%~14%,泌乳母兔加倍。饮水不足,兔精神倦怠,食欲不振,生长缓慢,泌乳量减少,疾病增多,长期缺水还会造成死亡。充足饮水的肉兔日增重为限制饮水的20~25倍。

水质也是一个重要问题。肉兔的饮水必须符合国家饮用水标准,泥土水、死塘水、污染水及不符合饮用标准的水不能喂兔。

自动饮水器自由饮水是最佳方式。

307. 饲料卫生应注意什么?

饲料质量是保证肉兔健康和饲喂效果的关键措施之一。养兔实践中饲料要做到"七不喂"，即有毒有害饲料不喂；带泥、带水和粪尿污染饲料不喂；霉烂变质饲料不喂；喷洒过农药、冰冻与带露水饲料不喂；发芽马铃薯、黑斑病甘薯不喂；生的豆类饲料不喂；尖刺草不喂幼仔兔。实际生产中，新压制的颗粒料不及时晾干，冬贮的大白菜和胡萝卜等其他青绿饲料、夏季浸过雨的干草垛、贮存不当的玉米秸甚至不能及时晒干的玉米等都可能引起肉兔的霉菌中毒，应该引起特别注意。

308. 为什么强调人兔固定?

生产中发现，相同的饲料、相同的管理制定，同样的饲养方式和方法，一旦饲养员更换，兔群马上发生异常。有些人对此不解，不知其中的奥妙。其实，在肉兔日常的饲养管理中，特定的饲养员和他管理的家兔形成了固定的联系。饲养员了解兔，而这群兔子更了解饲养员。如果饲养员突然变化，造成兔子对新的主人的陌生感和不适应，影响兔子的"情绪"。而新的饲养员对每只兔子的具体情况也不十分清楚。例如，不同的泌乳母兔的采食量是不同的，老饲养员很清楚，但新手不知情。因此，他饲喂这批泌乳母兔基本上是"平等"的，而这种"平等"实际上是不合理的。可能有的营养不足，有的营养过剩。而对于刚刚断奶的小兔，喂量过多或过少产生的危害可能更大。

309. 为什么强调人兔亲和?

有些人认为，兔子就是一种动物，没有"感情"，不知"好歹"，只要喂饱就行了。这种观点是不对的。家兔尽管不可能像人那样感情丰富，悲欢哀乐分明，但兔子也有七情六欲。比如对经常饲喂它的饲养员是有"感情"的，对饲养员的一举一动是有反应的，对饲养员说话的态度是有反馈的。你对它"好"，它对你"亲"；你对它恶，它对你疏。而不同态度对待所饲养的动物，其生产性能是完全不同的。经常发现，饲养员进入兔舍，家兔纷纷扒在门前"欢迎"，而一个陌生的人进入兔舍，兔子"敬而远之"。一旦某人用厉声呵斥兔子，下次这个人再次接近这个兔子，兔子就会两眼紧盯，做出惧怕和躲避的姿态。善待动物是养兔的基本原则之一。没有爱心是养不好肉兔的。

310. 观察兔群应注意什么？

预防肉兔疾病，关键要知道什么是健康兔，什么是将要发病的兔，什么是患病兔。任何疾病，在死亡之前都有一系列的变化过程。有些变化可能是微小的。但是，如果能及时识别，提前采取措施，就可以控制疾病。因此，要求饲养管理人员日常工作中仔细观察，重点观察兔群的采食、饮水、粪便、行为表现、眼、鼻和毛皮状况、体温、脉搏和呼吸变化，发现问题及时处理。

311. 兔场消毒应注意什么？

对肉兔的生活环境和生产环境进行经常性的及时的消毒，是预防疾病发生的必要手段和措施。

（1）消毒药物的选择　应选择对人、兔安全，对设备没有腐蚀性、无残留毒性的消毒药物。常用的有石灰、烧碱、煤酚皂及农福、百毒杀等。

（2）消毒制度　包括环境的消毒、人员消毒、笼舍消毒和带兔消毒。兔舍一般每2～3周消毒一次，场内的污水池、贮粪坑、下水道出口应每月消毒一次。兔场、兔舍入口处的消毒池可使用2％烧碱或煤酚皂溶液等进行消毒。肉兔进舍前或出栏后应对兔舍、笼具、器具彻底清洗和消毒，兔笼和相关部件可以用火焰喷灯依次瞬间消毒，水槽、料槽、产仔箱定期清洗消毒。进入生产区的工作人员，必须更衣、换鞋、踩踏消毒池消毒，而后在消毒间进行紫外线照射5分钟。

312. 兔场废弃物和病死兔如何处理？

兔场的废弃物应实行减害化、无害化和资源化处理。兔粪及产仔箱垫料应及时堆积发酵后才可以用作肥料或部分用作饲料；兔舍污水等经化粪池发酵、沉淀后用作液体肥料；因传染疾病致死的兔或因病扑杀的死兔，应按要求进行无害化处理，一般焚烧或深埋。

（五）肉兔不同生理阶段的管理要点

313. 如何饲养管理非配种期种公兔？

种公兔饲养管理的目的是使保持健壮的体质、旺盛的性欲和优良的精液品质。种公兔饲养管理的好坏，直接影响母兔的受胎率、产仔数及仔兔的生活力。

在规模化兔场，实行集约化养殖，人工控制环境，基本没有非配种期。而农村家庭养兔，由于环境控制能力较差，养兔受气候条件和饲料条件等因素的影响较大，配种繁殖有旺季和淡季的区别。一般春、秋集中繁殖配种，夏季和冬季停止或减少繁殖。种公兔不进行配种繁殖的时期就是非配种期。

饲养方面：非配种期的种公兔需要恢复体力，保持适当的膘情，不能过肥或过瘦，需要中等营养水平的饲料。日粮中应以青绿饲料为主，补充少量的混合料。

管理方面：采用单笼饲养，有条件的兔场可以建造种兔运动场，每周运动2次，每次1～2小时。规模化和工厂化兔场可以适当加大种公兔笼的尺寸，增加活动空间。

恢复体质，保持健康，根据膘情酌情喂料，时刻为配种做好准备。

314. 配种期种公兔如何饲养？

配种期种公兔除了自身的营养外，还担负着繁重的配种任务。公兔配种能力和精液的数量与质量密切相关，而精液品质又受到日粮营养水平的影响。确定种公兔营养的依据是其体况、配种任务和精液的数量和质量。在饲养技术方面，注意以下问题：

（1）能量　不能过高或过低。过高，容易造成肥胖，性欲减退，配种能力差；能量太低，公兔过瘦，精液产量少，配种能力也差，效率低。种公兔日粮一般保持中等能量水平。

（2）蛋白质　蛋白质水平直接影响精液的生成和激素、腺体的分泌。蛋白质不足，会使种公兔性欲差，射精量、精子密度和精子活力受到不良影响，导致配种受胎率降低。补充蛋白质类饲料如花生饼、大豆及豆饼、鱼粉等会使配种效果逐渐变好。所以，要求配种期种公兔的蛋白质水平不低于15％。在保证日粮蛋白质水平的同时，还应考虑氨基酸的平衡。由于低蛋白水平日粮对精液品质的影响具有延续性和后滞效应，蛋白水平提高的正面效应需20天左右的时间才能实现。所以，在配种期到来前，应提前补充日粮蛋白质。

（3）维生素 维生素A、维生素E、维生素D和B族维生素对公兔精液品质的影响较大。特别是维生素A缺乏时，会导致生精障碍，睾丸精细管上皮变性，畸形精子增多，精液品质降低。生长公兔生殖器官发育不全，睾丸组织较小，性成熟延缓，配种受胎率降低。所以，应在保证精料的同时适当补充优质干草、多汁饲料（如胡萝卜、大麦芽等），丰草期可加大青绿饲料的给量。也可以通过维生素添加剂的方式补充。

（4）矿物质 特别是钙、磷，为精液生成所必需，对精子活力也有很大影响。钙、磷缺乏，精子发育不全，活力减弱，公兔四肢无力。微量元素硒也和繁殖性能有关。所以，日粮中应保持充足的矿物质。常采用添加剂的形式补给。

种公兔的饲养是一项综合措施，在配种季节，应注意保证饲粮中的营养水平。每千克日粮消化能水平不得低于10.46兆焦，蛋白质含量不能低于17％，还应适量添加动物性的蛋白饲料如鱼粉、肉骨粉等。注意饲料中维生素的水平，及时添加维生素添加剂。

315. 配种期种公兔管理应抓好哪些工作？

肉兔一般3～4月龄性成熟，6～7月龄才能达到配种年龄。种公兔一般在7～8月龄第一次配种，使用年限为2年，特别优良者最多不超过3～4年。

（1）配种强度 青年公兔每天配种一次，连续2天休息一天；初次配种公兔实行隔日配种法，也就是交配1次，休息一天；成年公兔一天可交配2次，连续2天休息1天。要充分保证适当的配种间隔，因为公兔配种负担过重，持续时间长，可导致性机能衰退，精液品质下降，排出的精子中未成熟精子数增加，致使母兔受胎率低。配种任务过轻或长期不配，公兔性兴奋得不到满足，睾丸产生精子机能减弱，精子活力低，甚至产生畸形精子、死精子。

（2）繁殖与季节　种公兔的配种能力和季节有很大关系，一般春季公兔性欲强，精液品质好，受胎率高；冬季次之，夏、秋季最差（指华北以南地区）。春季是配种繁殖的最好时期，也是公兔的换毛季节，应增加饲料中蛋白质的供给。夏季气温高，特别是在30℃以上持续高温天气时，睾丸萎缩，曲细精管萎缩变性，会暂时失去产生精子的能力。此时，配种不易怀胎，这就是常说的"夏季不育"。有资料报道，夏季睾丸的体积比春季缩小30%～50%。而此时睾丸受到的破坏，在自然条件下需1.5～2.0个月才能恢复，且恢复时间的长短与高温的强度和时间成正相关。这样又容易形成秋季受胎率不高。消除"夏季不育"的唯一办法是在夏季给公兔创造凉爽的条件，免受高温影响。缩短恢复期则可通过增加营养水平（蛋白质、矿物质、微量元素和维生素等）；额外补加维生素E，使日粮中维生素E达到30毫克/千克、硒（0.35毫克/千克）和维生素A（日粮中每千克含12 000单位）、添加稀土（50～100毫克/千克）；或每5～7天肌内注射一次促排卵2号或3号，连续4～5次等措施来实现。添加抗热应激制剂，可以使暑热后期种公兔精液品质的恢复时间缩短20～27天，种母兔的受胎率显著提高，显著减少生长兔的热应激。

（3）配种环境　由于公兔对环境比较敏感，应尽量减少刺激。交配时，应将母兔放入公兔笼内或将公、母兔放在同一运动场来进行。

（4）公母比例　保持合适的公母比例结构是管理技术的重要内容。在大中型兔场，每只公兔固定配母兔以10～12只为宜。

在种公兔群中，壮年公兔和青年后备公兔应保持合适的比例，一般壮年公兔占 60%，青年公兔占 30%，老年公兔占 10%。

316. 种母兔生理上可划分哪几个阶段?

种母兔是兔群的基础。因为种母兔除了本身的生长发育和维持自身的生命活动外，还担负着繁育和哺乳仔兔的任务。母兔体质的好坏又直接关系到后代的生活力和生产性能。所以，种母兔的饲养管理，在整个养兔生产中尤为重要。根据母兔的生理状况，可分为空怀期、妊娠期、泌乳期和妊娠泌乳期，各阶段需要相应的饲养管理技术。

317. 母兔空怀期如何饲养管理?

空怀期是指从仔兔断奶到下次配种受孕的间隔期。由于母兔在哺乳期消耗了大量养分，体质瘦弱，此期母兔的主要任务就是恢复膘情，调整体况。饲养管理的主要任务是防止过肥或过瘦。空怀母兔的饲料主要以青绿饲料为主。在青饲料供应季节，体重 3～5 千克的母兔每天可喂青绿饲料 600～800 克，补加 20～30 克混合料；枯草期可喂优质干草 125～175 克，多汁饲料 100～200 克，混合料 35～40 克。对于体质较差的母兔，在保证青饲料的同时，适当增加精饲料的比例或给量，日加精 50～100 克；体况较好的母兔，应注意增加运动，加大青绿、粗饲料的供给，这样利于减膘，增强体质；对于使用全价颗粒饲料的兔场，空怀期的母兔每天饲料喂量控制在 150 克。对于长期不发情的母兔，可实施异性诱情或人工催情，或用催情散（淫羊藿 19.5%、阳起石 19%、当归 12.5%、香附 15%、益母草 19%、菟丝子 15%），每天每只 10 克拌于精料中，连服 7 天。对于采用频密繁殖或半频密繁殖的母兔，由于本身营养的大量消耗，饲喂高营养水平的饲料是保持其基本体况的物质基础。空怀期的母兔一般应保持在七八成膘的适当水平。

空怀期的母兔可单笼饲养，也可群养。但必须观察其发情情况，掌握好发情征候，适时配种。

空怀期的长短可根据母兔生理状况和实际生产计划合理安排。在农村条件下，肉兔每年可繁殖4～5胎。对于仔兔断奶后体质瘦弱的母兔，应适当延长休产期。不要一味追求繁殖的胎数，否则将影响母兔健康，使繁殖力下降，也会缩短优良母兔的利用年限。但在高营养水平条件下，母兔基本没有空怀期，每年可繁殖7胎以上。

318. 母兔妊娠期如何饲养?

妊娠期是指配种怀胎到分娩的一段时间。妊娠期母兔的营养需求有明显的阶段性。妊娠期可以分为三个阶段：1～12天为胚期；13～18天为胚前期；19天以后至分娩为胎儿期。胚期和胚前期以细胞分化为主，胎儿发育较慢，增重仅占整个胚胎期的1/10左右，所需的营养物质不多。一般按空怀母兔的营养水平或略高即可，但要注意饲料质量，营养要平衡。妊娠后期（20天以后），胎儿处于快速生长发育阶段，重量迅速增加，其重量相当于初生重的90%。胎儿生长强度大，需要的营养也多，饲养水平应为空怀母兔的1～1.5倍。而且，妊娠后期应增加精饲料的给量，同时特别注意蛋白质、矿物质饲料的供给。各阶段的喂量大致为：妊娠前期日喂青草500～750克，精料50～100克；15日后逐渐加精料，20～28天可日喂青草500～750克，精料100～125克；28天后母兔食欲不振，采食量减少，宜喂给适口性好、易消化、营养价值高的饲料，以避免绝食，防止酮血症发生。母兔妊娠期能量水平过高，对繁殖不利，不仅减少产仔数，还可以导致乳腺内脂肪沉积，产后泌乳量减少。妊娠母兔的喂料方式不能沿用一般的定时定量，应该自由采食。

对于膘情较好的妊娠母兔采用的饲养方法是"先青后精"，即妊娠前期以青绿饲料为主，随着日龄的增加，妊娠后期适当增加精料喂量。对于膘情较差的母兔，可以采用"逐日加料法"，即从妊娠的开始除了喂给充足的粗饲料外，还应补加混合精料，以利于膘情的恢复。

采取全价颗粒饲料的兔场，妊娠前 15 天每天饲料喂量控制在 150 克；15～20 天逐渐增加喂量 5 克；20～28 天基本自由采食；28 天至分娩根据食欲酌情喂料。

319. 母兔妊娠期如何管理？

妊娠期管理的中心任务是保胎防流。流产一般多发生在妊娠 15～25 天。引起流产的原因有多种，如惊吓、突然改变饲料或饲喂制度、饲料发霉变质、滥用药物、挤压、摸胎方法不正确、疾病等都可能引起母兔的流产，应针对具体原因采取相应的措施。

妊娠后期要做好接产准备。一般产前 3 天（即妊娠 28 天）将消毒过的产仔箱放入母兔笼内，垫上软草，让其熟悉环境。对于血配母兔，产前强制断乳。母兔在产前 1～2 天拉毛做窝，对于初产母兔产前或产后可人工辅助拉毛。

母兔分娩多在黎明，一般产仔都很顺利。每 2～3 分钟产一只，15～30 分钟产完。个别母兔产几只休息一会儿。有的甚至会延至第二天再产，这种情况大多是产仔时受惊吓造成的。冬季应注意观察，防止母兔将仔兔产于产仔箱外而使仔兔受冻致死。

母兔有临产表现时，应加强护理，防止仔兔产于箱外。母兔产后应将产仔箱取出，清点仔兔数，称初生窝重（科学试验或抽样测定，一般生产尽量减少抓兔），剔除死胎、畸形胎和弱胎。

母兔产后由于失水、失血过多，腹中牢瘪，口渴饥饿，可准备淡的盐糖水和汤，并保证自由饮水。产后母兔体力大量消耗，应保持环境的安静，闭光静养。

对于饲养环境不良，尤其是卫生条件交叉的兔场，母兔分娩一周内应服用抗菌药物，以预防母兔乳房炎和仔兔黄尿病，提高仔兔成活率，促进仔兔生长发育。

在实际生产中，有的母兔妊娠期较长。如果超过预产期 3 天还未能分娩就应该采取催产措施，一般注射人用催产素，按照常人 1/4～1/8 的注射剂量即可。

320. 母兔围产期怎样饲养管理？

围产期是指母兔产前和产后各 3～5 天。由于跨越妊娠后期、分娩期后泌乳初期，母兔生理上发生了巨大变化，消化系统、内分泌系统和生殖系统容易发生一系列的紊乱，出现因采食减少，甚至绝食等所导致的一系列机体代谢障碍。此现象称作围产期综合征。

围产期综合征实际上是一种代谢障碍综合征。由于母兔妊娠后期胎儿的快速发育，需要大量的营养消耗，同时产生大量的代谢产物需要排出。如果母兔营养入不敷出时，势必动用自身的营养储备——脂肪。脂肪的分解产生大量的酮体（乙酰乙酸、β-羟基丁酸及丙酮）。当酮体的产生速度超过酮体的利用时（主要在肝脏，肌肉中也可利用一部分），就会发生酮症酸中毒；临床表现为：极度烦渴、尿多、明显脱水、极度乏力、食欲低下、精神萎靡或烦躁、神志恍惚，最后嗜睡、四肢无力、昏迷等。母兔一旦发生以上症状，多在产前或产后死亡。

当产前出现以上情况没有好转，产后病情加重，多不采食，无乳，渐进性消瘦，难以救治。有时候产前没有明显症状，但是产后管理不善，暴饮暴食，造成积食。其后果一方面发生乳房炎，另一方面消化不良，食欲降低甚至停食，继发一系列疾病。

出现以上情况，多因饲养管理不善所致。尤其是妊娠前期营养过剩造成的肥胖母兔以及营养不良的母兔多发。妊娠期科学饲养管理是非常重要的。

母兔妊娠后期出现发病征兆时，立即补充葡萄糖，饮水中添加电解多维，必要时投服或注射保肝解毒药物。注意饲喂一些适口性较强的青绿饲料，保证母兔有营养摄入，只要没有停食，顺利产仔，并良好护理，就可以控制病情发展。产后前三天采取半饱喂料法，逐渐增加喂量，5 天后放开喂量。

321. 哺乳期的母兔如何饲养管理？

哺乳期是指自母兔分娩到仔兔断奶的时期。一般为 28～45

天。由于此阶段仔兔的营养由出生到 16 日龄全部来自母乳，母兔泌乳量越大，仔兔的生长越快，发育越好，存活率越高。因此，此阶段饲养管理的重点是保证母兔健康，提高泌乳量，保证仔兔正常发育，少得病，成活率高。

母兔分娩 1～3 天，乳汁较少，消化机能尚未完全恢复，食欲不振，体质较弱，消化能力低。这时，饲料喂量不宜太多，以青饲料为主。日喂易消化的精料 50～75 克，5 天以后喂量逐渐增加，一周后恢复正常喂量。即在保证青饲料的前提下，精料逐渐增加到 150～200 克，达到哺乳母兔饲养标准。而对于以全价颗粒饲料的兔场，分娩 5 天后基本上自由采食。母兔采食越多，泌乳量越大。因此，尽量不控制其采食。

随着时间的延长，母兔泌乳量逐步增加，18～21 天达到高峰。每天可泌乳 60～150 克，高产的达 150～250 克，最高可达 300 克以上。21 天后泌乳量逐渐下降，30 天后迅速下降。维持较高的泌乳量需要较多的养分供应，所以应增加饲料给量，除喂给新鲜优质青绿饲料外，还应注意日粮中蛋白质和能量的供应。质量较差的饲料或喂量不足，不仅会影响母兔的健康和泌乳量，还会导致仔兔发育不良，生长缓慢，抗病力低，严重的患各种疾病或引起死亡。

母兔的泌乳量和胎次有关，一般第一胎较少，2 胎以后渐升，3～5 胎较多，10 胎前相对稳定，12 胎后明显下降。

母兔乳汁含蛋白质 10.4％、脂肪 12.2％、乳糖 1.5％和 2％灰分，营养丰富，和仔兔健康密切相关。所以，在母兔分娩后要及时检查其哺乳情况，这可以通过仔兔的表现反映出来。若仔兔腹部胀圆，肤色红润光亮，安睡少动，则母兔泌乳力强；若腹部空瘪，肤色灰暗无光，乱抓乱爬，有时会"吱吱"叫，则母兔无乳或有乳不哺。若无乳，可进行人工催乳；若有乳不哺，可人工强制哺乳。

人工强制哺乳适用于有乳不哺的母兔，具体方法为：每天早晨（或定时）将母兔提出笼外，伏于产仔箱中，让仔兔吸吮，每天2次，3日后改变为一次，连续3～5天，一般即可达到目的。

泌乳母兔的管理依不同情况有相应的重点。家庭饲养条件下，日粮蛋白质水平应在17%～18%，日喂青草750～1 000克。同时，保证混合精料的数量和质量，给母兔每只每天补喂骨粉3～4克，补加微量元素。在环境方面要保持安静和兔舍卫生，不随意捉捕、吼吓、追打母兔，不可随意挪动产仔箱或将母兔赶跑，母兔在场不拨弄仔兔。泌乳初期的母兔应及时检查，预防乳房炎的发生。

322. 母兔泌乳量不足是怎么回事？如何调控？

母兔的泌乳量少的原因是多方面的，概括起来有以下几点：

（1）饲料配方的营养水平低 泌乳母兔对营养要求很高，粗蛋白应在17%以上，最好达到18%，而且氨基酸必须要平衡。生产中多数兔场饲料的营养水平偏低，达不到营养要求。

（2）微量成分缺乏 尤其是维生素和微量元素。前者主要考虑维生素A、维生素E和维生素D，后者要考虑铁、铜、锌、锰、硒和碘等。

（3）饲料投喂量不足 采用定时定量而没有实行自由采食时，即很有可能引起母兔泌乳量不足。有的兔场虽然添加的饲料不少，但是由于饲料槽不规格，有三分之一以上的饲料被扒出槽外，不仅造成饲料的浪费，而且使母兔处于半饥饿状态，不能充分发掘其潜能。

（4）饮水不足 个别兔场没有实行自由饮水，有的虽然有自动饮水器，但经常断水，或水管堵塞；有的用罐头瓶作饮水器，长期不清洗，母兔不愿意喝污水，使泌乳母兔经常处于缺水状态，导致食欲降低，泌乳量减少。

（5）药物性作用 有的兔场乱加药，影响母兔的泌乳功能。有的兔场用麦芽催奶，结果将麦芽炒熟，产生相反的收奶作用。

（6）应激因素 母兔在泌乳期对环境特别敏感，任何应激因素都将影响其泌乳力。如环境嘈杂，动物闯入，陌生人进入，母子分养，定时哺乳，强制母兔喂奶等。

要针对本场的实际情况，具体分析。如果是普遍奶水不足，可能是饲料有问题；如果是个别车间内的母兔奶水不足，可能是管理问题；如果是个别母兔奶水不足，可能是遗传问题，也可能是慢性疾病等。一般来说，头胎母兔的泌乳量低些，配种过早的母兔的泌乳量少。应针对具体情况采取相应的措施。

323. 常用的人工催乳方法有哪些?

泌乳是母兔产后正常的生理现象。在保证健康营养的前提下方可考虑人工催乳，否则任何催乳措施都是没有意义的。根据生产经验，推荐如下催乳方法：①夏季多喂蒲公英、苦荬菜等具有药用功能的青草；冬、春季多喂胡萝卜等多汁饲料，充分满足饮水；②芝麻一小撮，生花生米 10 粒，食母生 3～5 片，捣烂饲喂，每天 1 次；③豆浆 200 克煮沸，晾温，加入捣烂的大麦芽或绿豆芽 50 克，红糖 5 克，混合喂饮，每天 1 次；④人工催乳片，每天 3～4 片，连喂 3～4 天；⑤对产前不拉毛的母兔，人工辅助拉毛。分娩后，尽量让母兔吃掉胎衣、胎盘。

324. 怎样给母兔通乳?

若乳汁浓稠，阻塞乳管，仔兔吮吸困难，可进行通乳。具体方法为：①热毛巾（45℃左右）按摩乳腺，每次 10～15 分钟；②活蚯蚓用开水泡成白色，切碎，拌红糖饲喂；③暂时少喂精料，多喂青绿多汁饲料，保证饮水。

325. 怎样给母兔收乳?

母兔若产仔太少或全窝死亡又找不到寄养的仔兔，乳汁分泌量大，如果不采取措施，有可能发生乳房炎，可进行收乳。具体方法为：①减少或停喂精料，少喂青饲料，多喂干草；②饮 2%～2.5% 的冷盐水；③干大麦芽 50 克，炒黄饲喂或煮水喝。

326. 睡眠期仔兔如何饲养管理?

睡眠期是指从出生到睁眼的时期，一般为 12 天。仔兔出生裸体无毛，体温调节能力不健全，随气温的变化体温也有变化。一般 4 天长出茸毛，10 天后的体温才能基本稳定。仔兔视觉和听觉发育不完善，出生后闭眼封耳，除了吃奶就是睡觉，8 天耳孔开张，12 天睁开眼睛。同时，仔兔生长迅速，出生体重一般为 40～65 克，7 日龄时达 130～150 克，30 日龄时达 500～750 克，所需营养完全由母乳供给。这一阶段饲养管理的关键是保证仔兔早吃奶、吃好奶，同时要保证仔兔健康生长所需要的环境条件。

（1）饲养方面　由于母兔的初乳含高蛋白质、高能量及仔兔所需要的多种维生素及镁盐，营养价值高，并且能促进胎粪排出，适合仔兔生长快、消化力弱的特点。所以，让仔兔早吃奶、吃足奶是减少死亡和提高成活率的主要技术环节。

（2）管理方面　一般出生后 1～2 小时母兔就应给仔兔喂完第一次奶。仔兔出生 5～6 小时必须吃上奶，否则就应查明原因。仔兔出生后即寻找乳头，12 日内除哺乳外几乎都在睡眠。当母兔跳入槽内时，仔兔立即醒来寻找乳头。哺乳时间一般为 3 分钟，不超过 5 分钟。仔兔哺乳时将乳头叼得很紧，哺乳完毕母兔跳出产仔箱时有时将仔兔带出箱外又无能为力，应特别注意。对于体质瘦弱的仔兔，应加强管理，采取让弱兔先吃奶，然后再让其他仔兔吃奶的办法调节，力争使整窝兔均匀发育。

保温防冻是睡眠期的管理要点。由于仔兔体温调节能力差，对环境温度要求较严格。睡眠期仔兔最适的产仔箱温度 30～32℃。生产中寒冷季节可以采取母子分开的方法，将产仔箱连同仔兔一起移至温暖的地方，定时放回母兔笼哺乳。

防止鼠害对于农村家庭兔场是值得注意的问题。睡眠期的仔兔最易遭受鼠害，甚至全窝被老鼠蚕食，应注意将兔笼、兔舍严密封闭，勿使老鼠入内。

327. 怎样寄养仔兔？

实践中有时母兔产仔超过 8 只，虽然个别母兔自己能哺乳，但大多数情况下，由于母兔的乳头数是 4 对，哺乳太多的仔兔会造成发育不整齐或发育不良，所以应及时对仔兔寄养。方法是，将出生日期相近的仔兔（最好不超过 3 天）从产仔箱中取出，在不被母兔注意的情况下放入代乳母兔的产仔箱，随即用手拨弄仔兔，盖上垫草，一般 20 分钟后即被代乳母兔接纳。在仔兔身上涂抹母兔尿液的方法是不卫生的，应尽量避免。

328. 开眼期仔兔如何饲养管理？

仔兔从开眼到断奶的时期为开眼期。仔兔开眼后，不仅在巢箱内跑来跑去，还可能跳出巢箱。开眼后，仔兔要经历出巢、补料和断奶阶段，这也是养好仔兔的关键环节。

（1）饲养方面　开眼后仔兔发育快，活泼好动，15 日龄就开始试图出巢寻找食物。应及时准备好开食料，如豆渣和切碎的嫩草，并配以容易消化的精饲料。

（2）管理方面　注意仔兔开眼的时间。因为开眼的迟早和仔兔的发育、健康状况有关。发育良好、健康的仔兔开眼时间较早；反之则较迟。仔兔若 14 天后才开眼说明营养不足，体质差，要精心护理。有的仔兔仅睁开一只眼，另一眼常被眼屎粘住，应及时用脱脂棉蘸上温开水轻轻拭去眼屎；然后，用手轻轻掰开眼睑，再点少许眼药水，一段时间后可恢复正常。处理不及时，易形成大小眼或瞎眼。

断奶是仔兔饲养的关键步骤之一。仔兔大多在 28～35 日龄断奶，可根据具体情况进行调整。低水平饲养营养条件下断奶时间为 35～40 日龄，集约化、半集约化条件下为 28～35 日龄断奶。断奶时间不能太早和太晚，太早仔兔发育受影响，死亡率高；太晚又影响下一周期的繁殖。

有条件的兔场可以将开食后的仔兔与母兔分开饲养。这样，既可以使仔兔采食均匀，又能避免与母兔的接触时间，减少球虫病的发病几率。

329. 影响仔兔成活率的因素有哪些？

仔兔成活率和母兔妊娠后期的营养状况、分娩后泌乳情况以及整个发育过程的饲养管理密切相关，应根据具体的环节采用相应的措施。

（1）母兔妊娠后期的营养状况　仔兔成活率的高低，与初生重呈正相关，而初生重的90％是在妊娠后期增长的。因此，保持妊娠后期母兔的营养，是保证仔兔正常生长、提高初生重的关键。

（2）母兔产前的准备工作　产前准备工作的好坏，维系着母兔和仔兔的后续生活。产仔箱柔软、干燥、卫生，可以使仔兔受环境温度的影响减少到最低程度；生产环境安静、舒适，可使母兔在生产中免受刺激，避免将仔兔产于箱外；产后及时供给饮水和一些适口的饲料，避免因口渴而食仔兔现象，减少仔兔不必要的伤亡。

（3）仔兔出生后的营养情况　初乳是母兔产后1～3天分泌的乳汁，与常乳相比，营养更丰富。含有较多的蛋白质、维生素、矿物质。其所含的镁盐可促进胃肠蠕动，排出胎粪。虽然仔兔的抗体是通过胎盘而先天获得，不依赖初乳，但及时吃好初乳，对于提高仔兔抵抗力和成活率至关重要。应在仔兔出生后6小时之内检查是否吃到初乳。若没有吃，则查明原因，采取措施。

（4）仔兔的健康状况　仔兔疾病主要有大肠杆菌病、脓毒败血症、黄尿症、巴氏杆菌病、皮肤真菌病等。

（5）仔兔的生存环境　温度、湿度、气体质量、卫生条件是仔兔生存的四大环境因素。

330. 提高仔兔成活率采取哪些具体措施？

（1）仔兔的发育调整　为了保证仔兔均衡发育，除了对仔兔进行寄养外，还可以采用弃仔、一分为二和人工哺乳等技术措施。

弃仔就是对母兔产仔较多，又找不到合适保姆兔，应主动弃仔。将那些发育不良、体小质弱的仔兔弃掉。此项措施应及早进行。

一分为二就是对产仔多但找不到保姆兔，而母兔体质健壮，泌乳力又强，应采用一分为二哺乳法。即将仔兔按体重大小分为两部分，分开哺乳。早上乳汁多，给体重小的仔兔哺乳，晚上给体重大的仔兔哺乳。此间应给母兔增加营养，仔兔应及早补料。

人工哺乳是对产仔过多、患乳房炎或产后母兔死亡又找不到保姆兔者，可进行人工哺乳。人工哺乳费工费时，仅限于饲养规模较小的家庭兔场。具体方法为：用5～10毫升玻璃注射器或眼药水瓶，口处安一段1.5～2.0厘米自行车气门芯，眼药水瓶后扎一进气孔，即成了仔兔的哺乳器。用前煮沸消毒，用后及时冲洗干净。哺乳时应注意乳汁的温度、浓度和给量。若给予鲜牛奶、羊奶，开始时可加入1～1.5倍的水，1周后混入1/3的水，半个月后可喂全奶。乳汁的温度应掌握在夏季35～37℃、冬季38～39℃。乳汁的浓度视仔兔粪尿而定。若仔兔尿多，窝内潮湿，说明乳汁太稀；若尿少，粪油黑色，说明乳汁太稠，要做适当调整。喂时将哺乳器放平，使仔兔吮吸均匀，每次喂量以吃饱为限，日喂1～2次。

（2）防寒防暑　由于仔兔调节体温的能力不健全，冬天容易受冻而死。所以，保温防冻是寒冷季节出生7日内仔兔管理的重点。兔舍要进行保温，巢箱内放置干燥松软的稻草或铺盖保温的兔毛，垫草整理成浅碗底状，中间低、四边高，便于仔兔相互靠拢，增加御寒能力。有条件的可设仔兔哺育室；家庭少量养殖可将产仔箱放在热炕头，使母仔分开，并按时放入母兔哺乳。仔兔开眼前要防止吊奶。如果掉在或产在产仔箱外面应及时捡回。冻僵但未冻死的仔兔做急救处理，方法是用热水袋包住仔兔或将仔兔放入42℃左右温开水中浸泡（头露在外面），使体温恢复，当皮肤由紫变红、四肢频频活动时取出，软毛巾擦干后放回原窝。

（3）夏天管理　天气炎热，阴雨潮湿，蚊、蝇猖獗，仔兔出生后裸体无毛，易被蚊虫叮咬。应将巢箱放在安全处，外罩纱布，按时放入母兔笼内哺乳，并进行通风、降温处理。

（4）预防非正常死亡　仔兔初生1周内易遭兽害，特别是鼠害，严重时死亡率达70%～80%。所以，消灭老鼠是兔场及养兔专业户的一项重要任务。采用的方法主要有：放毒饵于洞穴；加强产仔箱的管理，将产仔箱放在老鼠不能到达的地方，喂奶时再放回母兔笼内；养猫也可消灭老鼠，但要防止猫吃兔。垫草中混有布条、棉线或长毛，会使仔兔在滚爬时缠绕颈部或（和）腿部，易造成不必要的非正常伤亡，应引起注意。

（5）预防疾病　出生1周内的仔兔易患黄尿病，原因是仔兔吸吮患乳房炎母兔的乳汁。患病仔兔粪稀如水，呈黄色，沾污后躯，身体瘫软如泥，窝内潮湿腥臭，严重时全窝死亡。杜绝此病必须加强母兔的饲养管理，发现患乳房炎，立即停止哺乳。对患病仔兔应及时救治，可口滴氯霉素眼药水，每次2～3滴，每天2～3次。

（6）及早补料　仔兔出生16天左右开始寻找新鲜嫩绿的青饲料或调制好的饲料，这时应及早补料。补料一开始可在产仔箱内进行，也可在补料槽内放入粉料施行。

仔兔料应营养全面，适口性好，易消化。营养水平为：蛋白质20%，消化能11.3～12.54兆焦/千克，粗纤维8%～10%，加入适量酵母粉、生长素和抗生素添加剂。23～25天可喂些营养价值高的嫩草。

仔兔补料一般每天4～5次，每只日喂量由4～5克逐渐增加到20～30克。补料后应及时取走食槽，以防仔兔在里面拉尿。补饲料持续喂到35～45日龄，再慢慢改喂生长兔料或育肥兔料。断奶前应坚持哺乳，并供给充足饮水。

（7）适时断奶　仔兔断奶的时间，因体况、体重等不同可做调整。种兔、发育较差的仔兔或在寒冷季节，可适当延长哺乳期；商品兔、条件较好的兔场及有血配计划时，断奶时间可适当缩短，但不能短于 28 天。一般情况下断奶时间为 35~42 天，血配 28~35 天断奶。

331. 幼兔如何饲养?

从断奶到 90 日龄的小兔为幼兔。幼兔阶段生长发育迅速，消化机能和神经调节机能尚不健全，抗病能力差，再加上断奶和第一次年龄换毛的应激刺激，给幼兔的饲养管理提出了更高的要求。

(1) 饲养方面 断奶幼兔的饲料应营养全面，易消化，适口性好。低蛋白、高纤维的饲料对幼兔极为不利。粗纤维是幼兔饲料的一个限制因子，日粮中粗纤维的含量不能低于 12%，但高于 14% 对生长和饲料的消化吸收也是无益的。蛋白质含量不应低于 17%，必需氨基酸，尤其是赖氨酸和含硫氨基酸要分别达到 0.8% 和 0.6% 以上；对于饲喂颗粒饲料的兔场，逐步过渡到自由采食；对于草料配合的家庭兔场，多汁料、青绿料喂量不宜过多。由于此阶段幼兔食欲旺盛，在饲喂制度上要有节制，少喂多餐。

幼兔日粮中可适当添加药物添加剂、复合酶制剂、微生态制剂等，可起到预防疾病及促进生长的作用。据资料介绍，日粮中添加 3% 药物添加剂，日增重提高 31.8%；添加 200 毫克/千克黄腐酸、0.5% 复合酶制剂，日增重提高 12%~17.5%；添加以纤维素酶和酸性蛋白酶为主要组成的复合酶制剂，日增重可提高 16.88%~20.53%。

(2) 管理方面 断奶是幼兔生理的重要转折，管理不善极容易引起疾病甚至死亡。幼兔的死亡大部分发生在断奶 3 周内，特别是第 1~2 周，其主要原因是断奶不当。正确的断奶方法应当是：根据仔兔的体质健康状况，如果全窝仔兔发育均匀，体质健壮，可一次性断奶，即在同一天内将母仔分开；若全窝仔兔发育不均匀，应该采用分期断奶法，即先断体质健壮的仔兔，让体质弱的仔兔多哺乳几天，视情况酌情断奶。分期断奶适合家庭小规模兔场。无论采用哪一种断奶方式，都应坚持"断奶不离窝"的原则，使仔兔在原来的笼内生活，做到饲料、环境、管理三不变，尽量减少应激并发症。

由于小兔断奶，生活环境发生巨变，同时生长快，抗病力差，要求其所处的环境应干燥、卫生、安静，和断奶前尽量保持一致。

断奶幼兔多以群养，笼养时每笼一窝（控制在 8 只以内）；栅养时每平方米 10～12 只为一群；冬季兔舍温度应保持在 5℃以上；夏季应防暑降温。

幼兔阶段是多种传染病集中暴发的阶段。除了注射兔瘟、巴氏杆菌和波氏杆菌、魏氏梭菌疫苗外，特别注意预防球虫病、大肠杆菌病的发生和流行。对于多数室内笼养的兔场，做好传染性鼻炎的防治工作。

332. 育成兔如何饲养？

3 月龄到初配这段时期的兔称为育成兔，也叫青年兔或后备兔。育成兔生长快，抗病能力大大增强，采食量增大，死亡率降低。此时加强饲养管理，可相对增大体形。

3 月龄后，公、母兔相继达性成熟，应根据兔的体形外貌、生长速度等指标进行鉴定，优秀个体编入种兔群，后备公兔单笼饲养，母兔 2～3 只一笼。继续进行生产性能测定，非种用兔群宜育肥。

育成兔的管理比较粗放，对于家庭兔场来说，以青粗饲料为主，适当补充精料和矿物质即可。而对于规模化兔场来说，全部饲喂颗粒饲料，应控制喂量，防止体形过大和过肥。

333. 育肥兔如何饲养管理？

育肥是肉用和皮肉兼用品种用于兔肉生产的最后环节。育肥期的主要任务是增加营养积累，减少养分消耗，生产优质兔肉和兔皮。所以，育肥肉兔以精料为主，在消化吸收限度内，大量利用碳水化合物饲料，保证混合饲料的供给。育肥期间要限制肉兔运动，保持兔舍温度，舍内光线不能太强，商品肉兔育肥大约有三种形式：

快速育肥：也称直线育肥，也可以叫做"三高三控育肥法"。"三高"为高营养，仔兔 28 天断奶后直接转入育肥兔群，喂全价颗粒饲料。其中，粗蛋白含量 18% 左右，粗纤维 12%，每千克饲料含消化能 10.47 兆焦以上。自由采食和饮水；高密度，每平方米育肥兔笼养兔 18 只左右，通过增加密度来减少运动量；高效率，育肥兔 70~80 天出栏，育肥期日增重 45 克左右，料重比小于 3：1，全进全出，年周转 4.5 次，笼舍利用效率极高。"三控"为控光，采取全黑暗或弱光育肥，以控制性腺发育，促进生长，保持安静，减少咬斗；控温，兔舍的环境温度保持在 15~25℃；控湿，湿度在 60%~65%，空气流通。

这种育肥方法需配套的设备、技术和品种（或杂交组合、配套系），在养兔发达的国家多采用，属于高投入、高产出的生产经营方式。因目前我国农村家庭养兔尚不具备以上条件，可借鉴其中的某些技术和做法。

中速育肥：即采用精、粗料相结合育肥。一般仔兔刚断奶时即以精料为主，20 天后精、粗各半，以后以青粗饲料为主，最后 10~15 天增喂精料。也可自始至终采取精、粗各半喂养。这种方法育肥，日增重 25~28 克，3.5 月龄出栏，适于农村多青季节。

传统育肥：幼兔断奶后就以青饲料为主，每天补一定混合料；幼兔长到 1 千克以上时，基本上全部喂青草；交售前 1~2 周，每天晚上补加 50~75 克混合料，主要是玉米、麸皮等，另加一些石粉和食盐。此种育肥方法农村普遍采用。育肥期日增重在 20~25 克，4 个月左右出栏。

肉兔的育肥效果因品种不同而有很大差异。一般来讲，肉用品种最好，皮用品种次之。所以，肉兔育肥时应首选肉用品种，在肉用品种中宜选用比利时兔、新西兰兔、加利福尼亚兔、哈白兔、虎皮黄兔、塞北兔、大耳白兔、丹麦白兔等优良品种。杂交育肥有利于杂种优势发挥，杂交一代生活力强，生长快，商品率高，一般体重较纯种兔提高8%～15%。品系杂交育肥的育肥方式，可以显著提高肉兔的日增重和饲料报酬。

成年兔的育肥是指在繁殖、生产和生长发育过程中被淘汰的种兔、青年兔等。育肥期一般为13～35天。育肥期应尽量安排在2次换毛之间，育肥良好的可增重1～1.5千克，而且屠宰时还能获得优质皮张。

334. 为什么说规模化养殖是肉兔业发展的方向？应该具备哪些条件？

我国肉兔养殖的发展速度是世界首位的。仅仅兔肉产量而言，近30年平均年递增速度超过4%，是任何一个国家难以比拟的，养兔规模已经在过去千只左右上升到万只以上，最大规模已经达到世界罕见，可谓中国规模，中国速度，中国特色。从中国兔业的整体来看，肉兔是发展的主体，规模化养殖是发展的方向。这是因为：

第一，规模化是农业商品生产的发展规律。任何农业商品活动起初多为自给自足（对于养殖业来说，属于庭院经济），当有剩余产品后才出现交易，当从交易中获得效益，刺激生产的积极性，开始扩大生产规模，生产由自给自足型逐渐转化为副业生产型。当规模达到一定程度，形成专业化生产。纵观世界养兔发展史，无一例外。

第二，科技进步促进规模化养殖。当人们对于养兔认识不足，规律没有摸清的时候，盲目扩大规模只能走向失败。当科技进步给予养兔业以足够的技术支撑时，养殖规模也发展到适应当时生产力的水平。

第三，产业化发展需要规模化养殖。产业化是兔业发展的出路，而产业化是由该产业的若干环节和链条相互衔接而成，而这种衔接的理想化是无缝衔接，或有机结合。即产供销一条龙，生产有序，前后呼应。没有规模化生产，产业不能发展，也难有各链条间的无缝衔接。

第四，市场旺盛需求拉动规模化养殖。国内外消费市场的旺盛需求，是规模化养殖的最直接动力。伴随着人们对兔及兔产品的深入了解，以及兔系列产品的开发，享受兔产品的人群不断扩大，拉动着家兔生产和加工业的发展。而此时大规模养殖的投资者不单是靠养兔起家的农民，更多的是其他行业的企业家或财团。

规模化养兔应该具备以下条件：

（1）品种的优良化　对于肉兔来说，以高产配套系为主。而对于其他家兔来说，均以高产优质品种为当家品种。没有优良的品种，难有规模养兔的效益。

（2）设备的现代化　规模化养兔绝不可使用传统的设备和落后的设施。它是以现代工业手段装备兔业，先进精良的现代设备武装兔业，既要充分考虑兔子的福利要求，还要考虑管理操作的方便和效率。因此，规模养兔决不是打人海战术，而是以较小的人力投入获得较高的经济回报。

（3）饲料的安全高效化　发达国家育肥家兔完全可以自由采食，实行自动化控制。而我国绝大多数兔场不能采取这项技术，其主要原因在于饲料质量。规模化养殖必须强行跨越饲料关：安全、高效！否则，规模化养兔将是一句空话。

（4）经营的产业化　农业产业化的定义是：以市场为导向，以效益为中心，依靠龙头带动和科技进步，对农业和农村经济实行区域化布局、专业化生产、一体化经营、社会化服务和企业化管理，形成贸工农一体化、产加销一条龙的农村经济的经营方式和产业组织形式。

（5）管理的科学化　现代管理理论认为，管理也是一生产力，并且是生产力中最重要的构成要素。劳动者、劳动对象、劳动工具，包括科学技术等生产力诸要素，在没有有机结合之时，仅仅是一种潜在的生产力，只有通过管理把诸生产力要素合理地结合成一个有机整体，才可能形成现实生产力。大到一个国家，小到一个家庭，更普遍体现在从事经营活动的企业，其经营状况的好坏，在很大程度上取决于管理。作为现代化、规模化养兔企业，更需要重视管理的科学化。包括对兔子的管理、对人的管理和企业的整体运营管理。即运用先进的管理理念和管理手段，把科学技术和知识转化为生产力。管理使生产力要素转为现实生产力，并由此使管理本身转化为现实生产力。

对于肉兔产业化而言，其基本思路为：实行区域布局，依靠龙头带动，发展规模经营，实行市场牵龙头、龙头带动基地、基地连农户的产业组织形式。立足本地优势，面向国内外大市场，使兔业从产前，到产中和产后，形成一个完整的链条。链条越长，增值越大，链条越结实，产业越稳定。

335. 为什么说肉兔规模化养殖的发展一定要推行工厂化养殖模式？

规模化养兔不仅仅是养殖数量的简单扩大，更不是小规模兔场的机械放大，也不是打人海战术，而是伴随着规模的增加，科技含量的提高，实现集约化、工厂化的养殖模式。

工厂化养殖是一种集约化的高密度的封闭养殖过程，是一种实用的典型性畜牧业生产方式。最先开始开展工厂化养殖的是家禽养殖业，之后扩展到其他养殖业。工厂化养殖具备高效率和高效益的优点，已经成为世界通行的规模化和集约化养殖的规范化养殖模式。工厂化养殖的核心标志是"全进全出"，所有的养殖操作都围绕"全进全出"进行。

工厂化养兔是指养兔企业进行高密度的和批次化的生产管理，并形成如工业流水线般的一定周期的批次化商品兔出栏。每次全出之后对兔舍、笼具和工器具等设备设施进行彻底清理、清洗和消毒，减少了养殖环境中病原的数量和种类，便于卫生控制，提高了兔群的健康水平，使种兔遗传潜能的发挥不受疾病的影响。

工厂化养殖模式与传统的养殖相比，生产性能和效率大大提高（表30）。

表 30　工厂化养兔与传统养兔比较

项目	工厂化养兔	传统养兔
繁殖方式	控制发情，人工授精	自然发情，本交授精
生产安排	批次化生产，全进全出	无确定批次，连续进出
卫生管理	兔舍定期空舍消毒	兔舍很少能做到空舍消毒
转群操作	断奶后搬移妊娠母兔	断奶后搬移断奶仔兔
产品质量	批次出栏肉兔均匀度好	"同批出栏"肉兔大小不均
人均劳效	500～1 000 只母兔/人	120～200 只母兔/人

336. 56 天周期工厂化养殖模式如何安排?

　　将母兔群分为 8 组，每周给其中一组配种，56 天一个繁殖周期，一年繁殖 6.5 胎。56 天繁殖周期模式如图 2，具体安排流程如表 31。

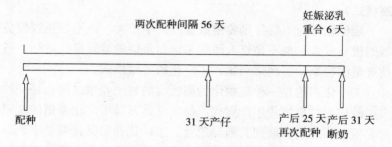

图 2　56 天繁殖周期模式

表 31　56 天繁殖周期模式工作流程

周次	星期一	星期二	星期三	星期四	星期五	星期六	星期日
第一周	配种—1						
第二周	配种—2					摸胎—1	
第三周	配种—3					摸胎—2	
第四周	配种—4					摸胎—3	
第五周	配种—5	放产箱—1		接产—1	接产—1	摸胎—4	
第六周	配种—6	放产箱—2		接产—2	接产—2	摸胎—5	
第七周	配种—7	放产箱—3		接产—3	接产—3	摸胎—6	

周次	星期一	星期二	星期三	星期四	星期五	星期六	星期日
第八周	配种—8	放产箱—4	撤产箱—1	接产—4	接产—4	摸胎—7	
第九周	配种—1	放产箱—5	撤产箱—2	接产—5	接产—5	摸胎—8	断奶—1
第十周	配种—2	放产箱—6	撤产箱—3	接产—6	接产—6	摸胎—1	断奶—2
第十一周	配种—3	放产箱—7	撤产箱—4	接产—7	接产—7	摸胎—2	断奶—3
第十二周	配种—4	放产箱—8	撤产箱—5	接产—8	接产—8	摸胎—3	断奶—4
第十三周	配种—5	放产箱—1	撤产箱—6	接产—1	接产—1	摸胎—4	断奶—5
第十四周	配种—6	放产箱—2	撤产箱—7	接产—2	接产—2	摸胎—5	断奶—6
第十五周	配种—7	放产箱—3	撤产箱—8	接产—3	接产—3	摸胎—6	断奶—7
第十六周	配种—8	放产箱—4	撤产箱—1	接产—4	接产—4	摸胎—7	断奶—8
第十七周	配种—1	放产箱—5	撤产箱—2	接产—5	接产—5	摸胎—8	断奶—1

337. 49 天周期工厂化繁殖模式如何安排？

将母兔群分为 7 组，每周给其中一组配种，进行轮流繁育，49 天一个繁殖周期，一年繁殖 7.4 胎。49 天繁殖周期模式如图 3，具体安排流程如表 32。

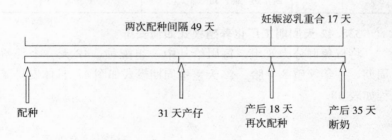

图 3　49 天繁殖周期模式

表 32　49 天繁殖模式工作流程

周次	星期一	星期二	星期三	星期四	星期五	星期六	星期日
第一周	配种—1						
第二周	配种—2					摸胎—1	

周次	星期一	星期二	星期三	星期四	星期五	星期六	星期日
第三周	配种—3					摸胎—2	
第四周	配种—4					摸胎—3	
第五周	配种—5	按产箱—1	产仔—1	产仔—1	产仔—1	摸胎—4	
第六周	配种—6	按产箱—2	产仔—2	产仔—2	产仔—2	摸胎—5	
第七周	配种—7	按产箱—3	产仔—3	产仔—3	产仔—3	摸胎—6	
第八周	配种—1	按产箱—4	产仔—4 撤产箱—1	产仔—4	产仔—4	摸胎—7	
第九周	配种—2	按产箱—5	产仔—5 撤产箱—2	产仔—5	产仔—5	摸胎—1	
第十周	配种—3	按产箱—6 断　奶	产仔—6 撤产箱—3	产仔—6	产仔—6	摸胎—2	

338. 42 天周期工厂化养殖模式如何安排？

将母兔群分为 6 组，每周给其中一组配种，42 天一个繁殖周期，一年繁殖 8.7 胎。42 天繁殖周期模式如图 4，具体安排流程如表 33。

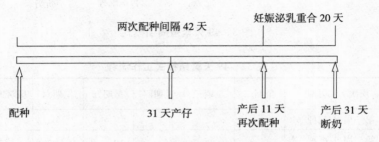

图 4　42 天繁殖周期模式

表 33　42 天繁殖周期模式工作流程

周次	星期一	星期二	星期三	星期四	星期五	星期六	星期日
第一周	配种—1						
第二周	配种—2					摸胎—1	
第三周	配种—3					摸胎—2	
第四周	配种—4					摸胎—3	
第五周	配种—5	放产箱—1		接产—1	接产—1	摸胎—4	
第六周	配种—6	放产箱—2		接产—2	接产—2	摸胎—5	
第七周	配种—1	放产箱—3		接产—3	接产—3	摸胎—6	
第八周	配种—2	放产箱—4	撤产箱—1	接产—4	接产—4	摸胎—1	
第九周	配种—3	放产箱—5	撤产箱—2	接产—5	接产—5	摸胎—2	断奶—1
第十周	配种—4	放产箱—6	撤产箱—3	接产—6	接产—6	摸胎—3	断奶—2
第十一周	配种—5	放产箱—1	撤产箱—4	接产—1	接产—1	摸胎—4	断奶—3
第十二周	配种—6	放产箱—2	撤产箱—5	接产—2	接产—2	摸胎—5	断奶—4

（六）不同季节的饲养管理

339. 春天肉兔如何饲养管理？

春季气温渐升，阳光充足，青饲料相继供应，是繁殖和产毛的黄金季节，应抓住时机搞好春繁。但早春青绿饲料相对缺乏，多种传染病容易发生，气候多变，肉兔换毛等。所以，应在克服各种不利因素的前提下满足肉兔的营养需要，使兔尽快恢复体况。母兔早发情，早配种。无冬繁条件的兔场，一般可安排 2 月中旬开始配种，3 月上旬配完，春繁 2 胎。春季的饲养管理应做好以下工作：

（1）保证饲料供应，抓好过渡　早春青绿饲料缺乏，应注意维生素类饲料的供应，如修剪掉的嫩树枝、冬贮的白菜、萝卜、生大麦芽、绿豆芽等。随着气温的回升，青绿饲料快速生长，但由于青饲料幼嫩多汁，适口性好，应控制喂量，把握质量，做到不喂霉烂变质或带泥沙、堆积发热的青绿饲料；菠菜、灰菜含有草酸，能与肠道钙离子结合成不易被吸收的草酸钙，不利于钙的吸收和利用，应控制喂量；冬贮的花生秧、青干草等经过冬雪春雨，受潮发霉，同时萝卜、白菜保管不当也会腐烂变质，有引起饲料中毒的可能，应特别注意。肉兔饲料由干草型向青草型的过渡要逐步进行，控制青饲料给量，做到青干搭配，避免贪食。

（2）搞好卫生，预防疾病　春天万物复苏，是多种传染病的暴发季节，对养兔造成一定的威胁。所以，要特别注意保持兔舍清洁卫生，做到勤打扫、勤清理、勤洗刷、勤消毒，达到笼舍内无积粪、无臭味、无污物。同时，做好兔瘟、巴氏杆菌、魏氏梭菌病和传染性口腔炎的预防工作。

（3）加强营养，搞好春繁　春天是肉兔季节性的换毛期，要脱去冬毛，换上夏毛。本身生长加上春繁任务，要求饲料中蛋白质充足，能量要保证，维生素要满足，日粮含硫氨基酸的含量保持在0.6%以上。

种公兔日粮中要注意维生素的供应，为防止公兔长期停配造成精液品质不良，可采取重配和复配来提高受胎率。

春季早晚温差大，幼兔易患感冒、肺炎等疾病，甚至引起死亡。所以，要特别注意幼兔的早晚保温。

340. 夏天肉兔饲养管理的工作重点是什么？

夏季气温高，湿度大，对肉兔生长极为不利，防暑降温和防病灭病是工作的重点。

（1）防暑降温　具体的操作方法灵活多样，室外笼舍可搭建凉棚或种植藤蔓植物，如丝瓜、葡萄等；舍顶或向阳墙面喷刷成白色，以利于反光，减少吸热；舍顶喷水，舍内安装电扇、门或窗增设水帘等。连阴天空气潮湿，会引起一系列的变化。如饲料水分含量增加，易发霉变质；兔舍空气潮湿，易使细菌及多种微生物滋生，引起疾病。所以，阴雨天肉兔科学的饲养管理尤为重要。应从以下几个方面引起重视。首先，应该严格控制兔舍的进水量，舍内地面、兔笼尽量不要用水冲洗；兔子用的饮水盆和饮水器要固定好，注意不要被兔拱翻或损坏，使水洒出；自动饮水器要经常检查，发现漏水及时修补。如果空气的湿度很大，也可以在兔舍地面撒干的草木灰或生石灰吸潮，但在撒吸湿剂之前，要把门窗关好，防止室外的潮湿空气进入室内。承粪板和兔舍的排粪沟要有一定的坡度，兔舍内的兔粪、兔尿应及时清除，尽量不使粪尿在兔舍内滞留。同时，要经常检查兔舍的门窗，防止雨水侵入兔舍。由于潮湿的空气会加速饲料的霉变、饮水的质变。在饲喂肉兔时，湿拌料要少喂勤添，尽量做到食槽每餐皆净，同时应适当多喂干草；每次饲喂颗粒料前应检查食槽剩余饲料是否霉变，是否有饮水器漏水到食槽的现象，遇到有饲料结块及时清除。还要经常检查饲料的品质，发现结块或霉变，及时清除。生产实践中有不少兔场使用罐头瓶作饮水器，要注意勤换饮水。因为罐头瓶口径较小，兔子嘴不能触及瓶底。如果经常向瓶内加水，总会有近三分之一的水不能得到更新，再加上兔子在饮水时口中的饲料碎屑掉入瓶中，很容易使细菌孳生，时间长了会诱发疾病。不卫生的饲料或不清洁的饮水，易引起兔的肠炎等疾病。所以，在潮湿季节的饲料中添加 1%～3% 的木炭粉，可以预防腹泻。在饮水中加入 1%～1.5% 的抗菌药，可以预防肠炎。潮湿还会引起球虫病的暴发，导致肉兔大批死亡，要定期投喂抗球虫药。

（2）预防疾病　搞好卫生、减少疾病是保证肉兔安全度夏的重要措施之一，也是养兔生产中一贯的任务。夏季蚊蝇孳生，鼠类活动频繁，给传染病的防治带来了难度。所以，要切实搞好饮食卫生、笼舍卫生和兔舍周围的环境卫生，消灭鼠害。每周用消毒药水喷洒消毒地面一次；3%～5% 过氧乙酸喷洒笼舍；纱窗、纱门喷洒药物消灭蚊蝇。定期投喂抗球虫药，如氯苯胍、球虫宁、克球粉等，由于肉兔对马杜拉霉素敏感，用含有马杜拉霉素的药物预防或治疗球虫病应千万小心，不能过量用药；及时处理粪便，堆积发酵；母仔分养，大小分群；控制兔舍湿度，保持兔舍干燥。

（3）精心饲养，停繁停配　由于夏季气候炎热，肉兔采食量少，应及时调整给料量，做到早餐早、午餐精而少、晚餐饱、加夜草。把80％的饲料量集中在早晨和晚上；粗料湿拌要少喂勤添，防止剩料腐败。同时，要保持清洁干净的饮水。必要时，可饮0.01％～0.02％的微生态制剂，以防消化道疾病；0.01％～0.02％稀碘水防球虫。

受高温天气影响，夏季母兔发情不规律，公兔精液品质下降，自然条件下应停止配种和繁殖。

341. 秋季肉兔怎样养？

秋季温度适宜，饲料充足，是兔生长和繁殖的黄金季节。此期成年兔进入每年的第二次换毛季节，体质弱，采食量小，应加强饲养管理。

(1) 搞好秋繁　夏季高温效应的延续，使公兔精液品质不良。加之光照渐短，进入季节性换毛期，母兔发情不正常，往往造成秋季配种受胎率不高。所以，应从营养、催情、配种技术等方面采取措施，确保秋繁。实践表明，种公兔日粮中添加维生素A、维生素E和微量元素硒，能快速提高精液品质。日粮中添加抗热应激制剂，可以明显缩短精液品质的恢复期；人工补光、复配、早期妊娠诊断、及时补配都能提高繁殖率。

(2) 加强饲养管理　秋季正是成年兔的换毛期，体质弱，食欲差，应注意日粮中蛋白质的含量，保证青绿饲料供应。深秋季节，昼夜温差大，应加强管理，关好门窗，防止兔舍小气候气温骤变。

(3) 做好饲料的贮备和变更　立秋之后，树叶开始凋落，农作物相继收获，应抓紧时机进行贮存。饲料的贮存量可按一冬和半春的需要量计算，并增加5％～10％的变异系数。饲草如果采收太晚，会木质化，可利用成分降低。同时，饲料由青绿饲料向干草饲料过渡，要逐步完成，使兔有一段适应过程。作为肉兔粗饲料的花生秧、甘薯秧、玉米秸等农作物秸秆和干草、树叶等要及时晾晒，合理贮存，严防霉变。

（4）预防疾病　秋季也是疾病的多发季节，应特别注意兔瘟、巴氏杆菌、魏氏梭菌疫苗的注射。若气温在 10℃ 以上且天气阴雨，还要防止球虫病的暴发。

342. 冬季肉兔饲养管理抓好哪些工作？

冬季风寒气冷，昼短夜长，青饲料缺乏，给养兔工作带来了很大困难。因此，应做好以下几个方面的工作：

（1）防寒保温　因冬季气温低，防寒保温是冬季饲养管理的重点。入冬之前，要关门窗、挂门帘、堵缝洞，以减少散热量；增加饲养密度和取暖设施，如土暖气、沼气炉、生炉火、扣塑料大棚来增温保温；同时，应保持舍内干燥。

（2）调整饲喂结构　由于天寒地冷，兔散热多，要对日粮配方及饲喂结构进行适当调整。适当增加能量饲料的比例（10%～15%），增加日饲喂量 15%～30%，加喂菜叶、胡萝卜、大麦芽等以补充维生素含量的不足。

（3）做好冬繁　冬繁是提高种用年限、增加经济收益的措施之一。实现冬繁的关键技术是保证温度和维生素类饲料，采取综合措施使兔舍温度保持在 5℃ 以上。生产中多采用母仔分离法（即将仔兔放于温暖处，定时哺乳）、半地下窝、地下窝法、塑料大棚法、火墙增温法、山洞冬繁法。同时，注意补喂维生素类饲料。在多汁饲料不足的情况下，按标准量的 2 倍补加维生素添加剂。人工补光，使光照时间达到 14～16 小时。

（4）加强管理　冬季兔舍密闭性增加，通风不良，有害气体增多，易诱发呼吸道疾病。因此，在晴朗的中午，打开门窗，排出浊气。仔兔巢箱勤清理、勤换草，保持清洁干燥。

室内生火取暖时，要设烟筒和通气孔，防止煤气中毒。

（5）整理兔群　秋末冬初要全面整理兔群，留良汰劣。对商品兔快速育肥，以提高产品质量。

六、兔场防疫及主要疾病防治

（一）兔场防疫的原则和措施

343. 预防疾病从饲养方面应做好哪些工作？

家兔疾病的种类很多，包括传染病、寄生虫病、普通病等，约有上百种。一般来说，传染病对兔群的威胁最大，有造成全群覆灭的危险。家兔是很骄气的动物，对于疾病的抵抗力差，一旦发病，治疗效果往往不佳。因此，必须坚持"以防为主"的方针，坚持"防病不见病，见病不治病"的基本原则。从饲养管理的角度，应做好如下工作：

（1）饲养健康兔群 基础群的健康状况对安全生产至关重要。如果基础打不好，后患无穷！一般而言，应坚持自繁自养的原则，有计划、有目地从外地引种，进行血统的调剂。引种前，必须对提供种兔的兔场进行周密的调查，对引进种兔进行检疫。

（2）提供良好环境 良好的生活环境对于保持家兔健康至关重要。比如，在兔场建筑设计和布局方面应科学合理，清洁道和污染道不可混用和交叉，周围没有污染源；严格控制气象指标，如温度、湿度、通风、有害气体等；避免噪声、其他动物的闯入和无关人员进入兔场。

（3）提供安全饲料 有一个适宜的饲养标准；根据当地饲料资源，设计全价饲料配方，并经过反复筛选，确定最佳方案；严把饲料原料质量关，特别是防止购入发霉饲料，控制有毒性饲料用量（如棉饼类），避免使用有害饲料（如生豆粕），禁止饲喂有毒饲草（如龙葵）等；防止饲料在加工、晾晒、保存、运输和饲喂过程中发生营养的破坏和质量的变化，如日光曝晒造成维生素的破坏、贮存时间过长、遭受风吹雨淋、被粪便或有毒有害物质（如动物粪便）污染等。

（4）把好入口关　主要指饲料和饮水的安全卫生，防止病从口入。

（5）制定合理的饲养管理程序　根据家兔的生物学特性和本场实际，以兔为本，人主动适应兔，合理安排饲养和管理程序，并形成固定模式，使饲养管理工作规范化、程序化、制度化。

（6）主动淘汰危险兔　原则上讲，兔场不治病，有了患病兔（主要是指病原菌引起的传染病）立即淘汰。理论和实践都表明，淘汰一只危险兔（患有传染病的兔）远比治疗这只兔子的意义大得多。

344. 兔病预防应做好哪些工作？

（1）定期检疫　除了对新引进的种兔严格检疫和隔离观察外，兔群应有重点地定期检疫。如每半年一次对巴氏杆菌病检测（0.25%～0.5%的煌绿溶液滴鼻），每季度对全群进行疥癣病检疫和对皮肤病检查，每两月进行一次伪结核的检查等。每2周对幼兔球虫进行检测（一年四季检测都有必要），种兔配种前对生殖系统进行检查（主要检查梅毒、外阴炎、睾丸炎和子宫炎），母兔产仔后5天以内每天检查一次，此后每周进行一次乳房检查等。

（2）计划免疫　根据每个兔场的具体情况，确定免疫对象和制定免疫程序。主要的疾病与疫苗使用情况见表34。

表34　兔场主要传染病及疫苗使用技术

病名	疫苗	免疫技术	备注
病毒性出血症（兔瘟）	组织灭活苗	颈部皮下注射1～2毫升，7天左右产生免疫力。35～40日龄首免，55～60日龄加强免疫。此后每年免疫3次	免疫期4～6个月

病名	疫苗	免 疫 技 术	备注
巴氏杆菌病	巴氏杆菌灭活苗	肌内或皮下注射1毫升，7天左右产生免疫力。30日龄首免，间隔2周加强免疫，此后每年免疫2～3次	免疫期4～6个月
兔波氏杆菌病	支气管败血波氏杆菌灭活苗	肌内或皮下注射1毫升，7天后产生免疫力。母兔妊娠前一周、仔兔断乳前一周注射，其他兔每年注射2～3次	免疫期4～6个月
兔魏氏梭菌病	兔魏氏梭菌灭活苗	皮下或肌内注射，7天后产生免疫力。30日龄以上兔每只注射1毫升，2周后加强免疫。其他家兔每年注射2～3次	免疫期4～6个月
兔伪结核病	兔伪结核耶新氏杆菌多价灭活苗	肌内或皮下注射，7天后产生免疫力。仔兔断乳前一周注射，其他家兔每年注射2次，每次1毫升	免疫期6个月
兔沙门氏杆菌病	兔沙门氏杆菌灭活苗	皮下或肌内注射，7天后产生免疫力。断乳前一周的仔兔、妊娠前或妊娠初期的母兔及其他青年兔，每只每次注射1毫升。每年注射2次	免疫期6个月
兔大肠杆菌病	兔大肠杆菌灭活苗	肌内注射，7天后产生免疫力。仔兔20～30日龄时注射1毫升	免疫期4个月
兔肺炎克雷伯氏菌病	兔肺炎克雷伯氏菌灭活苗	皮下注射，7天产生免疫力。仔兔断乳时注射1毫升	免疫期4～6个月

（3）卫生消毒　消毒是综合防制措施中的重要环节，其目的是杀灭环境中的病原微生物，以彻底切断传染途径，防止疫病的发生和蔓延。选择消毒药物和消毒方法，必须考虑病原菌的特性和被消毒物体的种类以及经济价值等。如对于木制用具，可用开水或2%的火碱溶液烫洗；金属用具，可用火焰喷灯或浸在开水中10～15分钟；地面和运动场可用10%～20%的石灰水或5%

的漂白粉溶液喷洒，土地面可先将表土铲除 10 厘米以上，并喷洒 10%～20%的石灰水或 5%的漂白粉溶液，然后换上一层新土夯实，再喷洒药液；食具和饮具等，可浸泡于开水中或在煮沸的 2%～5%的碱水中 10～15 分钟；毛皮可用 1%的石炭酸溶液浸湿，或用福尔马林熏蒸；工作服可放在紫外灯消毒室内消毒或在 1%～2%的肥皂水内煮沸消毒；粪便进行堆积，生物发酵消毒。

（4）药物预防　有些疾病目前还没有合适的疫苗，有针对性地进行药物预防是搞好防疫的有效措施之一。特别是在某些疫病的流行季节到来之前或流行初期，选用高效、安全、廉价的药物，添加在饲料中或饮水用药，可在较短的时间内发挥作用，对全群进行有效的预防。或对家兔的特殊时期（如母兔的产仔期）单独用药预防，可收到明显效果。药物预防的主要疾病为细菌性疾病和寄生虫病，如大肠杆菌病、沙门氏菌病、巴氏杆菌病、波氏杆菌病、葡萄球菌病、球虫病和疥癣病等。

药物预防应注意药物的选择和用药程序。要有针对性地选择药物，最好做药敏试验。当使用某种药物效果不理想时，应及时更换药物或采取其他方案。用药要科学，按疗程进行，既不可盲目大量用药，也不可长期用药和时间过短。每次用药都要有详细的记录登记，如记载药物名称、批号、剂量、方法、疗程，观察效果，对出现的异常现象和处理结果更应如实记录。

（5）定期驱虫　家兔的体外寄生虫病主要有疥癣病、兔虱病；体内寄生虫主要有球虫病、囊尾蚴病、栓尾线虫病等。而疥癣病和球虫病是预防的重点，其他寄生虫病在个别兔场零星发生，也应引起注意。在没有发生疥癣病的兔场，每年定期驱虫 1～2 次即可；而曾经发生过疥癣病的兔场，应每季度驱虫一次。无论是什么样的饲养方式，球虫病必须预防，尤其是 6～8 月份是预防的重点，但近年来有全年化的趋势。囊尾蚴病的传染途径主要是狗和猫等动物粪便对饲料和饮水的污染，控制养狗、养猫，或对其定期驱虫，防止其粪便污染即可降低囊尾蚴的感染率。线虫病每年春、秋两次进行普查驱虫，使用广谱驱虫药物，如苯丙咪唑、伊维菌素或阿维菌素，可同时驱除线虫、绦虫、绦虫蚴及吸虫。

（6）隔离和封锁　在发生传染病时，对兔群进行封锁，并对不同家兔采取不同的处理措施。

病兔：在彻底消毒的情况下，把有明显症状的兔子单独或集中隔离在原来的场所，由专人饲养，严加看护，不准越出隔离场所。饲养人员不准相互串门，工具固定使用，入口处设消毒池。当查明为少数患兔时，最好捕杀，以防后患。

可疑病兔：症状不明显，但与病兔及污染的环境有接触（同笼、同舍、同一运动场）的家兔，有可能处在潜伏期，并有排毒的危险，应在消毒后另地看管，限制活动，认真观察。可进行预防性治疗，出现病症时按病兔处理。如果2周内没有发病，可取消限制。

假健群：无任何症状，没有与上面两种兔有明显的接触。应分开饲养，必要时转移场地饲养。

在整个隔离期间，禁止向场内运进和向场外运出家兔、饲料和用具，禁止场外人员进入，也禁止场内人员外出。当传染病被扑灭两周不再发生病兔后，解除封锁。

（7）抗病力育种　将抗病力作为育种的主要目标之一，从根本上解决家兔对某些疾病的抗性问题，是今后育种的方向和重点。简单而实用的方法是在发病的兔群选择不发病的个体作为种用。因为，在发病的兔群里，每只兔子所受到的病原微生物感染的机会理论上讲是同等的，有些兔子的抗性低而发病，有些兔子的抗性强而保持健康。这种抗性如果是遗传所造成的，那么就能将这种品质遗传给后代，使个体品质变成群体品质。如果用现代育种方法，测定控制家兔对某些疾病有抗性的基因或将具有抗性的基因片段导入家兔的染色体内，就可培育出对某些疾病有抗性的兔群。

（二）兔病的诊断技术

345. 病情调查的主要内容是什么？

当一个兔场发生了疾病需要确诊，首先到现场进行调查。由于种种原因（如距离远、时间紧、与其他重要事情有冲突等）兽医人员不能到达现场诊断，可通过电话、E－mail、QQ、书信等途径对病情进行详尽的调查。主要向知情人（主要是指饲养人员和兔场的兽医技术人员）了解发病的经过，包括发病的时间、地点（不同兔舍之间有无差异、兔场周围的环境关系）、患兔的品种、年龄、生理阶段，饲料的品种及配比、饲料原料的质量、疾病的传播和流行情况、主要临床表现、是否治疗、使用的药物种类及效果、兔群的预防接种情况（包括疫苗的种类、产地、生产日期、注射剂量、注射时间和方法等）、驱虫情况和防疫制度、日粮的组成、药物和添加剂的使用情况、饲喂制度、兔舍卫生及环境条件、近期是否调整饲料配方、更换饲料原料、引进种兔或外人参观等。

调查的内容可根据具体的病情而定。在初步调查的基础上大体确定疾病的范围，再有针对性地重点调查。①如怀疑饲料或药物中毒性疾病，应重点在饲料和添加药物方面调查，如是否采集打过农药的饲草、饲料原料中有无有毒有害饲料（如棉饼、菜籽饼等）、药物性添加剂的种类、产地、批号、添加数量、时间、搅拌情况、使用说明和药物配伍禁忌等；②如怀疑发霉饲料中毒，应重点调查饲料原料的种类和质量，有无变质（特别是花生饼、粗饲料、含水较多的豆腐渣类等）情况，当时当地气候情况，特别是空气湿度、降雨、降雪等情况；③如怀疑传染性疾病，应重点调查免疫和药物使用情况，包括疫苗的种类、注射时间、部位、剂量，药物的种类、剂量、疗程及效果等；④如怀疑球虫病，应详细了解患病兔的年龄、临床表现、使用药物的种类、剂量和疗程，药物的产地、生产日期和有效保质期，当时当地的气候状况（特别是温度和湿度）、兔舍的卫生状况、饲养方式等。

病情调查，特别是电话询问诊断是否准确，关键是是否抓住了问题的关键。即根据畜主反映的情况，尽快确定疾病的范围，然后有针对性地询问。在询问中发现最有价值的东西，并注意所怀疑的疾病与其他类似疾病的主要区别点，为疾病的最终确诊搜索重要的线索。

346. 兔病一般临床检查哪些项目？

（1）精神状态　健康兔精神状态良好，对外界刺激做出相应的反应，如两耳转动灵活，眼睛明亮，嗅觉灵敏，行动自如，受到惊恐，随即后足拍打底板、不安或在笼内窜动。当患病时有两种情况：一是沉郁，如嗜睡，对外反映冷漠，动作迟缓，独立一角，头低耳耷，目光呆滞，暗淡无光，严重时对刺激失去反应，甚至昏迷；二是兴奋，如惊恐不安，狂奔乱跳，转圈，颤抖，啃咬物体等（如急性型兔瘟），或尖叫，角弓反张（如急性肠球虫病）等异常表现。

（2）姿势　健康兔起卧、行动均保持固有的自然姿势，动作灵活协调。病理状态下表现异常的姿势。如患呼吸道疾病时呼吸困难，仰头喘气；发生胀气时，腹围增大，压迫胸腔，造成呼吸困难，眼球发紫，流口液等；患有耳癣病时，耳朵疼痛，用爪挠抓或摇头甩耳；患有脚癣或脚皮炎时，两后肢不敢着地，呈异常站立、伏卧，重心前移或左右交换负重等；当发霉饲料中毒、马杜霉素中毒时，四肢瘫软，头触地；当脊柱受伤或肝球虫病后期时，后肢瘫痪，前肢拉着后肢前行等。

（3）营养与被毛　主要根据肌肉丰满程度、体格大小、被毛光泽和皮肤弹性等做出综合判断。患有急性病而死亡者，体况多无大的变化，而患慢性消耗性疾病（如寄生虫病、结核或伪结核等）或消化系统疾病，多骨瘦如柴，体格较小，被毛容易脱落；健康兔被毛光滑，而营养缺乏，被毛无光，患有皮肤病（尤其是皮肤霉菌病）时，被毛有块状脱落现象；当患有肠炎腹泻时，由于脱水而使皮肤失去弹性。皮肤检查应注意温度、湿度、弹性、肿胀、外伤、被毛的完整性、结痂、鳞屑和易脱落情况等。

（4）体温测定　体温测定采取肛门测温法。将兔保定，把温度计（肛表）插入肛门 3.5～5 厘米，保持 3～5 分钟。家兔正常的体温为 38.5～39.5℃。当患有兔瘟、巴氏杆菌病等传染病时，体温多升高；患有大肠杆菌病、魏氏梭菌病等，体温多无明显变化；患有慢性消耗性疾病时，体温多低于正常值。测定温度时，应该注意时间（中午最高，晚上最低）、季节（夏季高，冬季低）和兔子的年龄（青年和壮年兔高，老兔低）。

（5）脉搏测定　可在左前肢腋下、大腿内侧近端的股动脉上检查；或直接触摸心脏；或用听诊器，计数一分钟内心脏跳动的次数。测定脉搏次数应在兔子安静下来后进行。健康兔的脉搏为 120～150 次/分钟。当患有热性病、传染病、疼痛或受到应激时，脉搏数增加。脉搏次数减少见于颅内压升高的脑病、严重的肝病及某些中毒症。

（6）呼吸测定　观察胸壁或肋弓的起伏次数。一般健康兔的呼吸次数为每分钟 50～60 次，幼兔稍快，妊娠、高温和应激状态均使呼吸增数。病理性呼吸次数增加见于呼吸道炎症、胸膜炎及各型肺炎、发热、疼痛、贫血、某些中毒性疾病和胃肠臌气；呼吸次数减少见于体质衰落、某些脑病、药物中毒等。呼吸次数与体温、脉搏有密切联系，一般而言，体温升高多伴随呼吸的加快和脉搏的增数。

347. 兔病消化系统检查哪些项目？

主要检查食欲、粪便、腹部状态等。

（1）食欲　健康兔食欲旺盛，在每次饲喂时，饲槽内的饲料早已吃光，并两前肢扒在笼门等待饲养人员饲喂。当饲料添加在料槽里，嗅后立即采食，速度很快，正常的饲喂量在 30 分钟内吃光。食欲减退时，采食不亲，采食速度减慢，吃几口便停顿下来。食欲减退是许多疾病早期的共同征兆之一；食欲废绝时表现为拒食，患兔呆立一角，上次的饲料仍然在饲槽里，这是病危的特征之一。

（2）粪便　正常家兔的粪便呈圆球形，大小均匀一致，表面光滑，颜色一致。粪球的大小与饲料中粗纤维含量、兔子的采食量和兔子的年龄有关。粗纤维含量越高，粪球的直径越大；粪便的颜色与饲料种类和精饲料的比例有关。当精饲料含量高时，粪球的颜色深；粗饲料含量高时，粪球的颜色浅。饲喂青饲料时，粪球的颜色呈灰绿色，硬度小。当患有疾病时，粪便出现异常。如粪球干、小、硬、少、黑，为便秘的症状；粪球连在一起，软而稀，呈条状，为腹泻或肠炎的初期；粪便不成形，稀便，呈堆，为腹泻；稀便，有酸臭味，带有气泡，为消化不良型腹泻；粪便稀薄，有胶冻样物，或粪中带血，为肠炎；如粪球表面有黏液附着，多为黏液性肠炎的表现；如果兔子食欲降低，排便困难，腹内有气，粪球少而相互以兔毛连接成串，多为毛球病。

（3）腹部状态　腹部视诊主要观察腹部的形态和腹围的大小。如腹部上方明显膨大，肷窝突出，是肠臌气的表现；如腹下部膨大，触之有波动感，改变体位时，膨大部随之下沉，是腹腔积液的体征；腹部触诊时，用两手的指端同时从左、右两侧压迫腹部。健康兔腹部柔软，并有一定的弹性。当触诊时出现不安、骚动，腹肌紧张且有颤动时，提示有疼痛反应，见于腹膜炎；腹腔积液时，触诊有流动感；肠管积气时，触诊腹壁弹性增强；便秘时，直肠内的粪球小而硬；腹泻时，直肠内没有粪球，用手挤压肛门，挤出的是稀粪，而不是粪球。

348. 兔病呼吸系统检查哪些项目？

主要检查呼吸式、鼻腔、咳嗽及胸部。

（1）呼吸式　健康家兔呼吸呈胸腹式（混合式），即呼吸时胸壁和腹壁的协调运动。出现胸式呼吸时，即胸壁运动比腹壁明显，表明病变在腹部，如腹膜炎、肠胃胀气等。出现腹式呼吸，即腹壁运动明显，表明病变在胸部，如胸膜炎、肋骨骨折等。

（2）咳嗽检查　健康兔群兔舍内很少听到咳嗽声，或偶尔发出一两声，借以排除呼吸道内的分泌物和异物，是一种保护性反应。如出现频繁的或连续不断的咳嗽，则是一种病态。病变多发生在上呼吸道，如喉炎、气管炎等。

（3）鼻腔检查　健康家兔鼻孔清洁、干燥。只有在炎热时鼻端潮湿。当发现鼻腔流出分泌物时，说明已有炎症，特别是传染性鼻炎，并伴随打喷嚏和咳嗽。如果鼻液中混有新鲜血液、血丝或血凝块时，多为鼻黏膜损伤。如果鼻液污秽不洁，且有恶臭味，可能为坏疽性肺炎。

（4）胸部检查　当怀疑肺部有炎症时，可用听诊器隔胸壁听诊。如果有啰音或其他非正常的呼吸音，则有肺炎的可能。对于有条件的兔场和对特别优秀的种兔，必要时进行胸透，以做出可靠的诊断。

349. 兔病泌尿生殖系统检查哪些项目？

主要检查排尿的姿势、尿液、生殖器官和乳房等。

（1）排尿姿势　排尿姿势异常常见有尿失禁和排尿疼痛。前者是不能采取正常的排尿姿势，不由自主地经常或周期性地排出少量尿液，是排尿中枢损伤的指征。排尿疼痛是兔子排尿时表现不安、呻吟、鸣叫等，见于尿路感染、尿道结石等。

（2）尿液　排尿次数和尿量增多，多见于大量饮水、慢性肾盂炎或渗出性疾病（如渗出性胸膜炎）的吸收期。排尿次数减少，尿量减少，见于饮水不足、急性肾盂炎和剧烈腹泻等。正常尿液的颜色是无色透明或稍有浑浊，当患有肝胆疾病时，尿液多呈黄色，同时可视黏膜黄染。当饲料搭配不当，钙、磷含量过高，或风寒感冒、豆饼中的抗胰蛋白因子灭活不良时，尿液浓稠，乳白色，尿液蒸发后留下白色沉淀物。尿道、膀胱或肾脏炎症时，尿液呈红色。

（3）生殖器官　正常情况下母兔的外阴、公兔的睾丸、阴囊、包皮和龟头等清洁干净。当有炎症时，多红肿，有分泌物。患有梅毒时，红肿严重，结痂，呈菜花状。患有睾丸炎时，睾丸肿胀，严重时睾丸积脓。

（4）乳房　非泌乳期母兔的乳腺不充盈，泌乳期乳腺发育。当患有乳房炎时，乳房有红、肿、热、痛的表现。严重时，整个乳房化脓，并伴有全身性症状，如高热、食欲减退、精神不振、卧立不安等。

350. 病兔病理剖检主要注意哪些问题？

生产中，兔病的诊断主要根据临床表现和病理剖检。不少疾病，通过对病兔或死兔的剖检，根据其特征性的病变，结合流行病学特点和临床表现，即可做出初步诊断，并及早采取措施，为疾病的有效控制赢得了时间，减少了损失。

剖检前，应检查可视黏膜、外耳、鼻孔、皮肤、肛门等部位的变化。剖检时，将尸体固定于剖检台上或瓷盘内，腹部向上。沿腹中线剖开腹腔，观察内脏和腹膜。然后，剖开胸腔、剪破心包膜，观察心脏、肺脏和胸腺的变化。继续将颈部皮肤剖开，分离出气管、喉头、食管和舌等。也可将气管及心肺同时取出，将脾、网膜、胃和小肠一起摘出，大肠单独摘出，分离肝、肾、膀胱及生殖器官等。取出后，对各器官进行认真观察。主要观察颜色、大小、是否有水肿、出血、充血和瘀血、坏死和结节，以及脏器实质及消化道内容物的状态，注意特征性变化。如魏氏梭菌病的典型病变是盲肠出血；肝球虫的特征性病变是肝脏有白色球虫结节；伪结核的特征性病变是盲肠蚓突肿胀如腊肠。注意将个别器官的病变和整体病变相联系。如兔瘟的病变是全身实质脏器充血、出血和水肿。如需要检查脑，则剖开颅腔。

351. 疾病的实验室诊断主要做哪些检查？

对于一些仅靠临床和病理剖检不能确定的疾病，特别是传染病，有必要进行实验室诊断。一方面作病理切片；一方面作微生物学和寄生虫学检查；一方面作毒物的分析化验。具体操作参考有关的专业资料。

（三）疾病的治疗技术

352. 如何给肉兔内服药物？

内服药物可通过拌料、混水、胃管投服和口腔直服等途径。

（1）拌料　将药物均匀地拌入饲料中，让兔自由采食，达到用药的目的。适用于大群体预防疾病和当发生了疾病而尚有食欲的兔群。粉状药物或可做成粉状的药物，容易搅拌均匀，药物无异味，不影响兔子的食欲。在拌料喂药时，计量要准确，搅拌要均匀，饲槽要充足，使每只兔都能采食到应采食的药量，防止多寡不一而造成的剂量不足或药量过大产生的副作用。为使兔子在短时间内采食到应采食的药物，可将药物添加在一次喂料量的50％中。在兔子饥饿的情况下饲喂，待兔子采食干净后再加入另外一半的饲料。

（2）混水　对于水溶性的药物，可通过饮水的方式内服。该方法适于大群预防和治疗，特别是那些食欲不振但饮欲良好的患兔。其方法简便，容易操作。关键是药量计算准确，药物完全溶解。

（3）胃管投服　对有异味、毒性较大的药物或病兔拒食的情况下，可采取胃管投服。具体方法是，将一中间宽、两边窄、中心有孔的开口器（竹片、木片或塑料板为材料，自制）插入患兔口腔，将人用导尿管从开口器的中心孔中串入，通过口腔、咽、食管进入胃部，然后用注射器吸取药液，通过导管注入胃内，然后抽出导管。该方法操作一定要稳，谨防导管误入气管。当导管插入后，可抽拉注射器。如果抽拉很顺利，可能插入器官；如果抽拉费劲，说明插入胃内。也可将导管的末端插入水中，如果有气泡产生，说明插入气管，否则即插入胃内。

（4）口腔直投　将片状药物通过口腔直接投服。具体方法是，左手抓住患兔的耳朵和颈部皮肤，右手拇指和食指捏住药片，从兔的右侧口角处（此处为犬齿缺失）将药片送入，食指顶住药片直送至舌根后部，刺激兔子产生吞咽反射，将药物吞入。此方法注意药片不应过大，投药位置要适当。药物最终投放在舌根后部，如果在舌根前部，则产生呕吐反射，将药物吐出。对于小兔慎用此法。因为小兔的咽喉小，药片大时易将咽喉卡住而造成窒息死亡。

353. 如何进行药物注射?

注射可通过肌内、皮下、静脉和腹腔等途径。

（1）肌内注射　选择肌肉丰满的部位，通常在臀部肌肉和大腿部肌肉。注射部位酒精消毒后，用左手固定注射部位的皮肤，右手持注射器，将针头迅速刺入至该部肌肉的中部，稍微回抽注射器活塞。如没有血液流出，即可缓慢注入药物；如果有血液回流，说明针头刺入血管，应适当调整针尖部位。肌内注射适于一般的注射用药物，如抗生素类（青霉素、链霉素、庆大霉素等）、化学药物（如磺胺嘧啶钠、痢菌净等）及部分疫苗。

（2）皮下注射　选择组织疏松部位的皮下注射，多在颈部和肩部。注射前局部先消毒（或剪毛后消毒），以左手拇指和食指将该部位的皮肤提起，右手持注射器，将针头刺入皮下，然后左手松开，将药液注入。此方法多用于疫苗的注射，有时也可用于补液。

（3）静脉注射　通常选择两耳的边缘静脉。先清洁消毒，将兔保定好，左手食指和中指压迫耳基部血管，使静脉回流受阻，血管怒张，左手食指和无名指捏住耳朵边缘的中部。右手持注射器，上接20～23号针头（根据兔子的大小而定，大兔子用较粗的针头，兔子较小用较细的针头），以针头斜面向上，与血管约成30°角刺入血管，然后与血管平行将针头送入血管1～2厘米深。此时针管内可见回血，说明针头在血管里。将压迫血管基部的食指和中指松开，以左手拇指、食指和中指固定针头，右手缓慢推动注射器活塞，将药液注入血管。进针之前，应将注射器内的气体排净，防止将气体注入血管而形成栓塞死亡。如果发现耳壳皮下有小泡隆起，或感觉推动注射器有阻力，说明针头已经离开血管，应拔出针头，重新注射。第一次注射应先从耳尖部分开始，以后再注射时逐渐向耳根部分移动，就不会发生因初次注射造成血管损伤或阻塞而影响以后的注射。注射完毕后拔出针头，以酒精棉球压迫局部，防止血液流出。静脉注射主要用于补液和某些药物或激素的注射。其见效快，药量准确。

（4）腹腔注射　将家兔仰卧，后躯抬高，在腹中线左侧（离腹中线 3 毫米左右）脐部后方向着脊柱刺入针头，一般用 2.5 厘米长的针头。在家兔的胃和膀胱空虚时进行腹腔注射比较适宜，防止刺伤脏器。腹腔内有大量的血管和淋巴管，吸收快。因此，药效发挥也较快。其吸收速度仅次于静脉注射，而且比静脉注射容易操作，适于较大剂量的补液。如果在寒冷季节大剂量腹腔补液，事前应将液体加温至体温。

354. 怎样给肉兔灌肠？

将患兔仰卧，以人用导尿管前端涂些润滑油（食用油或石蜡油），缓慢插入肛门 5～7 厘米深，然后捏住肛门和导管，用注射器将药液注入直肠。一般用于便秘时排便，后肠有炎症时或脱水严重时也可采用此法。

（四）主要传染病防治

355. 兔病毒性出血症（兔瘟）发病特点是什么？

兔病毒性出血症又叫兔病毒性败血症或兔出血性肺炎，俗称兔瘟，是由病毒引起的一种急性败血性传染病，具有发病急、传染快、死亡率高、药物治疗无效等特点。一般发病率可达70%～100%，死亡率高达 90%～100%。

本病主要感染青年兔和成年兔，2 月龄以下幼兔发病率较低，任何品种、性别、用途的兔均易感，一年四季均可发病，但以春、秋、冬三个季节发病率更高。带毒兔、病兔是主要传染源，通过饲养用具、人员、车辆、污染的饲草饲料、注射针头等传播，经由消化道、呼吸道及皮肤外伤感染。

356. 兔病毒性出血症（兔瘟）临床症状有哪几种类型？

本病潜伏期为数小时至 3 天，根据发病情况可分为最急性型、急性型、慢性型和沉郁型四种。

（1）最急性型 多见于流行初期，病兔未出现任何症状而突然死亡或仅在死前数分钟内突然尖叫、冲跳、倒地与抽搐，部分病兔从鼻孔流出泡沫状血液。

（2）急性型 较最急性发病较缓，病兔出现体温升高（41～42℃），精神委顿，食欲减退或废绝，呼吸急促，心搏快，可视黏膜和鼻端发绀，有的出现腹泻或便秘，粪便粘有胶冻样物，个别排血尿。后期出现打滚、尖叫、喘息、颤抖、抽搐，多在数小时至 2 天内死亡。

（3）慢性型 多发生在 1～2 月龄的幼兔，出现轻度的体温升高，精神不良，食欲减退，消瘦及轻度神经症状。病程多在 2 天左右，2 天以上不死者可逐渐恢复。

（4）沉郁型 患兔精神沉郁，食欲减退或废绝。死亡时头触地，浑身瘫软，似皮布袋。

357. 兔病毒性出血症（兔瘟）的病理变化特点是什么？

病理特征为出血性败血症。胸腺肿大出血；气管有点状和弥漫性出血，肺有出血点、出血斑、充血、水肿；肝肿大、质脆，有条纹状变性或坏死；脾肿大、充血、出血、质脆；肾肿大、有出血点、质脆；淋巴结肿大、出血，心外膜有出血点。个别患兔死后鼻腔流出泡沫状血液，约占总死亡数的 5%；一些患兔死后剖检发现小肠套叠。

358. 兔病毒性出血症（兔瘟）的诊断要点如何？

（1）初诊 首先，流行特点是来势猛、发病急、传播快、发病率和死亡率高；其次是有年龄特征：青年兔和成年兔多为急性死亡，幼兔多为慢性，哺乳仔兔一般不发病或很少发病；第三，剖检特征明显：全身实质脏器出血、瘀血和水肿；胸腺水肿、气管和肺出血；肝脏特征性坏死；肛门有少量淡黄色黏液；直肠内有透明胶样分泌物等，据此可作初步诊断。

（2）确诊 通过实验室检验确诊。

血清学检查：用人的 O 型红细胞作血凝（HA）试验和血凝抑制（HI）试验。①HA 试验：将病料（患兔的肝脏、脾脏和肾脏）匀浆，取上清液，在微量板上体积 2 倍稀释，加入人的 O 型红细胞，于 37℃作用 60 分钟，若凝集则证明有兔瘟病毒的存在；②HI 试验：用已知抗兔瘟病毒血清，检查病料中未知病毒。在 96 孔 V 形微量滴定板上加上被检查病料（患兔的肝脏、脾脏和肾脏组织悬液），做 2 倍稀释，然后加抗血清，摇匀，再加入 1％人的 O 型红细胞悬液，于 4℃作用 30 分钟观察结果。凡被已知抗血清抑制血凝者，证明本病毒存在，为阳性。

动物试验：取病死兔的肝脏、脾脏和肾脏，制成 1：5～10 悬液，经双抗处理，接种 2～3 只未经兔瘟疫苗免疫的青年兔。若发病死亡，与自然病例的症状和病变相同，即可做出诊断。

359. 目前兔瘟病流行和发生有何新特点？

近年兔瘟病的发生呈现新的特点，主要表现在以下几个方面：

第一，低龄化趋势。笔者近期诊断发病最早年龄为 33 日龄。

第二，剖检特征多元化趋势。解剖病变并非一致，但胸腺水肿出血、肺出血、特征性肝脏坏死和直肠黏胶分泌是共性的。

第三，很多注射疫苗的家兔也可发病。是疫苗本身的问题还是毒株发生变异，有待研究。

360. 为什么有的兔群注射了兔瘟疫苗还发生兔瘟？

生产中一些兔场注射疫苗后仍然发生兔瘟，情况比较复杂。笔者调查研究认为，以下原因不同程度存在：

（1）免疫程序问题 一些养殖户沿用传统的免疫程序，即断奶后注射一次到出栏或宰杀（3～5 月龄）。根据笔者研究，注射过早（断乳前）和过晚（40 日龄以后）都不好，以 35～40 日龄进行首免为宜。据研究，一次免疫的保护期仅仅 80 天左右，在第一次免疫后 20 天加强免疫一次，可产生坚强免疫力。

（2）疫苗质量问题　有的是注射了非正规生产厂家的疫苗；有的是疫苗保存时间过长，或保存条件不良（高温、冷冻、阳光直射等）。

（3）注射问题　有的注射部位或注射方法不对。如注射到肌肉、皮内，或注射剂量不足、外溢等。还有的出现漏注现象。

（4）疫苗选用　根据笔者调查，兔瘟免疫最好使用单苗。联苗对兔瘟免疫力的产生有一定影响。

361. 怎样预防和控制兔瘟？

本病目前没有特效治疗药物，主要是预防本病的发生，做好日常卫生防疫工作，严禁从疫区引进病兔及被污染的饲料和兔产品，对新引种兔应做好隔离观察。定期接种灭活兔瘟疫苗是预防本病发生的有效措施，6 月龄以上成兔颈部皮下注射 1～2 毫升，幼兔 1 毫升。新断乳幼兔初免在 35 日龄前后接种为好，60 日龄加强免疫一次。一般接种后 5～7 天产生免疫力。成兔每 4～6 个月免疫一次。

一旦发现本病流行，应尽早封锁兔场，隔离病兔。死兔应深埋或烧毁，兔舍、用具彻底消毒。必要时，对未染兔进行紧急预防接种，每只兔 2～3 毫升。

对个别优秀种兔可肌内或皮下注射高免血清 2 毫升/千克。

362. 传染性水泡性口炎有何特点？怎样防治？

传染性水泡性口炎又叫传染性口炎、水泡性口炎或流涎病，是由兔传染性水泡性口炎病毒感染引起的兔的急性口腔黏膜发炎，形成水泡及溃疡。发病率与死亡率较高，主要危害 1～3 月龄幼兔，多发于春、秋季节。消化道为主要感染途径，病兔口腔分泌物、坏死黏膜组织及水泡液内含有大量的病毒，健康兔吃了被污染的饲草、饲料及饮水后而感染。饲料粗糙多刺、霉烂、外伤等易诱发本病。

（1）临床症状　本病潜伏期 5～6 天，开始口腔黏膜呈现潮红肿胀，随后在嘴角、唇、舌、口腔其他部位的黏膜上出现粟粒大至大豆大的水泡，水泡内充满液体，破溃后常继发细菌感染，引起唇、舌及口腔黏膜坏死、溃疡，口腔恶臭，流出大量唾液，嘴、脸、颈、胸及前爪被唾液沾湿，时间较长的被毛脱落，皮肤发炎，采食困难，消瘦，严重的衰竭死亡。

（2）病理变化　尸体消瘦，舌、唇及口腔黏膜发红、肿胀、有小水泡和小脓疱、糜烂、溃疡，口腔有大量液体，食道、胃、肠道黏膜有卡他性炎症。

（3）诊断要点　根据流行特点、临床症状、特异的口腔病变即可做出诊断。必要时，要通过实验室检验确诊。

（4）防治措施　给予柔软易消化的饲草，防止口腔发生外伤。兔笼、兔舍及用具要定期消毒。发现病兔立即隔离，全场进行严格消毒，病兔口腔病变用 2% 硼酸溶液或 0.1% 高锰酸钾溶液或 1% 食盐水等冲洗，然后往口腔撒矾糖粉（明矾 7 份，白糖 3 份，压成粉末混合），每天 3～4 次，撒药半小时内禁止饮水；或涂碘甘油或磺胺软膏或冰硼散或磺胺粉等，每天 3 次。为防止继发感染，饲料或饮水中加入抗生素或磺胺类药物。

363. 兔黏液瘤病有什么特点？如何防范？

兔黏液瘤病是由黏液瘤病毒引起的一种急性、恶性传染病。多由于蚊、虻、蜱、蚤等刺蜇而感染，具有高度接触性和致死性，对养兔业影响较大。该病在欧洲多发，目前我国尚未发现该病。

（1）临床症状　本病以颜面部和天然孔周围皮下出现黏液瘤性肿物为主要特征。一般潜伏期 4～10 天。典型病例首先眼睑皮下肿胀，并伴有严重结膜炎，羞明流泪，眼睑缘有黏液性至脓性分泌物，1～2 天后结膜肿胀，严重时上、下眼睑相互粘连，肿胀症状进一步蔓延至头部和耳部皮下组织，形成狮子头状，并常见有黏液脓性鼻漏，耳根、会阴、外生殖器和上、下唇出现明显水肿，皮肤有时出现出血。患部皮下组织集聚多量淡黄色、胶冻样液体。最后，全身皮肤出现硬实突起的肿块或弥漫性肿胀，发病期间一直有食欲。濒死前出现惊厥，病程一般 11～18 天。

（2）病理变化　切开水肿部皮肤，可见皮下有多量淡黄色胶冻样黏液。胃肠浆膜下有瘀血点或瘀血斑，心内膜下和心外膜下有时发现出血点，有的病例出现脾脏和淋巴结肿大并出血。

（3）诊断要点　根据头部皮下出现黏液瘤性肿胀和大量黏液性水肿可做出初步诊断。必要时，可将病变组织做病理检查或进行病原体分离鉴定以及血清学检验确诊。

（4）防范措施　由于本病危害大，我国尚无此病，因此严禁从疫区引种。尤其是从欧洲国家要慎重引种，并严格检疫。目前尚无有效治疗方法，发现病兔应及时扑杀，销毁尸体，并进行彻底的消毒处理。

消灭蚊虫，搞好环境卫生可有效地防止本病发生。可用疫苗免疫接种防止本病的发生。

364. 兔轮状病毒病有何特点？怎样防制？

本病由轮状病毒引起，以仔兔突发性腹泻为主要特征。单纯性感染一般死亡率达 40%～60%，继发感染时可达 60%～80%。主要发生在 2～6 周龄的仔兔，尤以 4～6 周龄最易感，症状也较严重，死亡率高。以晚秋至早春寒冷季节发病率高，多突然发生，迅速蔓延。本病毒主要存在于病兔粪便和后段肠内容物中，青年兔和成年兔常呈隐性感染，带毒排毒而不表现症状。污染的饲料、饮水、乳头和器具等是本病的主要传播媒介。

（1）临床症状　潜伏期 1～4 天。青年兔和成年兔感染后一般很少出现临床症状，少数病例表现短暂的食欲减少和不定型的软便。2～6 周龄仔兔感染后多突然发病，表现呕吐、低烧、昏睡、很少吮乳或废食，排出蛋花样白色、棕色、灰色或浅绿色酸性恶臭水便，会阴部及后肢被毛沾污糊状稀便和污物。继发细菌感染时体温明显升高,症状也较严重。一般在发生腹泻后2~3天内因高度脱水、体液酸碱平衡失调,最后导致心力衰竭而死亡。

(2)病理变化　单纯性病例肠道(尤其是后段小肠和结肠)出现明显的充血和瘀血,肠管扩张,内有大量水样内容物,其他组织一般不出现明显的肉眼可见病变。

(3)诊断要点　根据发病季节,2~6周龄仔兔多发,体温不高,结合肠道变化做出初步诊断,通过动物接种和血清学试验进一步确诊。

(4)防制措施　目前对本病尚无有效的治疗方法和疫苗,加强饲养管理,搞好环境卫生,经常对兔舍、笼具等进行消毒,防止粪便污染饲料和饮水,可有效地防止本病发生。发现病兔要及时隔离,并进行严格消毒。对病兔加强管理,要注意保温,可采取补液等维持治疗,使用抗生素或磺胺类药物,以防止继发感染。

365. 巴氏杆菌病有何特点？怎样防治？

兔巴氏杆菌病是由多杀性巴氏杆菌引起的急性传染性疾病,是危害养兔业的重要疾病之一。根据感染程度、发病急缓及临床症状分为不同的类型。其中,以出血性败血症、传染性鼻炎、肺炎等类型最常见。

多杀性巴氏杆菌存在于病兔的各组织、体液、分泌物和排泄物中,在健康家兔的上呼吸道中也常有本菌存在,为本病的主要传染源。一年四季发生,以春、秋季节发病较多,2~6月龄兔发病率最高。健康家兔一般情况不发病,但由于饲养管理不当、卫生差、通风不良、饲草饲料品质不好或被病菌污染、长途运输、密度过大、气候突变以及各种因素引起的抵抗力下降等均可引发本病流行,也可继发于其他疾病。本病多呈散发或地方性流行,发病率20%~70%,急性病例死亡率高达40%以上。

(1)临床症状　本病潜伏期少则数小时,多则数日或更长,由于感染程度、发病急缓以及主要发病部位不同而表现不同的症状。

出血性败血症：即最急性和急性型。常无明显症状而突然死亡，时间稍长可表现精神委顿，食欲减退或停食，体温升高，鼻腔流出浆液性、黏液性或脓性鼻液，腹泻。病程数小时至 3 天。并发肺炎型体温升高，食欲减退，呼吸困难，咳嗽，鼻腔有分泌物，病程可达 2 周或更长，最终衰竭死亡。

鼻炎型（传染性鼻炎）：鼻腔流出黏液性或脓性分泌物，呼吸困难，咳嗽，发出"呼呼"的吹风音，不时打喷嚏，可视黏膜发绀，食欲减退。病程较长，一般数周或几个月，成为主要传染源。如治疗不及时多转为肺炎或衰竭死亡。

肺炎型：多由急性型或鼻炎型转变而来，或长时间轻度感染发展而致。病兔鼻腔流出浆液性分泌物，后转变为黏液性或脓性，粘结于鼻孔周围或堵塞鼻孔，呼吸轻度困难，常打喷嚏，咳嗽，用前爪搔鼻，食欲不佳，进行性消瘦。最后呼吸极度困难，头上扬仰脖呼吸。如果发展到这个程度，说明肺部已经严重受损，任何药物也难以治疗。

此外，多杀性巴氏杆菌还可通过皮肤外伤侵入皮下，引起局部脓肿；侵入其他部位引起子宫炎症或蓄脓、睾丸炎、结膜炎等。

（2）病理变化　因发病类型不同而不同，常以 2 种以上混发。鼻炎型主要病变在鼻腔，黏膜红肿，有浆液、黏液或脓性分泌物。急性败血型死亡迅速者常变化不明显，有时仅有黏膜及内脏的出血、如肺部出血、肝脏有坏死点等；并发肺炎时，除鼻炎病变外，喉头、气管及肺脏充血和出血，消化道及其他器官也出血，胸腔和腹腔有积液。如并发肺炎，可引起肺炎和胸膜炎，心包、胸腔积液，有纤维素性渗出及粘连，肺脏出血、脓肿。肺炎型主要出现肺部与胸部病变。

（3）诊断要点　根据散发或地方性流行特点、临床症状及病理变化做出初步诊断，必要时进行细菌学检查确诊。

生产中常用煌绿滴鼻检查法判断是否为巴氏杆菌携带者。用0.25%～0.5%煌绿水溶液滴鼻，每个鼻孔2～3滴，18～24小时后检查，如鼻孔见到化脓性分泌物者为阳性，证明该兔为巴氏杆菌病患兔或巴氏杆菌携带者。

（4）防治措施　本病预防为主，兔场应自繁自养，必须引种时要做好隔离观察与消毒，加强日常管理与卫生消毒，定期进行巴氏杆菌灭活苗接种。每兔皮下注射或肌内注射1毫升，注射后7天左右开始产生免疫力。一般免疫期4个月左右，成年兔每年可接种3次。

保持卫生、通风和干燥是预防本病的最重要措施。

发病兔场应严格消毒，死兔焚烧或深埋，隔离病兔，用以下药物进行治疗：青霉素5万～10万国际单位、链霉素10万～20万单位，一次肌内注射，每天2次；庆大霉素4万～8万单位，肌内注射，每天2次；也可用磺胺类药物等。

366. 沙门氏杆菌病有何特点？怎样防治？

本病是由沙门氏菌引起的一种传染病，又叫兔副伤寒，以败血症、顽固性下痢和流产为特征。发病率比较高，各年龄、性别、品种的兔均易感，但以幼兔、孕兔发病率与死亡率较高。主要通过消化道感染，也可通过断脐时感染。污染的饲料、饮水、垫草、笼具等都可传播，营养不良、饲料霉变、管理不当、卫生条件差、断乳、天气骤变以及各种引起家兔抵抗力下降等因素，都会诱发本病发生。

（1）临床症状　本病一般潜伏期3～5天，除个别病兔为最急性，不表现明显症状突然死亡外，一般常见精神沉郁，伏卧不起，食欲减退或不食，体温高达41℃以上，腹泻，呈顽固性下痢，并常有胶冻样黏液。严重患病幼兔死亡很快，成年兔长时间下痢而消瘦，被毛粗乱无光泽，腹部臌气。妊娠母兔可发生流产、死胎、阴道黏膜充血、肿胀，从阴道流出脓性分泌物，康复后也不易受孕。

（2）病理变化　急性死亡时，内脏器官充血、出血，胸腔、腹腔有大量浆液或黏液性分泌物，肠黏膜充血、出血、水肿，盲肠和结肠出现粟粒样坏死结节或溃疡，肝脏弥散有灰白色坏死灶，脾肿大，流产母兔子宫壁增厚、肿大，有的出现化脓，子宫黏膜覆盖一层淡黄色纤维素膜或充血、出血、溃疡，子宫内有时有死胎或干胎。

（3）防治措施。本病的预防主要防止妊娠母兔与传染源的接触，对阳性兔进行隔离治疗，兔舍、兔笼和用具彻底消毒。兔群一旦发病，对妊娠母兔立即进行治疗，可用庆大霉素每千克体重2万～4万单位，每天2次；也可用磺胺类药物、氟苯尼考、氧氟沙星等喂服；对妊娠初期的母兔可紧急接种鼠伤寒沙门氏菌灭活疫苗，每兔皮下或肌内注射1毫升。疫区应每年接种2次，可有效地控制本病的流行。

367．大肠杆菌病有何特点？怎样防治？

本病是由致病性大肠杆菌及其毒素引起的一种发病率、死亡率都很高的家兔肠道疾病。多发于出生乳兔、乳期仔兔和乳后的幼兔。一年四季均可发病，饲养管理不良、饲料污染、饲料和天气突变、卫生条件差等导致肠道正常微生物菌群改变，使肠道常在的大肠杆菌大量繁殖而发病，也可继发于球虫及其他疾病。

（1）临床症状　本病最急性病例突然死亡而不显任何症状，初生乳兔常呈急性经过，腹泻不明显，排黄白色水样粪便，腹部膨胀，多发生在生后5～7天，死亡率很高。未断奶乳兔和幼兔多发生严重腹泻，排出淡黄色水样粪便，内含有黏液。病兔迅速消瘦，精神沉郁，食欲废绝，腹部膨胀，磨牙。体温正常或稍低，多于数天死亡。

（2）病理变化　乳兔腹部膨大，胃内充满白色凝乳物，并伴有气体；膀胱内充满尿液、膨大；小肠肿大、充满半透明胶冻样液体，并有气泡。其他病兔肠内有两头尖的细长粪球，其外面包有黏液，肠壁充血、出血、水肿；胆囊扩张，个别肺部出血。

（3）诊断要点　根据本病仔幼兔发生较多，腹泻，脱水、粪便中带有黏液性分泌物等症状，配合病理剖检做出初步诊断，通过实验室进行细菌学检验确诊。

（4）防治措施　仔兔在断乳前后饲料要逐渐更换，不要突然改变。调整饲料配方，使粗纤维含量在12%～14%；平时要加强饲养管理和兔舍卫生工作。用本兔群分离到的大肠杆菌制成灭活疫苗进行免疫接种，20～30日龄仔兔肌内注射1毫升，可有效控制本病的流行。如已发生本病流行，应根据由病兔分离到的大肠杆菌所作药敏试验，选择敏感药物进行治疗。链霉素肌内注射，每千克体重10万～20万单位，每天2次，连用3～5天。也可用庆大霉素、氟哌酸、土霉素等药物。使用微生态制剂对本病有良好的预防和治疗效果。严重患兔同时应配合补液、收敛、助消化等支持疗法。

在发病期间，控制精料喂量，干草、树叶等优质粗饲料自由采食，有助于本病的控制。轻症患兔不用药物也可逐渐好转。

368. 为什么有的兔场注射了大肠杆菌疫苗还得病？

大肠杆菌的血清型有多种，如O128、O85、O88、O119、O18、O26等。使用的菌苗中不可能将这些血清型的全部包括，如果兔群中感染了其他血清型的大肠杆菌，注射后就可能效果不好，有患大肠杆菌的可能。此外，即便是血清型包括，由于恶劣的饲养环境，注射疫苗也不可能保证100%不得。因此，注射菌苗后还要加强饲养管理，减少各种应激，这样才能确保兔群安全生产。有条件的兔场使用本场分离的菌株制成的疫苗进行预防，效果更好。

369. 大肠杆菌病的防治策略是什么？

生产中很多兔场陷入了大肠杆菌病的怪圈，防不胜防，治不胜治。用药不少，效果不好。有时候用药见效，停药即发。怎样才能有效控制这种疾病？根据笔者经验，可采取如下措施：

（1）抓好饲料　50％左右的病例是由饲料引起。设计好的配方，选择好的饲料原料是预防大肠杆菌病的第一步。在配方设计时，关键是粗纤维含量；在饲料原料的选择上，关键是防霉、卫生和容易消化。

（2）搞好卫生　50％以上的病例与卫生条件不良有关。搞好饲料卫生、饮水卫生、笼具卫生和饲养员的个人卫生是预防该疾病所必需的。在搞好卫生的过程中，一定要注意兔舍的湿度。兔舍潮湿，卫生将无从谈起。

（3）抓住时机　治疗大肠杆菌首先及早发现，及早治疗。发现晚，治疗不及时将事倍功半。

（4）药物选择　由于大肠杆菌对药物容易产生耐药性，不同兔场、不同时期选择的药物也不同。应进行药敏试验，筛选对本场最敏感的药物。笔者在近十年的生产实践中，选用多种药物对大肠杆菌进行预防和治疗，最终抗生素和化学药物的效果不如微生态制剂（河北农业大学研制的生态素）。大蒜素和寡糖也有较好效果。因此，绿色药物是防治该病的首选药物。

（5）讲究策略　治疗应遵循"控料、杀菌抑菌、促消化、补液"的基本原则。有时候大量用药可控制腹泻，但很快死亡。因此，应在抗菌抑菌的同时，进行强身健体和调节胃肠功能，适当补液和帮助消化，以饲料调控、微生态制剂调控为主。症状好转后，缓慢增加饲喂量，切不可暴饮暴食，否则会以死亡而告终。

370. 葡萄球菌病有何特点？怎样防治？

引起家兔葡萄球菌病的病菌主要是金黄色葡萄球菌。此菌广泛存在于自然界，一般情况下不引起发病，在外界环境卫生不良、笼具粗糙不光滑、有尖锐物、笼底不平、缝隙过大等引起外伤时感染而发病；或仔兔吃了患葡萄球菌病母兔的乳汁而发病。

（1）临床症状　由于感染部位、程度不同，呈现不同的症状和类型：

脓肿型：在家兔体表形成一个或数个大小不一的脓肿，全身体表都可发生。脓肿外包有一层结缔组织包膜，触之柔软而有弹性。体表发生脓肿一般没有全身症状，精神和食欲基本正常，只是局部触压有痛感。如脓肿自行破溃，经过一定时间有的可自愈；有的不易愈合，有少数脓肿随血液扩散，引起内脏器官发生化脓病灶及脓毒败血症，促使病兔迅速死亡。

乳房炎型：由乳房外伤或仔兔吃奶时损伤感染葡萄球菌引起急性乳房炎时，病兔全身症状明显，体温升高，不吃，精神沉郁，乳房肿大，颜色暗红，常可转移内脏器官引起败血症死亡，病程一般 5 天左右。慢性乳房炎症状较轻，泌乳量减少，局部发生硬结或脓肿，有的可侵害部分乳房或整个乳房。

仔兔黄尿病：本病也是由于仔兔哺乳了患乳房炎母兔的乳汁，食入了大量葡萄球菌及其毒素而发病。整窝仔兔同时发病，排出少量黄色或黄褐色尿液，并有腹泻，肛门周围及后肢潮湿，腥臭，全身发软，昏睡，病程 2～3 天，死亡率很高。

仔兔脓毒败血症：由于产箱、垫草和其他笼具卫生不良，病原菌污染严重；或笼具表面粗糙，刺破仔兔皮肤而感染以葡萄球菌为主的病原菌。临床上仔兔出生 4 天后体表出现数个白色隆起的脓包，像小刺猬。患兔生长发育受阻，多数死亡。幸存者发育差，成为僵兔，没有饲养的价值。

（2）病理变化　主要在体表或内脏见到大小不一、数量不等的脓肿。乳房炎病兔乳房有损伤、肿大。仔兔黄尿病时肠黏膜充血、出血，肠内充满黏液；膀胱极度扩张，充满黄色或黄褐色尿液。脓毒败血症时，全身各部皮下、内脏出现粟粒大到黄豆大白色脓包。

（3）诊断要点　根据病兔体表损伤史、脓肿、母兔乳房炎症做出诊断，必要时应做细菌学检查。

（4）防治措施　做好环境卫生与消毒工作，兔笼、兔舍、运动场及用具等要经常打扫和消毒，兔笼有平整光滑，垫草要柔软清洁，防止外伤。发生外伤要及时处理，发生乳房炎的母兔停止哺喂仔兔。

发生葡萄球菌病时，要根据不同病症进行治疗。皮肤及皮下脓肿应先切开皮下脓肿排脓，再用3％双氧水或0.2％高锰酸钾溶液冲洗，再涂以碘甘油或2％碘酊等。患乳房炎时，未化脓的乳房炎用硫酸镁或花椒水热敷，肌内注射青霉素10万～20万单位，出现化脓时应按脓肿处理，严重的无利用价值病兔应及早淘汰。已出现肠炎、脓毒败血症及黄尿病时，应及时使用抗生素药物治疗，并进行支持疗法。

371. 为什么母兔没患乳房炎，仔兔也得黄尿症？

一般来说，仔兔黄尿症是由于母兔患有乳房炎，仔兔吃了其含有葡萄球菌及其毒素的乳汁后引起的急性肠炎。由于排出的是黄色水样粪便，故称作黄尿症。但是，近年来发现，很多没有患乳房炎母兔的仔兔，也成窝发生黄尿症，使人百思不得其解。

笔者对上百窝类似病例进行认真的调查研究，发现凡是这种类型的病例，其产箱、垫草或其他笼具卫生条件较差，湿度很大。尤其是垫草，出现发霉变质，含有很多的病原微生物及其毒素。因此，笔者将这种类型的黄尿症称作"非乳房炎型黄尿症"。

预防和治疗这类黄尿症，应从笼具卫生和控制湿度入手。产仔之前，将笼具彻底消毒，尤其是产箱和垫草，垫草要经过阳光暴晒；母兔乳房用刺激性较小的药液清洗，乳头涂擦5％医用碘酊；产仔后定时检查产箱，观察仔兔表现，发现垫草潮湿，立即更换。如果发现个别仔兔患黄尿症，口滴庆大霉素，每次3～4滴，每天3次即可。

372. 魏氏梭菌病有什么特点？如何防治？

魏氏梭菌病又叫魏氏梭菌性肠炎，是由A型魏氏梭菌引起家兔的一种急性传染病。由于魏氏梭菌能产生多种强烈的毒素，患病后死亡率很高。

本病一年四季均可发病，以冬、春季节发病率高，各年龄均易感，以1～3月龄多发，主要通过消化道感染。由于长途运输、饲养管理不当、饲料突变、精料过多、气候骤变和滥用抗生素等均可诱发本病。

（1）临床症状　有的病例突然死亡而不出现明显症状。大多数病兔出现急性腹泻下痢，呈水样、黄褐色，后期带血、变黑、腥臭。精神沉郁，体温不高，多于12小时至2日死亡。

（2）病理变化　一般肛门及后肢粘污稀粪，胃黏膜出血、溃疡，小肠充满液体与气体，肠壁薄，肠系膜淋巴结肿大，盲肠、结肠充血、出血，肠内有黑褐色水样稀粪、腥臭，肝、脾肿大，胆囊充盈，心脏血管怒张呈树枝状。急性死亡的病例胃内积有食物和气体，胃底部黏膜脱落。

（3）诊断要点　根据胃溃疡、盲肠条纹状出血、急性水样腹泻等做出初步诊断，通过细菌学检验确诊。

（4）防治措施　加强饲养管理，搞好环境卫生，对兔场、兔舍、笼具等经常消毒，对疫区或可疑兔场应定期接种魏氏梭菌氢氧化铝灭活菌苗或甲醛灭活菌苗，每只皮下注射1～2毫升，7周后产生免疫力，免疫期6个月左右。

根据笔者研究，诱发本病的四大病因：饲料突变、日粮纤维含量低、卫生条件差和滥用抗生素。从以上四个方面入手做好预防工作。

一旦发生本病，应迅速做好隔离和消毒工作。对急性严重病例，无救治可能的应尽早淘汰；轻者、价值高的种兔可用抗血清治疗，每千克体重2～5毫升，并配合使用抗生素及磺胺类药物。对未发病的健康兔紧急进行免疫接种。

近年来，笔者使用微生态制剂（河北农业大学山区研究所研制的生态素），平时每吨饲料喷洒1～2千克，或按0.1％～0.2％的比例饮水，可有效预防该病。发病期间，饮水中加入1％～2％的生态素，连续饮用3～5天，可控制病情。对发病初期的患兔口服生态素，小兔每只3毫升，大兔5毫升，严重时加倍，3天治愈。

373. 兔波氏杆菌病有何特点？怎样防治？

本病又叫兔支气管败血波氏杆菌病，是由支气管败血波氏杆菌感染引起的呼吸道传染病，并常与巴氏杆菌病、李氏杆菌病并发。多发于气候多变的春、秋季节。保温措施不当、气候骤变、感冒、兔舍通风不良、强烈刺激性气体的刺激等诸多应激因素，使上呼吸道黏膜脆弱，易引起发病。病兔及带菌兔是本病的主要传染源。鼻炎型多呈地方性流行，支气管肺炎型多为散发。

（1）临床症状　成年兔一般为慢性经过，仔兔和青年兔多为急性经过。一般病兔表现为鼻炎型、支气管肺炎型和内脏脓肿型三类。

鼻炎型：病兔精神不佳，闭眼，前爪抓搔鼻部；鼻腔黏膜充血，流出多量浆液性或黏液性分泌物，很少出现脓性分泌物，鼻孔周围及前肢湿润，被毛污秽。病程较长者转为慢性。

支气管肺炎型：多由鼻炎型长期不愈转变而来，呈慢性经过，表现消瘦，鼻腔黏膜红肿、充血，有多量的黏液流出，并可发展为脓性分泌物。鼻孔形成堵塞性痂皮，不时打喷嚏。呼吸加快，不同程度的呼吸困难，发出鼾声。食欲不振，进行性消瘦，病程可长达数月。

内脏脓肿型：多发生在肺部，有大小不等的化脓灶，外包一层结缔组织，内含有乳白色脓汁，黏稠如奶油；有的病例在肋膜上可见到脓疱，有的在肝脏表面有黄豆至蚕豆大甚至更大的脓疱，有的病例在肾脏、睾丸和心脏也形成脓疱。

（2）病理变化　早期病兔鼻咽黏膜出现卡他性炎症病变，充血、肿胀，慢性病兔出现化脓性炎症。支气管肺炎型病兔在支气管和肺部出现不同程度的炎性病变，肺部和其他实质脏器有化脓灶。

（3）诊断要点　根据临床症状，结合流行特点及剖检变化可做出初步诊断，但要与巴氏杆菌病等相区别。巴氏杆菌一般肺部不形成脓疱，而波氏杆菌多形成脓疱。必要时，通过微生物学检验确诊。

（4）防治措施　加强饲养管理，搞好兔舍清洁卫生，寒冷季节既要注意保暖，又要注意通风良好，减少各种应激因素刺激。高发地区应使用兔波氏杆菌灭活苗预防注射，每只肌内或皮下注射1毫升，7天后产生免疫力，每年免疫3次。

国内、外大量的研究表明，巴氏杆菌和波氏杆菌往往混合感染，而临床表现极为相似。因此，预防和治疗这两种疾病同时进行。往往注射单一疫苗不起作用，若注射巴氏杆菌—波氏杆菌两联苗，可取得较满意效果。

发现病兔时，一般病兔及严重病例应及时淘汰，杜绝传染来源。对有价值的种兔，应及时隔离治疗。卡那霉素，每千克体重5毫克，肌内注射，每天2次；新霉素，每千克体重40毫克，肌内注射，每天2次；庆大霉素，每千克体重2.2～4.4毫克，每天2次。

374. 皮肤真菌病有何特点？怎样防治？

由须毛癣菌属和石膏样小孢子菌属引起的以皮肤角化、炎性坏死、脱毛、断毛为特征的传染病。许多动物及人都可感染此病。自然感染可通过污染的土壤、饲料、饮水、用具、脱落的被毛、饲养人员等间接传染以及交配、吮乳等直接接触而传染，温暖、潮湿、污秽的环境可促进本病的发生。本病一年四季均可发生，以春季和秋季换毛季节易发，各年龄兔均可发病，以仔兔和幼兔的发病率最高。

（1）临床症状　由于病原菌不同，表现症状也不相同。

须毛癣菌病：多发生在脑门和背部，其他皮肤的任何部位也可发生，表现为圆形脱毛，形成边缘整齐的秃毛斑，露出淡红色皮肤，表面粗糙，并有灰色鳞屑。患兔一般没有明显的不良反应。

小孢子霉菌病：患兔开始多发生在头部，如口周围及耳朵、鼻部、眼周、面部、嘴以及颈部等皮肤出现圆形或椭圆形突起，继而感染肢端、腹下、乳房和外阴等。患部被毛折断，脱落形成环形或不规则的脱毛区，表面覆盖灰白色较厚的鳞片，并发生炎性变化，初为红斑、丘疹、水泡，最后形成结痂，结痂脱落后呈现小的溃疡。患兔剧痒，骚动不安，食欲降低，逐渐消瘦，最终衰竭而死。或继发感染葡萄球菌或链球菌等，使病情更加恶化，最终死亡。泌乳母兔患病，其仔兔吃奶后感染，在其口周围、眼睛周围、鼻子周围形成红褐色结痂，母兔乳头周围有同样结痂。其仔兔基本不能成活。

（2）防治措施　小孢子霉菌病是对家兔危害最为严重的皮肤病，在某种程度上，其危害程度不亚于兔瘟和疥癣病。因此，必须提高警惕。

平时要加强饲养管理，搞好环境卫生，注意兔舍内的湿度和通风透光。经常检查兔群，发现可疑患兔，立即隔离诊断治疗。如果个别患有小孢子霉菌病，最好就地处理，不必治疗，以防成为传染源。而对于须毛癣，危害较小，可及时治疗。环境要严格消毒，可选用2%的火碱水或0.5%的过氧乙酸。

患兔局部可涂擦克霉唑药水溶液或软膏，每天3次，直至痊愈；也可以10%的水杨酸钠、6%的苯甲酸或5%～10%的硫酸铜溶液涂擦患部，直至痊愈。据报道，以强力消毒灵（中国农业科学院中兽医研究所兽药厂生产）配成0.1%的溶液，以药棉涂擦患部及周围，每天一次，连续3～5天，同时环境以0.5%的该药消毒，有良好效果。

大群防治投服灰黄霉素，每千克饲料加入灰黄霉素400～800毫克，连用15天，停药15天再用药15天，可以控制本病，但不能根除。

375. 怎样区别小孢子霉菌病与疥癣病？

小孢子霉菌病与疥癣有很多相似之处，生产中一些人难以区分而造成重大损失。根据笔者经验，它们的主要区别点在于：

第一，部位不同。小孢子真菌性皮炎主要发生在体表的无毛和少毛区，如眼圈、鼻端、嘴唇、外阴、肛门、乳房等；而疥癣多先发生在脚趾部和外耳道，后感染至身体的其他部位。

第二，癣痂的状态不同。小孢子真菌病癣痂表面突出，边缘多整齐，颜色呈红褐色，后颜色变成糠麸状；疥癣癣痂多灰褐色，在脚部被称作石灰脚。

第三，药物治疗效果不同。小孢子真菌性皮炎以抗真菌药物外用多有明显效果；而后者只能使用杀螨虫的药物进行治疗。

第四，刮取病料镜检，前者有分支的菌丝及孢子；后者有活动的螨虫。

376. 预防小孢子霉菌病应重点抓好哪些工作？

一些兔场不知什么原因发生了该病，有的兔场本来少量兔子发病结果没有控制住，越治越多，其原因何在？应该怎样处理？笔者的体会是：

第一，把好引种关。本病的发生多数是引种带回来的疾病。因此，从外地引种不可草率，一定要在没有发生过该病的兔场引进。引种后必须隔离观察至第一胎仔兔断奶时，如果仔兔无本病发生，才表明该种兔没有携带本病菌，可以混入原兔群。

第二，把好入场关。严禁无关人员入场，尤其是其他兔场的饲养管理员、皮商皮贩等。这些是危险人群。

第三，把好淘汰关。一旦发现兔群中有眼圈、嘴圈、耳根或身体任何部位有脱毛，脱毛部位有白色或灰白色痂皮，不要治疗，及时淘汰——深埋或焚烧。

第五，把好消毒关。对患兔的生活环境，包括笼具、场地、兔舍及周围环境用2%火碱、多菌灵或火焰喷灯彻底、反复消毒。

377. 附红细胞体病有何特点？

附红细胞体属于立克次体目无浆体科附红细胞体属，是一种多形态微生物，多为环形、球形和卵圆形，少数呈顿号形和杆状。附红细胞体病是由附红细胞体寄生于多种动物和人的红细胞表面、血浆及骨髓液等部位所引起的一种人畜共患传染病。

附红细胞体的易感动物很多，包括哺乳动物中的啮齿类动物和反刍类动物。动物的种类不同，所感染的病原体也不同，感染率也不尽相同。奶牛的感染率为 58.59%，猪的感染率为93.45%，犬为 49.5%，兔为 83.46%，鸡为 93.81%，人为86.33%。

流行特点：关于附红细胞体的传播途径说法不一。但国内、外均趋向于认为吸血昆虫可能起传播作用，蚊虫是主要传播媒介。

该病的发生有明显季节性，多在温暖季节，尤其是吸血昆虫大量滋生繁殖的夏、秋季节感染，表现隐性经过或散在发生。但在应激因素如长途运输、饲养管理不良、气候恶劣、寒冷或其他疾病感染等情况下，可使隐性感染獭兔发病，症状较为严重，甚至发生大批死亡，呈地方流行性。

378. 发生附红细胞体病后有何表现?

患兔尤其是幼小兔临床表现为一种急性、热性、贫血性疾病。患兔体温升高，39.5～42℃，精神委顿，食欲减少或废绝，结膜苍白，转圈，呆滞，四肢抽搐。个别兔后肢麻痹，不能站立，前肢有轻度水肿。乳兔不会吃奶。少数病兔流清鼻涕，呼吸急促。病程一般 3～5 天，多的可达一周以上。病程长的有黄疸症状，粪便黄染并混有胆汁，严重的出现贫血。血常规检查，兔的红、白细胞数及血色素量均偏低。淋巴细胞、单核细胞、血色指数均偏高。一般仔兔的死亡率高，耐过的仔兔发育不良，成为僵兔。

妊娠母兔患病后，极易发生流产、早产或产出死胎。

根据病程长短不同，该病分为:

急性型：此型病例较少。多表现突然发病死亡，死后口鼻流血，全身红紫，指压褪色。有的患病獭兔突然瘫痪，饮食俱废，无端嘶叫或痛苦呻吟，肌肉颤抖，四肢抽搐。死亡时，口内出血，肛门排血。病程 1～3 天。

亚急性型：患病獭兔体温升高，达 39.5～42℃，死前体温下降。病初精神委顿，食欲减退，饮水增加，而后食欲废绝，饮水量明显下降或不饮。患病獭兔颤抖，转圈或不愿站立，离群卧地，尿少而黄。开始兔便秘，粪球带有黏液或黏膜，后来拉稀，有时便秘和拉稀交替出现。后期病獭兔耳朵、颈下、胸前、腹下、四肢内侧等部位皮肤有出血点。有的病獭兔两后肢发生麻痹，不能站立，卧地不起。有的病獭兔流涎，呼吸困难，咳嗽，眼结膜发炎。病程 3～7 天，死亡或转为慢性经过。

379. 附红细胞体病有何解剖特点？

剖检急性死亡病例，尸体一般营养症状变化不明显。病程较长的病兔尸体表现异常消瘦，皮肤弹性降低，尸僵明显，可视黏膜苍白，黄染并有大小不等暗红色出血点或出血斑，眼角膜混浊、无光泽。皮下组织干燥或黄色胶冻样浸润。全身淋巴结肿大，呈紫红色或灰褐色，切面多汁，可见灰红相间或灰白色的髓样肿胀。

血液稀薄、色淡、不易凝固。皮下组织及肌间水肿、黄疸。多数有胸水和腹水，胸腹脂肪、心冠沟脂肪轻度黄染。心包积水，心外膜有出血点，心肌松弛，颜色呈熟肉样，质地脆弱。肺脏肿胀，有出血斑或小叶性肺炎。肝脏有不同程度肿大、出血、黄染，表面有黄色条纹或灰白色坏死灶，胆囊膨胀，胆汁浓稠。脾脏肿大，呈暗黑色，质地柔软，切面结构模糊，边缘不齐，有的脾脏有针头大至米粒大灰白、黄色坏死结节。肾脏肿大，有微细出血点或黄色斑点，肾盂水肿，膀胱充盈，黏膜黄染并有少量出血点。胃底出血、坏死，十二指肠充血，肠壁变薄，黏膜脱落，其他肠段也有不同程度的炎症变化。淋巴结肿大，切面外翻，有液体流出。软脑膜充血，脑实质有微细出血点，柔软，脑室内脑脊髓液增多。

临床诊断要点：黄疸、贫血和高热，临床特征表现为全身发红。

380. 怎样预防和治疗附红细胞体病?

(1) 预防　整个兔群用阿散酸和土霉素拌料。阿散酸浓度为0.1%，土霉素浓度为0.2%。

(2) 治疗　可选用：

①四环素、土霉素，每千克体重40毫克口服、肌内注射或静脉注射，连用7～14天。

②血虫净（或三氮脒，贝尼尔），每千克体重5～10毫克，用生理盐水稀释成10%溶液，静脉注射，每天一次，连用3天。

③新胂凡纳明（914），每千克体重40～60毫克，以5%葡萄糖溶液溶解成10%注射液，静脉缓慢注射，每天一次，隔3～6天重复用药一次。

④碘硝酚每千克体重15毫克，皮下注射，每天一次，连用3天。

⑤黄色素按每千克体重3毫克，耳静脉缓慢注射，每天一次，连用3天。

⑥磷酸伯喹的强力方焦灵注射液，每千克体重1.2毫克，肌内注射，连用3天。

⑦磺胺-6-甲氧嘧啶钠注射液，每千克体重20毫克，肌内注射，连用3天。

此外，用安痛定等解热药，适当补充维生素C、B族维生素等。病情严重者还应采取强心、补液，补右旋糖苷铁和抗菌药，注意精心饲养，进行辅助治疗。

(五) 主要寄生虫病防治

381. 球虫病有何特点? 分为哪几种类型?

球虫病是家兔常发的一种寄生虫病，危害也是最严重的一种，可引起大批死亡。家兔球虫多达14种，其中，最常见的有兔艾美尔球虫、穿孔艾美尔球虫、大型艾美尔球虫、中型艾美尔球虫、无残艾美尔球虫、梨型艾美尔球虫、盲肠艾美尔球虫等。

隐性带虫兔和病兔是主要传染源，断奶仔兔至 3 月龄幼兔易感。成年兔发病较轻或不表现临床症状。断奶、变换饲料、营养不良、笼具和兔场、兔舍卫生差、饲料、饮水污染等都会促使本病发生与传播。

临床症状：根据不同的球虫种类、不同的寄生部位分为肠球虫、肝球虫和混合型球虫。主要表现食欲减退或废绝，精神沉郁，伏卧不动，生长缓慢或停滞，眼鼻分泌物增多，体温升高，贫血，可视黏膜苍白，下痢，尿频，腹围增大，消瘦，有的出现神经症状。

（1）肠球虫病多呈急性，死亡快者不表现任何症状突然倒地，角弓反张，惨叫一声便死。稍缓者出现顽固性下痢，血痢，腹部胀满，臌气，有的便秘与下痢交替出现。

（2）肝球虫在肝区触诊疼痛，肿大，有腹水，黏膜黄染，神经症状明显。

（3）混合型则出现以上两种症状。

382. 球虫病的病理变化有何特点？

肠球虫：胃黏膜发炎，小肠内充满气体和大量液体，肠壁充血，十二指肠扩张、肠壁增厚、出血性炎症。慢性病例肠黏膜出现许多小而硬的白色结节，内含球虫卵囊，尤以盲肠最多见，有的出现化脓及溃疡。

肝球虫：可见肝脏肿大，肝表面及肝实质有大小不等的白色结节，内含球虫卵囊，胆囊肿大，充满浓稠胆汁、色淡，腹腔积液。

混合型：可见以上两种病理变化。

383. 球虫病的诊断要点如何？怎样有效防治？

（1）诊断要点　临床观察急性型发病突然，死亡很快，有角弓反张、尖叫、四肢划动等症状；肝球虫死亡之前多有后肢麻痹表现；慢性患兔消化机能失调、胀肚；病兔粪便或肠内容物有大量的球虫卵囊，肝球虫在肝脏表面可见大小不一的白色球虫坏死灶。

（2）防治措施　加强饲养管理，兔笼、兔舍勤清扫，定期消毒，粪便堆积发酵处理，严防饲草、饲料及饮水被兔粪污染。成兔与幼兔分开饲养，定期预防性喂服抗球虫药物。一旦发现病兔应及时隔离治疗，可用氯苯胍每千克体重 10 毫克喂服或按 0.03％的比例拌料饲喂，连用 2～3 周，对断奶仔兔预防时，可连用 2 个月；克球粉每千克体重 50 毫克喂服，连用 5～7 天；盐霉素按照每千克饲料 50～60 毫克拌料；地克珠利每千克饲料 1 毫克拌料。以上药物对球虫病均有较好效果，为预防耐药性产生，可采取交叉用药。

384. 球虫病发生有何新特点？

根据笔者研究，球虫病发生呈现如下特点：

（1）季节的全年化　由于球虫病的发生与环境条件有关，即主要发生在温暖潮湿的季节。因此，人们对于球虫病的防治工作重点放在每年的 6～8 月份（长江以北地区）。但是，近年来，该病在发生时间上有扩大的趋势，在一年四季的任何季节都有发生可能。

（2）抗药性的普遍化　长期以来，在多数地区，预防和治疗球虫病主要使用氯苯胍、地克珠利、克球粉等药物。近年来，这些药物的效果不尽如人意，普遍产生耐药性。尤其是地克珠利产生耐药性最为严重。

（3）药物中毒的严重化　由于常规药物在防治球虫病中的效果不尽如人意，因此人们寄希望使用新型药物。特别是近几年来使用马杜拉霉素，造成较大的损失。1996 年 6 月至 2000 年，笔者诊治该药中毒家兔 23 起，中毒家兔 1 356 只，死亡 873 只。笔者认为，马杜拉霉素对于家兔的毒性大，敏感度高，不适于作为家兔的抗球虫药物。另外，由于一些药物效果不好，有人采取加大用药量的办法而造成药物的中毒。

（4）混合感染的复杂化　近几年，笔者所诊断的多起家兔球虫病，单一感染球虫的有，但更多的是混合感染。比如，球虫与大肠杆菌、球虫和巴氏杆菌、球虫和其他体内外寄生虫、球虫和普通病（如腹泻等）等，这样，给生产中诊断工作带来了较大难度，也给治疗提出了难题。

（5）临床症状的非典型化　按照球虫侵害部位的不同，家兔球虫病分为肠球虫病、肝球虫病和混合型球虫病。在教科书和众多的养兔技术资料中都有关于球虫病临床症状的确切的描述。但是，近来发现，一些发生该病的患兔临床症状并非像书本上所说的那样典型，有的呈沉郁型，有的呈兴奋型，有的突然死亡，有的渐进性丧生，有的腹泻，有的便秘等。由于家兔年龄、体质、生理状况的不同，感染球虫的种类不一，单一和混合感染的差异，在临床上表现得多样化，给生产中的诊治带来了困难。

385. 怎样有效控制球虫病？

根据笔者经验，可采取如下措施有效控制肉兔球虫病：

（1）早期预防　鉴于小兔的球虫病发生与母兔关系密切，即仔兔在断奶前即已经从其母亲那里感染了球虫，成为带虫者。因此，预防球虫病应从母兔和仔兔抓起。降低母兔的带虫率是降低仔兔发病率的有效措施。当然，对于多数兔场来说，加强产仔后的防疫更为重要。母兔在产前，应彻底消毒笼具，尤其是踏板、产仔箱和垫草。仔兔哺乳前，应将母兔的腹部和乳房用药物消毒和用清水洗涤；仔兔哺乳时，以医用碘酊或爱迪福、威力碘等碘制剂涂抹乳头。既使得母兔乳房得到消毒，也使仔兔获得一定的碘。当然，有条件的兔场，应有效地控制兔舍环境湿度，加强消毒、粪便处理和蚊蝇杀灭工作。

（2）灵活的用药方案　鉴于家兔球虫病的疫苗预防技术尚未成熟，在预防工作中应首先选择药物预防。应制定有效的预防方案。比如穿梭用药：即几种特效药物按照一定程序交替使用，以防止产生耐药性；复合用药：即采用有相辅相成的两种或两种以上的药物，同时使用，达到双重阻断。比如磺胺甲氧嗪配合 TMP 已被证明为有效的组合；避免长期使用一种或少数几种药物。

（3）选用新药和使用复合中药等　当发现用常规药物预防效果不理想的时候，可换一种新药试试。根据笔者研究，以复合药物效果更好。如笔者使用球净一号（河北农业大学山区研究研制），无论是预防还是治疗，其效果均优于传统的药物。经过几年的连续使用，未发现耐药性问题。

（4）避免滥用药物　生产中有些兔场在防治球虫病时存有"有病乱投医"和用药无章法的现象。比如，发生大量的马杜拉霉素中毒，就说明了这个问题。此外，长期使用磺胺类药物，对于家兔的机体产生不良影响，也降低家兔的增重效率。

（5）及时检测　鉴于球虫病发生有全年化的趋势，给预防工作带来极大的难度。我们不希望在任何季节都投喂抗球虫药物，这样会增加养殖成本。但是，更不希望因防疫疏忽所造成的大批死亡。因此，应对于球虫卵囊进行及时检测。根据其发展情况采取必要的防疫措施。

386. 豆状囊尾蚴病是怎样传染的？怎样防治？

豆状囊尾蚴病又叫兔囊虫病，是由寄生于犬、狐、猫及其他食肉动物小肠内的豆状带绦虫的幼虫寄生于家兔体内引起的疾病。犬、猫等食肉动物食入含有豆状囊尾蚴的兔的内脏或豆状囊尾蚴虫体后，在小肠内发育成豆状带绦虫。豆状带绦虫成熟后的孕卵节片及虫卵随粪便排出犬、猫体外，兔食入了被污染的饲草、饲料和饮水后而感染。虫卵在兔消化道逸出六钩蚴，钻入肠壁，随血液到达肝脏，一部分还通过肝脏进入腹腔其他脏器浆膜面，在肝脏及其他脏器表面发育成囊尾蚴而发病。

（1）临床症状　家兔体内豆状囊尾蚴数量比较少时，一般不出现明显症状，只是生长稍缓慢。只有受到大量侵袭寄生时，才出现明显症状，表现被毛粗糙、无光泽，消瘦，腹胀，可视黏膜苍白，贫血，消化不良或紊乱，食欲减退，粪球小而硬。严重者出现黄疸，精神沉郁，少动，甚者衰竭死亡。腹部触诊可在胃壁等处触到数量不等的豌豆大或花生大光滑而有弹性的泡状物。

（2）病理变化　腹腔积液，肝脏表面、胃壁、肠道、腹壁等的浆膜面附着数量不等的豆状囊尾蚴，呈水泡样。

（3）防治措施　兔场不喂养犬、猫等食肉动物。如喂养，一定采取拴养的方法，并定期驱治绦虫，严防犬、猫进入兔场、兔舍，特别防止它们的粪便污染饲草、饲料及饮水。严禁将豆状囊尾蚴或带有豆状囊尾蚴的兔内脏喂犬和猫。

发现患有豆状囊尾蚴的病兔，可用吡喹酮治疗，每千克体重100毫克喂服，24小时后再喂一次；或每千克体重50毫克，加适量液体石蜡，混合后肌内注射，24小时后再注射一次。

387. 棘球蚴是怎样传染的？怎样防治？

棘球蚴病也称包虫病，是由寄生于犬的细粒棘球绦虫等数种棘球绦虫的幼虫棘球蚴寄生在牛、羊等多种哺乳动物的脏器内而引起的一种危害极大的人兽共患寄生虫病。主要见于草地放牧的牛、羊等。近几年该病在家兔比较严重，尤其是农村家庭养犬的兔场。

病原：在犬小肠内的棘球绦虫很细小，长2～6毫米，由一个头节和3～4个节片构成，最后一个体节较大，内含多量虫卵。含有孕节或虫卵的粪便排出体外，污染饲料、饮水或草场，兔子等动物食入这种体节或虫卵即被感染。虫卵在兔子等中间宿主的胃肠内脱去外膜，游离出来的六钩蚴钻入肠壁，随血流散布全身，并在肝、肺、肾、心等器官内停留下来慢慢发育，形成棘球蚴囊泡。根据多年的研究发现，家兔的主要受害器官为肝脏。犬如吞食了这些有棘球蚴寄生的器官，每一个头节便在小肠内发育成为一条成虫。

症状：临床症状随寄生部位和感染数量的不同差异明显，轻度感染或初期症状均不明显。主要发生于成年家兔，以经产带仔母兔和公兔为主。通常营养不良，食欲减退或废绝，精神沉郁，粪便变少或几日无新鲜粪便排出。当感染较严重时，身体消瘦，出现黄疸，眼结膜黄染。当肺部大量寄生时，则表现为长期的呼吸困难和微弱的咳嗽；听诊时在不同部位有局限性的半浊音灶，在病灶处肺泡呼吸音减弱或消失；若棘球蚴破裂，则全身症状迅速恶化，体力极为虚弱，通常会窒息死亡。一般来说，患兔在生前难以诊断，当与其他疾病混合感染而死亡后，解剖发现严重的肝脏等器官病灶。

防治：避免犬等终末宿主吞食含有棘球蚴的内脏是最有效的预防措施；疫区之犬经经常定期驱虫以消灭病原也非常重要；犬驱虫时一定要把犬拴住，以便收集排出的虫体与粪便，彻底消毁，以防散布病原。

药物：阿的平，按每千克体重 0.1～0.2 克，一次口服；氢溴酸槟榔碱，一次内服量为每千克体重 2 毫克；吡喹酮，一次内服量为每千克体重 5 毫克；盐酸丁奈脒（片），按每千克体重 25 毫克，一次口服；丙硫苯咪唑，按每千克体重 10 毫克拌料，连续 3 天，隔 1 周后再拌料 3 天。

388. 弓形虫病的传播途径是怎样的？

刚地弓形虫是寄生于人类和许多动物组织细胞内的原虫，可侵犯脊椎动物的多种细胞，并在细胞内繁殖，最后破坏宿主细胞，释放出虫体，导致一系列病理变化。弓形虫病是重要的人畜共患疾病，猫是终端宿主，有 200 多种动物可患该病，已呈全球性流行，对人类健康和畜牧业生产构成了重威胁，引起医学界和兽医界的普遍重视。其传播主要有三条途径：

（1）人—人传播　主要是垂直传播，受弓形虫感染的孕妇经胎盘传给胎儿。由于胎膜能保护胚胎，弓形虫直接侵入胚胎不易，可通过母体血循环而感染，感染时间在母体急性感染的原虫血症期。其他感染途径有通过隐性感染母体子宫内膜中包囊传播；阴道分泌物中的虫体在分娩时感染新生儿；弓形虫随羊水进入胎儿胃肠道引起感染等。引起先天性弓形虫感染的先决条件是孕妇先有原发感染。

（2）动物—动物传播　被认为是终宿主猫传播给中间宿主

猪、家兔、绵羊、山羊等的过程。主要有三种途径：第一，动物食物和饮水中污染了猫粪便中孢子化卵囊；第二，动物食用受弓形虫组织包囊污染的肌肉和脏器；第三，先天性感染，动物在交配、妊娠、分娩过程中的水平和垂直传播。对于草食动物而言，第一条途径最为普遍。

（3）动物—人传播　饲养宠物的人与猫接触的机会较多，尤其是孕妇与猫的直接接触；猫粪便中弓形虫卵囊对人类的饮水、肉食品、蔬菜及土壤等的污染；人食用含弓形虫组织包囊的未经煮熟的肉食品和动物内脏。用未经处理的山羊奶喂婴儿也是弓形虫传播人类的重要途径，儿童在动物园中与动物的接触提供了弓形虫的传播机会。

389. 患弓形虫病后有何表现？

（1）临床症状　急性型小兔以突然废食、体温升高和呼吸加快为特征，有浆液性和浆液脓性眼垢和鼻漏。病兔嗜睡，并于几天内出现局部或全身肌肉痉挛的神经症状。有些病例可发生麻痹，尤其是后肢麻痹，通常在发病后 2～8 天死亡。慢性型病程较长，病兔厌食消瘦，常导致贫血。随着病程发展，病兔出现中枢神经症状，通常表现为后躯麻痹，怀孕母兔出现流产。病兔有的突然死亡，但病兔大多可以康复。

（2）病理变化　急性型以淋巴结、脾、肝、肺和心脏的广泛坏死为特征。上述器官肿大，并有很多坏死灶，肠高度充血，常有扁豆大的溃疡，胸、腹腔有渗出液，此型主要发生于仔兔。慢性型以各脏器水肿、增大，并有散在的坏死灶为特征。此型常见于老兔。隐性型主要表现为中枢神经系统中有包囊，可看到神经胶质瘤和肉芽性脑炎病变。

390. 怎样预防和治疗弓形虫病？

（1）预防措施　猫是弓形虫的完全宿主，而兔和其他动物仅是弓形虫原虫无性繁殖期的寄生对象。因此，要防止猫接近兔舍传播该病，饲养员也要避免和猫接触；定期消毒，饲料、饲草和饮水严禁被猫的排泄物污染；对流产胎儿及其他排泄物要进行消毒处理，场地严格消毒，死于该病的病兔要深埋。

近年来，弓形虫病在猪、羊、鸡等家养动物的报道很多，但在家兔方面较少。而根据笔者了解情况，其发病率有逐渐增加的趋势。由于腹泻是弓形虫病的临床症状之一，而人们对其全貌缺乏了解，其真实发生情况有待研究。

（2）治疗方案　目前尚无特效药物，可参考如下方法：

①磺胺嘧啶＋甲氧苄胺嘧啶。前者首次用量每千克体重0.2克，维持量每千克体重0.1克；后者用量每千克体重0.01克，每天1次内服，连用5天。

②磺胺甲氧吡嗪＋甲氧苄胺嘧啶。前者首次用量每千克体重0.1克，维持量每千克体重0.07克；后者用量每千克体重0.01克，每天1次内服，连用5天。

③长效磺胺＋乙胺嘧啶。前者首次用量为每千克体重0.1克，维持量每千克体重0.07克；后者用量每千克体重0.01克，每天1次内服，连用5天。

④蒿甲醚，每千克体重6～15毫克，肌内注射，连用5天，有很好的效果。

⑤双氢青蒿素片，每兔每天10～15毫克，连用5～6天。

⑥磺胺嘧啶钠注射液，肌内注射，每次0.1克，每天两次，连续3天。

391. 兔螨病有何特点？怎样防治？

兔螨病又叫疥癣，是由螨寄生于家兔皮肤而引起的一种体外寄生虫病。引起家兔发病的螨主要有兔疥螨、兔背肛螨、兔痒螨和兔足螨。螨主要在兔的皮层挖掘隧道，吞食脱落的上皮细胞及表皮细胞，使皮层受到损伤并发炎。

兔螨病主要发生在秋、冬季节绒毛密生时，潮湿多雨天气、环境卫生差、管理不当、营养不良、笼舍狭窄、饲养密度大等都可促使本病发生。可直接解除或通过笼具等传播。

（1）临床症状　兔疥螨和兔背肛螨寄生于兔的头部和掌部无毛或毛较短的部位，如嘴、上唇、鼻孔及眼睛周围。在这些部位真皮层挖掘隧道，吸食淋巴液，其代谢物刺激神经末梢引起痒感。病兔擦痒使皮肤发炎，以致发生疱疹、结痂、脱毛，皮肤增厚，不安、搔痒，饮食减少，消瘦，贫血，甚至死亡。

兔痒螨主要侵害兔的耳部，开始耳根部发红肿胀，而后蔓延到耳道发炎。耳道内有大量炎性渗出物，渗出物干燥结成黄色硬痂，堵塞耳道，有的引起化脓，病兔发痒，有时可发展到中耳和内耳，严重的可引起死亡。

兔足螨多在头部皮肤、外耳道、脚掌下面，甚至四肢寄生。患部结痂、红肿、发炎、流出渗出物、不安奇痒，不时搔抓。

（2）诊断方法　根据临床症状和流行特点做出初步诊断，从患部刮取病料，用放大镜或显微镜检查到虫体即可确诊。

（3）防治措施　保持兔舍清洁卫生，干燥，通风透光，兔场、兔舍、笼具等要定期消毒。引种时，不要引进病兔。如有螨病发生时，应立即隔离治疗或淘汰，兔舍、笼具等彻底消毒，选用1%的敌百虫水溶液、3%的热火碱水或火焰消毒。对健康兔每年1~2次预防性药物处理，即用1%~2%的敌百虫水溶液滴耳和洗脚。对新引进的种兔作同样处理。

治疗病兔可用阿维菌素（商品名：虫克星），每千克体重0.2毫克皮下注射（严格按说明剂量），具有特效；伊维菌素（商品名：害获灭、灭虫丁），按每千克体重0.2毫克皮下注射，第一次注射后，隔7~10天重复用药一次；2%~2.5%敌百虫酒精溶液喷洒涂抹患部，或浸洗患肢；0.15%的杀虫脒溶液涂抹患部或药浴。对耳道病变，应先清理耳道内脓液和痂皮，然后滴入或涂抹上述药物。

392. 根除肉兔螨病有何妙法？

很多兔场反映，兔螨病久治不愈，难以根除。有何好的办法根除这种疾病吗？根据笔者经验，可采取如下措施：

（1）三早　即早预防、早发现、早治疗。无病先防，有病早治，把疾病控制在萌芽状态。健康兔群每年最少预防1～2次，绝不要等到全群发病后再去治疗。

（2）重复用药　螨虫对药物的抵抗力不大，一般的治疗药物均可将其杀死。但其卵对药物有较强的抵抗力。因此，第一次用药后将螨虫杀死，停7～10天，其卵孵化后，再次用药。以后重复1～2次。

（3）严格消毒　用药只能将兔身体上的螨虫杀死，但隐藏在兔周围环境的螨虫还会继续爬到兔体。因此，在用药的同时，彻底将患兔周围环境消毒。最好消毒方法是火焰喷灯。

393. 栓尾线虫病如何防治？

栓尾线虫病是栓尾线虫寄生在兔子的盲肠和结肠内引起的一种线虫病，又称蛲虫病。近年来发现，该病的感染率呈现逐渐增加的趋势。

（1）临床症状　栓尾线虫呈线状，两端较细，中间较粗，雌雄异体，雄虫细小，长3～5毫米，宽0.3毫米。雌虫较粗大，长8～12毫米，宽0.5毫米。感染后，依据感染强度及年龄等不同有所差异。寄生的虫体数量不多时，常不表现明显的临床症状。当大量寄生时，可造成一定程度的消化不良、轻度腹泻、肛门瘙痒、被毛粗乱无光、逐渐消瘦等症状。当雌虫夜间在肛门产卵时，可表现伏卧不安、肛门瘙痒现象。

（2）诊断　夜间在患兔的肛门处可看到爬出的虫体，在粪便表面有时可见到排出的虫体。用直接涂片法或饱和盐水漂浮法，在显微镜下观察虫卵。剖检可在盲肠或结肠发现虫体。

（3）防治措施　加强兔舍和笼具的卫生管理，定期消毒，分辨堆积发酵；对引进的种兔粪便进行虫卵检查，发现携带者，立即驱虫；对全群每年2次驱虫，可用丙硫苯咪唑，每千克体重10毫克口服，每天一次，连用2～3天。

（4）治疗　丙硫苯咪唑，每千克体重10～20毫克，每天一次，连用 2 天；左旋咪唑，每千克体重 5～6 毫克，每天一次，连用 2 天；吡哌嗪，成年兔每千克体重 0.5 克，幼兔每千克体重 0.75 毫克，每天一次，连用 2 天。

394. 怎样防治肝毛线虫病？

本病是由肝毛线虫寄生在兔的肝脏所引起的以肝脏硬化和中毒现象为主要症状的疾病。该寄生虫宿主较广，包括多种肉食兽、啮齿动物、猪、猴、黑猩猩等二十余种哺乳动物。本病呈全球性分布，在我国一些兔场不同程度地存在和发生。

（1）临床症状　兔寄生肝毛线虫后常无明显症状。当大量寄生后引起消瘦、消化不良和渐进性死亡。

（2）病理变化　患兔肝脏不同程度肿大和发生肝硬化，肝脏表面出现数量不等的白色线头状坏死灶。

（3）诊断要点　肝脏特征性病变；取胆囊液涂片镜检，发现大量的胶囊状虫卵。

（4）防治措施　防止饲料和饮水的污染，保持兔舍清洁卫生，做好防鼠工作，禁止犬、猫等动物的闯入。对患兔注射阿维菌素或伊维菌素，每千克体重 0.2 毫克，皮下或肌内注射。

（六）常见普通病防治

395. 脚皮炎是怎样引起的？怎样防治？

脚皮炎是目前我国各兔场较普遍的一种疾病。主要是足底脚毛受到外部作用（如摩擦、潮湿）而脱落，皮肤受到机械损伤而破溃，感染病原菌引起的炎症。

本病以后肢跖趾部跖侧面最为多见。病初患部表皮充血、发红、稍微肿胀和脱毛，继而出现脓肿，形成大小不一、长期不愈的出血性溃疡面，形成褐色脓性痂皮，不断流出脓液。病兔不愿走动，但不时抬移患脚，轮换休息。食欲减退，消瘦，严重者衰竭死亡。有的病兔引起全身性感染，以败血症死亡。

笔者对该病进行过调查研究，发现 6 月龄以前的发病率较低，成年种兔发病率较高；体重越大，发病率越高；兔舍湿度越大，越容易发病；品种和个体间有较大的差异；脚毛越丰厚，发病率越低；新西兰兔和加利福尼亚兔发病率很低，而弗朗德兔和塞北兔等品种的发病率较高。兔笼踏板质量不良，是该疾病的主要诱因。种兔一旦患病，极大地影响配种行为。严重患兔将丧失种用价值。

实践中发现，由于患病部位于足底部的着力处，经常接触污染的地面和受到机械摩擦，很难获得休养的机会。因此，用任何药物对该病的治疗均不理想。而采取以保护为主的方法效果较好。一方面，将细沙土在阳光下暴晒消毒，然后将患兔放在沙土上饲养 1～2 周，可自然痊愈；经常检查种兔脚部，发现有脚毛脱落的，立即用橡皮膏缠绕，保护局部，免受机械损伤，2 周后脚毛长出后即可；为了预防该病发生，加强脚踏板质量控制，使其平整、间隙合适，表面没有钉头毛刺和节茬；对于大型种兔，可在踏板上面放一个大小适中的木板，让种兔在上面活动，可降低本病的发生。

由于本病与脚毛有关，因此加强脚毛的育种是控制本病的最有效方法。

396. 便秘的病因是什么？怎样防治？

便秘是由于饲养管理不当、精料过多、精粗饲料搭配不合理、长期饲喂粗硬劣质干草、长期饮水不足、饲料不洁、混有泥沙、过食又缺乏运动、食入异物等导致肠道功能减弱，蠕动迟缓，分泌减少，粪便停滞时间长，失水而变干硬秘结。也可继发于其他热性病和大量使用抗生素的副作用。

（1）临床症状　病兔表现精神沉郁或不安，食欲减退或废绝，尿少而黄，肠音减弱或消失，粪球干硬细小，频作排便姿势，但排便量少或数天不见排便，腹部臌胀，疼痛，回头顾腹。

（2）防治措施　加强饲养管理，合理搭配饲料，防止过食。供给充足饮水，适当运动，配合饲喂青绿多汁饲料，可有效防止本病发生。轻症病兔可适当饲喂人工盐2～5克；较重病兔可喂服硫酸钠5～10克、液体石蜡或食用油10～20毫升；温肥皂水或液体石蜡灌肠，并配合腹部按摩；果导片1～2片喂服。继发便秘时，应及时治疗原发疾病。

397. 毛球病是怎样引起的？如何防治？

毛球病又叫毛球阻塞，多由于脱毛季节兔毛大量脱落，散落于笼舍、饲槽及垫草中误食，或混入饲料、饲草中食入。过度拥挤、通风不良引起应激而互相舔咬或自咬所食入；或某些微量元素、维生素、氨基酸（尤其是含硫氨基酸）缺乏时，引起咬吃其他兔毛或自身的被毛；发生皮肤病时啃咬及分娩时的拉毛等也可大量食入。食入的兔毛与胃内容物、饲草纤维混合成团，不能被消化。在胃的特殊运动过程中变成大而硬的毛球阻塞胃肠道。

（1）临床症状　病兔食欲不振，喜卧，好饮，逐渐消瘦，衰弱，贫血，粪球干硬、秘结，内含兔毛，甚者阻塞不通，触摸腹部可摸到团块状粗硬物，捏压不易开。

（2）防治措施　加强饲养管理，搞好环境卫生与消毒工作，对脱落的兔毛应及时清扫，防止混入饲料中，不要过度拥挤，加强通风，配制全价配合饲料。如发生毛球病，饲料中大剂量添加酶制剂帮助消化，机械按摩胃部，使毛球松散。投喂大量的粗饲料或青饲料，并配合便秘治疗方法，促使毛球排出。严重患兔需要手术治疗。

398. 肠臌气是怎样产生的？如何防治？

肠臌气又叫臌胀，多由于采食了过多的易发酵饲料、豆科饲料、霉烂变质饲料、冰冻饲料及含露水的青草等，引起胃肠道异常发酵，产气而臌胀。兔舍寒冷、阴暗潮湿，可促使本病发生。便秘、肠阻塞、消化不良以及胃肠炎等也可继发本病。

（1）临床症状　精神沉郁，蹲卧少动，呼吸急迫，心跳快，可视黏膜潮红或发绀，食欲废绝，腹部膨大，触压有弹性、充满气体感，叩之有鼓音，痛苦。

（2）防治措施　易产气发酵饲料和豆科饲料喂量要适度，不喂带露水的青草和冰冻饲料，严禁饲喂霉烂变质饲料。兔舍要通风透光，干燥温暖卫生。及时治疗原发疾病，防止继发肠臌气。发现臌气病兔，可灌服液体石蜡或植物油 20 毫升、食醋 20～50 毫升；大蒜 4～6 克捣烂、食醋 20～30 毫升灌服；也可用消胀片或二甲基硅油等消胀剂。配合抗菌消炎和支持疗法效果更好。

399. 中暑是怎样产生的？如何防治？

中暑包括日射病和热射病，是由于家兔受到强日光直射或气温过热而引起中枢神经系统、血液循环系统和呼吸系统机能以及代谢严重失调的综合征。此病多发生于炎热的夏季。主要由于长期处于高温（33℃以上）或日光曝晒条件下而又缺乏饮水造成的，如高热季节兔舍闷热而不通风；运输途中闷热拥挤、缺水、通风差；炎热季节兔舍或运输笼受强日光直射、无遮阴等，都可引起中暑。

（1）临床症状　发生中暑的初期，病兔精神不振，食欲减退或废绝，步态不稳，呼吸加快，体温升高，触诊体表有灼热感，可视黏膜潮红，口流涎。严重病例出现神经症状，兴奋不安，盲目奔跑，随后倒地，痉挛或抽搐，虚脱昏迷死亡，怀孕母兔死亡率更高。

（2）防治措施　炎热季节兔舍要通风良好，利用喷水或风扇等方法降温。兔笼、兔舍应宽敞，饲养密度要适当，防止过度拥挤。露天兔场和运动场应架设凉棚或植树，避免强日光照射。长途运输不要装载过密，并供给充足的饮水，保持适当通风，防止车内温度过高。饮水中加入适量的水溶性维生素，可提高家兔的耐热性；饲料中加入 0.2％的碳酸氢钠，以调节体内酸碱平衡；无降温条件的兔场，避免在高温季节繁殖配种。

发现中暑病兔，应立即采取急救措施：首先将病兔移到通风阴凉处，用湿毛巾或冰块冷敷头部；耳静脉放血，防止发生脑部和肺部充血、出血；喂饮或灌服加有水溶性维生素的淡盐水；口服仁丹 3～5 粒、十滴水 3～5 滴，或藿香正气水 5～10 滴；并进行相应的支持疗法。

400. 不孕症的病因是什么？怎样预防和调治？

不孕症即母兔屡配不能怀孕。引起不孕的原因很多，最常见的是母兔生殖器官疾病，如子宫炎、阴道炎、卵巢囊肿以及某些传染性疾病引起的生殖器官感染等。饲料中营养缺乏，特别是维生素 E 和维生素 A 的缺乏；蛋白质含量不足、质量差、使母兔体质瘦弱，生殖机能减退；营养过剩，兔体过肥，子宫、卵巢等受到过多脂肪的积压以及卵巢脂肪化，影响排卵与受精等；人工授精方法不当；精液保存不好；公兔比例少，使用过频，精液品质差等，都会影响母兔怀孕。

（1）临床症状　母兔屡配不孕，过肥或过瘦，发情无规律或不发情，有的从阴部流出炎性分泌物或脓汁。

（2）防治　针对兔场具体的发病病因采取相应的措施。如营养要平衡，膘情适中。过肥母兔要适当增加运动，减喂精料，增补青粗饲料；过瘦母兔应适当加强营养。对屡配不孕母兔，饲料中要适当提高维生素 A 和 E 的水平，增加光照，皮下注射雌二醇 1～2 毫升或促卵泡素 0.5～1 毫升，促进卵巢发育与卵泡成熟。发生生殖器官炎症或其他疾病时，应及时治疗生殖器官炎症及其他原发疾病。久治不愈的母兔，应及早淘汰。

401. 妊娠毒血症是怎样引起的？怎样防治？

妊娠毒血症发生于母兔妊娠后期，由于妊娠后期母兔与胎儿对营养物质需要量增加，而饲料中营养不平衡，特别是葡萄糖及某些维生素的不足，使得内分泌机能失调，代谢紊乱，脂肪与蛋白质过度分解，分解产物的产生速度与肝脏的利用能力不协调，造成代谢产物在体内的积累而致。妊娠期母兔过肥也易发生本病。

（1）临床症状　大多在妊娠二十五六天以后出现，精神沉郁，食欲减退或废绝，呼吸困难，尿量少，呼出气体与尿液有酮味，并很快出现神经症状、惊厥、昏迷、共济失调、流产等，甚至死亡。

（2）防治　妊娠后期要提高饲料营养水平，喂给全价平衡饲料，补喂青绿饲料。饲料中添加多种维生素以及葡萄糖等有一定预防效果。尤其是在妊娠 28 天左右时，密切观察母兔表现，发现有厌食症状，及时调整饲料，让其采食其最爱吃的饲草或料。一旦停食，发生妊娠毒血症在所难免。如有本病发生，可内服葡萄糖或静脉注射葡萄糖溶液及地塞米松等。如病情严重、距分娩期较长、治疗无明显效果时，可采取人工流产救治母兔。

402. 流产的诱因有哪些？怎样防治？

流产是妊娠母兔未到分娩期提前产出胎儿。引起流产的原因较多，如惊吓、剧烈运动、捕捉方法不当、摸胎用力过大、饲料中毒（有毒饲料和发霉变质饲料）、大量用药或有缩宫作用的药物、长途运输、咬架、饮冰水或饲喂冰冻饲料、饲料营养成分缺乏以及患某些疾病时。

（1）临床症状　流产早期可见母兔不安，精神不振，食欲减退，努责，外阴部流出带血水液，有的出现衔草拉毛，而后产出没有成形的胎儿。

（2）防治措施　加强妊娠母兔的饲养管理，兔场保持安静，捕捉、摸胎要轻柔，慎喂有毒饲料（如棉饼），不喂冰冻饲料和饮水。供给全价平衡饲料，及时治疗原发疾病。母兔在妊娠期尽量不用药物。如发现有流产先兆时，可注射保胎宁或孕酮保胎。对已经发生流产母兔应加强护理，喂服抗菌消炎药物，防止产道感染发炎。

403. 异食癖的病诱是什么？怎样调治？

异食癖即家兔采食或舔食、啃咬饲草、饲料以外物品的嗜好或恶习。多由于饲料单一，饲料营养不全或不平衡，氨基酸、维生素、微量元素等的缺乏，引起异食；环境温度过高，饲养密度过大、通风不良、受到惊吓、光照过强或过弱等引起应激时可诱发异食；也可继发于某些寄生虫病。

（1）临床症状　啃咬、舔食笼具、食槽、水槽、墙壁、砖瓦、土块、煤渣，啃咬其他兔的被毛以及自身被毛，严重者还会出现吃食仔兔（食仔癖）等。如营养元素缺乏时，可见相应的营养元素缺乏的症状。

（2）防治　饲料品种要多样化，并配制全价平衡饲料，适量饲喂青绿饲料，根据需要适当补充氨基酸、维生素及微量元素等。注意通风透光，饲养密度要合理，定期驱虫。兔场保持环境安静，避免噪声产生。如发生异食癖，应根据相应缺乏元素进行补充。发生食仔癖时，除进行以上防治方法外，还应将新生仔兔取出寄养或定时送回哺乳。

404. 维生素缺乏症是怎样发生的？

肉兔维生素缺乏症主要发生脂溶性维生素 A、维生素 E 和维生素 D 缺乏症。饲料配合不合理，没有添加维生素添加剂，或饲料发霉、受潮、高温、阳光直射时间过长等也会引起维生素的破坏而造成缺乏症。家兔肠道微生物可以合成 B 族维生素，因此正常情况下 B 族维生素不容易缺乏。

植物中的维生素 A 原（胡萝卜素）存在于各种青绿饲料及黄玉米、青干草、胡萝卜中，在肠上皮转变成维生素 A，并贮藏于肝脏中。当饲料单一、缺乏青绿饲料或饲料供给不足、患有慢性肠道疾病和肝脏疾病时，最易引起缺乏。

家兔在日光照射下可以合成维生素 D，能满足部分需要，但仍需要饲料中补充。优质青干草、豆科牧草、各种青绿饲料及动物性饲料中含量较多。当家兔光照不足或青干草和青绿饲料不足时，会引起维生素 D 的缺乏。维生素 A 具有抗维生素 D 的作用，过量使用维生素 A 也会引起维生素 D 的相对缺乏。

植物种子中含有比较丰富的维生素 E，动物内脏（肝、肾、脑）、肌肉中贮存有维生素 E。因维生素 E 不稳定，易受到饲料中矿物质及不饱和脂肪酸的氧化而缺乏。地方性缺硒时，也会引起相对的维生素 E 缺乏。

405. 维生素缺乏症的主要症状是什么？怎样防治？

（1）临床症状

维生素 A 缺乏：幼兔表现生长停滞，活力下降，下痢，死亡。公兔精液品质不良，母兔卵巢内卵泡发育迟缓，性欲低下，配种受胎率低，产仔数少，发生难产、流产、怪胎、胎儿眼球发育不良，出现无眼症、干眼病、眼结膜角质化、夜盲等。

维生素 D 缺乏：骨骼发育受阻，出现瘫痪、软骨症等。

维生素 E 缺乏：肌肉僵直，而后进行性肌无力，肌肉萎缩、变性、坏死，发生白肌病及全身出血和渗出。母兔不孕、流产，公兔睾丸变性、萎缩，精液品质下降，仔兔死亡率高。

（2）防治措施　配制饲料要多样化，并适当补饲青绿饲料。规模型兔场配制全价配合饲料，适当添加多种维生素或含维生素类添加剂。如发生维生素缺乏症，根据表现症状，确定缺乏种类，补喂富含该维生素的饲料、添加剂或药物。维生素 A 、D 缺乏时，可肌内注射或口服鱼肝油；或将鱼肝油；维生素 AD 粉拌入饲料饲喂。维生素 E 缺乏时，补喂维生素 E 粉或亚硒酸钠维生素 E。

406. 有机磷中毒有何症状？怎样防治？

有机磷农药有敌敌畏、敌百虫、乐果等。家兔由于接触、吸入或吃入了某种有机磷农药而中毒。如用被有机磷农药污染的饲料或剩余拌药后的种子喂兔，误喂有机磷农药喷洒的饲草、青菜、农作物等，使用盛装过农药的容器盛装饲料、饮水或用喷洒过农药的喷雾器进行兔舍喷雾消毒，使用敌百虫等驱治兔体内、外寄生虫时方法不当、浓度过高或用量过大等。

（1）临床症状　中毒病兔表现精神沉郁，反应迟钝，食欲废绝，肠蠕动增强，粪便变软、附有黏液或排稀粪，流涎，流泪，瞳孔缩小，呼吸急促，心跳加快，肌肉震颤，间或兴奋不安，痉挛，最后衰竭，昏迷，呼吸困难，体温下降，抽搐，四肢挣扎，窒息死亡。

（2）防治　加强农药管理，不用喷过有机磷农药而未过危险期的青草、青菜、农作物喂兔；不用拌药后的剩余种子喂兔；不使用盛放过农药的器具盛装饲料和饮水；不用喷洒过农药的喷雾器进行兔舍消毒。使用敌百虫等药物驱治兔体内、外寄生虫时，方法、浓度、剂量要得当，并有专人负责，以防意外。

如出现中毒，应及时除去毒源。皮下注射 0.1‰硫酸阿托品1～2 毫升，1 小时后未见症状减轻时可重复用药一次。当出现瞳孔散大并停止流涎时，停止用药。解磷定是有机磷中毒的特效解毒药，每千克体重 20～40 毫升，静脉注射、皮下注射或腹腔注射；也可配合葡萄糖、维生素 C 等静脉注射，以维持体况。

407. 霉菌毒素中毒有何症状？怎样防治？

受潮或没有完全干燥的饲草、饲料，在温暖条件下发霉，家兔采食了发霉的饲草饲料后，除霉菌的直接致病作用外，霉菌产生的大量代谢产物，即霉菌毒素，对家兔具有一定的毒性，引起家兔中毒。能引起家兔中毒的霉菌种类比较多，其中，以黄曲霉毒素毒性最强。

（1）临床症状　不同的霉菌所产生的毒素不同，家兔中毒后表现的症状也不同，但都以急性霉菌性肠炎及神经症状为主。在采食霉变饲料后很快出现中毒症状，精神委顿，不吃，流涎，腹痛，消化紊乱，先便秘，而后腹泻。粪便带有黏液或带血，恶臭。呼吸加快，全身衰竭，特别是后躯明显，走路不稳或麻痹，有的出现转圈运动，角弓反张，以至昏厥死亡。怀孕母兔发生流产。抗菌药物不能控制病情，死亡率较高。

根据笔者多年的观察研究，霉菌毒素中毒的临床类型主要有：流涎型、腹泻型、便秘型、腹胀型、神经型、瘫软型、产前后肢瘫痪型、死胎型、流产型、假发情型和肺脓肿型等 11 种类型。有的是单一类型，有的是合并型。

（2）病理变化　由于毒素的种类不同、毒素量不同和肉兔年龄、生理阶段和耐受力不同，病理变化不完全一致。多数具有：胃肠黏膜充血、出血、发炎、溃疡，肝萎缩、色黄，心、肝、脾等有出血点，肾脏、膀胱有出血及炎性变化，肠道充气、盲肠秘结等。

（3）防治　本病尚无特效解毒药物，主要在于预防。不喂发霉变质饲料，饲料饲草要充分晾晒干燥后贮存，贮存时要防潮。湿法压制的颗粒饲料应现用现制，如存放也要充分晾晒，以防发霉。发现霉菌毒素中毒，应尽快查明发霉原因，停喂发霉饲料。应用缓泻药物排除消化道内毒物。内服制霉菌素或克霉唑等药物抑制或杀灭消化道内霉菌。静脉注射或腹腔注射葡萄糖注射液等维持体况。饮用电解多维和微生态制剂，放出运动或在草地自由采食青草可加速症状缓解。

408. 亚硝酸盐中毒是怎样引起的？如何防治？

本病多由于食入了大量含有硝酸盐和亚硝酸盐的饲料而发病。各种鲜嫩青草、作物秧苗以及叶菜类都富含硝酸盐，大量施用硝酸铵、硝酸钠、除锈剂、植物生长刺激剂，2～4天后的作物含量更高。尤以甜菜、白菜等含量最高。青嫩饲料、菜叶等堆放过久，特别是经过雨水淋湿或烈日暴晒后，极易发酵腐热，硝化细菌将饲料中的硝酸盐转化为亚硝酸盐，家兔采食后引起中毒。

（1）临床症状　多于采食后十几分钟至数小时发病，最急性者发病前精神良好，食欲旺盛，仅稍显不安，站立不稳即倒地死亡。一般病例呈现呼吸极度困难，全身发绀，特别是可视黏膜和耳部明显，体温正常或偏低，耳、四肢厥冷，耳尖血液有时少而凝滞、黑褐色，肌肉战栗，后期出现强直性痉挛，衰竭而死。

（2）病理变化　剖检可见各组织器官瘀血、色暗红，流出血液黑褐色或酱油色，凝固不全。

（3）防治措施　青嫩饲草、菜叶要鲜喂，不要长时间堆放。一时喂不完的青绿饲料和雨水淋过的饲料摊开敞放，能有效地预防亚硝酸盐中毒。如出现亚硝酸盐中毒，可用特效解毒药亚甲蓝（美蓝）每千克体重 1～2 毫克，配成 1％溶液静脉注射；或用甲苯胺蓝每千克体重 5 毫克，配成 5％溶液静脉注射、肌内注射或腹腔注射。

（七）兽药使用准则

409. 无公害肉兔允许使用的兽药有哪些？

防治肉兔疾病的常用药物种类很多，大体可分为抗生素、磺胺类、抗菌增效剂和抗寄生虫药等。在使用各种药物时，应严格遵守《无公害食品 肉兔饲养兽药使用准则》的有关规定。

根据《无公害食品 肉兔饲养兽药使用准则》的规定，在肉兔饲养过程中允许使用的兽药必须符合《兽药质量标准》等的有关规定，严格遵守其用法、用量及休药期的使用准则（表 35）。

表 35　肉兔饲养允许使用的抗菌药、抗寄生虫药及使用规定

药品名称	作用与用途	用法与用量 （用量以有效成分计）	休药期/天
注射用氨苄西林钠 ampicillin sodium for injection	抗生素类药，用于治疗青霉素敏感的革兰氏阳性菌和革兰氏阴性菌感染	皮下注射，每千克体重 25 毫克，2 次/天	不少于 14
注射用盐酸土霉素 oxytetracycline hydrochloride for injection	抗生素类药，用于革兰氏阳性、阴性细菌和支原体感染	肌内注射，每千克体重 15 毫克，2 次/天	不少于 14
注射用硫酸链霉素 streptomycin for injection	抗生素类药，用于革兰氏阴性细菌和结核杆菌感染	肌内注射，每千克体重 50 毫克，1 次/天	不少于 14
硫酸庆大霉素注射液 gentamycin sulfate injection	抗生素类药，用于革兰氏阳性、阴性细菌感染	肌内注射，每千克体重 4 毫克，1 次/天	不少于 14

（续）

药品名称	作用与用途	用法与用量 （用量以有效成分计）	休药 期/天
硫酸新霉素可溶性粉 neomycin sulfate soluble powder	抗生素类药，用于革兰氏阴性菌所致的胃肠道感染	饮水，200～800毫克/升	不少于14
注射用硫酸庆大霉素 kanamycin sulfate for injection	抗生素类药，用于败血症和泌尿道、呼吸道感染	肌内注射，一次量每千克体重15毫克，2次/天	不少于14
恩诺沙星注射液 enrofloxacin injection	抗菌药，用于防治兔的细菌性疾病	肌内注射，一次量每千克体重2.5毫克，1～2次/天，连用2～3天	不少于14
替米考星注射液 tilmicosin injection	抗菌药，用于兔呼吸道疾病	皮下注射，一次量每千克体重10毫克	不少于14
黄霉素预混剂 flavomycin premix	抗生素类药，用于促进兔生长	混饲，每吨饲料2～4克	0
盐酸氯苯胍片 robenidine hydrochloride tablets	抗寄生虫药，用于预防兔球虫病	内服，一次量每千克体重10～15毫克	7
盐酸氯苯胍预混剂 robenidine hydrochloride premix	抗寄生虫药，用于预防兔球虫病	混饲，每吨饲料100～250克	7
拉沙洛西钠预混剂 lasalocid sodium premix	抗生素类药，用于预防兔球虫病	混饲，每吨饲料113克	不少于14天
伊维菌素注射液 ivermectin injection	抗生素类药，对线虫、昆虫和螨均有驱杀作用，用于治疗兔胃肠道各种寄生虫病和兔螨病	皮下注射，每千克体重200～400微克	28
地克珠利预混剂 dicdazuril premix	抗寄生虫药，用于预防兔球虫病	混饲，每吨饲料2～5毫克	不少于14天

410. 无公害肉兔不允许使用的兽药有哪些?

根据《食品动物禁用的兽药及其他化合物清单》(表 36) 的有关规定，禁止在食品动物饲料和饮水中使用的兽药及化合物，主要包括肾上腺素受体激动剂、性激素、精神类药品及部分抗生素和各种抗生素滤渣。

表 36　食品动物禁用的兽药及其他化合物清单

序号	兽药及其他化合物名称	禁止用途	禁用动物
1	β-兴奋剂类：克仑特罗 Clenbuterol、沙丁胺醇 Salbutamol、西马特罗 Cimaterol 及盐、酯及制剂	所有用途	所有食品动物
2	性激素类：己烯雌酚 Diethylstillbestrol 及其盐、酯及制剂	所有用途	所有食品动物
3	具有雌激素样作用的物质：玉米赤霉醇 Zeranol、去甲雄三烯醇酮 Trenbolone、醋酸甲孕酮 megestrol Acetate 及制剂	所有用途	所有食品动物
4	氯霉素 ChlorampHenicol 及其盐、酯（包括：琥珀氯霉素 ChlorampHenicol Succinate）及制剂	所有用途	所有食品动物
5	氨苯砜 dapsone 及制剂	所有用途	所有食品动物
6	硝基呋喃类：呋喃唑酮 Furazodidone、呋喃他酮 Furaltadone、呋喃苯烯酸钠 Nirurstyrenate sodium 及制剂	所有用途	所有食品动物
7	硝基化合物：硝基酚钠 Sodium nitropHenolate、硝呋烯腙 Nitrovin 及制剂	所有用途	所有食品动物
8	催眠、镇静类：安眠酮米 Ethaqualone 及制剂	所有用途	所有食品动物
9	林丹（丙体六六六）Lindane	杀虫剂	水生食品动物
10	毒杀芬（氯化烯）Camahechlor	杀虫剂	水生食品动物

序号	兽药及其他化合物名称	禁止用途	禁用动物
11	呋喃丹（克百威）Carbofuran	杀虫剂、清塘剂	水生食品动物
12	杀虫脒（克死螨）Chlordimeform	杀虫剂	水生食品动物
13	双甲脒 Amitraz	杀虫剂	水生食品动物
14	酒石酸锑钾 Antimony potassium tartrate	杀虫剂	水生食品动物
15	锥虫胂胺 Tryparsamide	杀虫剂	水生食品动物
16	孔雀石绿 Malachite green	杀螺剂	水生食品动物
17	五氯酚酸钠 PentachloropHenol sodium	杀虫剂	所有食品动物
18	各种汞制剂包括：氯化亚汞（甘汞）Calomel、硝酸亚汞 mercurous nitrate、醋酸汞 mercurous acetate、吡啶基醋酸汞 Pyridylmercurous acetate	杀虫剂	所有食品动物
19	性激素类：甲基睾丸酮 Methyltestosterone、丙酸睾酮 Testosterone Propionate 苯丙酸诺龙 Nandrolone Phenylpropionate、苯甲酸雌二醇 Estradiol Benzoate 及其盐、酯及制剂	促生长	所有食品动物
20	催眠、镇静类：氯丙嗪 Chlorpromazine、地西泮（安定）deazepam 及其盐、酯及制剂	促生长	所有食品动物
21	硝基咪唑类：甲硝唑 metronidazole、地美硝唑天 emetronidazole 及其盐、酯及制剂	促生长	所有食品动物

注：食品动物是指各种人食用或其产品供人食用的动物。

参考文献

张国红.2005.动物疫病防治的健康养殖战略（上）.畜牧兽医科技信息（1）：40.

罗长荣.2003.浅谈动物的健康养殖和养殖健康.四川畜牧兽医，30（10）：11.

王雅.2003.当今市场呼唤"健康养殖"的畜产品.四川畜牧兽医，30（10）：10.

王红宁.2006.健康养殖是畜牧业发展的必然趋势.农村养殖技术（2）：5～7.

李明青.2007.发展健康养殖势在必行.农村养殖技术（13）：1～2.

马美湖，刘焱.2003.无公害肉制品综合生产技术.北京：中国农业出版社.

马新武，陈树林.肉兔生产技术手册.北京：中国农业出版社，2000.

李德发.1998.配合饲料生产.北京：中国农业出版社.

杨正.1999.现代养兔.北京：中国农业出版社.

谷子林.2002.家兔饲料配方与配制.北京：中国农业出版社.

谷子林.2004.肉兔多繁快育新技术.石家庄：河北科技出版社.

谷子林.2001.现代獭兔生产.石家庄：河北科技出版社.

谷子林.1999.肉兔饲养技术.北京：中国农业出版社.

谷子林，薛家宾.2007.现代养兔实用百科全书.北京：中国农业出版社.

陈代文.饲料添加剂.2001.北京：中国农业出版社.

范光勤.2001.工厂化养兔新技术.北京：中国农业出版社.

陶岳荣.2002.肉兔高效益饲养技术.北京：金盾出版社.

高翔.2002.畜禽无公害高效养殖实用新技术.北京：中国农业出版社.